高等学校教材

大学有机化学实验

李妙葵　贾瑜　高翔　李志铭　编著

姚子鹏　审订

復旦大學出版社

内 容 提 要

本书共包括五大章。其中第一章是绪论,包含了学生实验守则、安全知识、有机化学实验仪器反应装置的介绍、手册与文献的查阅和实验室的环境保护等内容。第二章包含了有机化合物的熔点、沸点、折射率、旋光度等物理常数的测定。第三章是合成实验,我们以经典的和有代表性的有机化学反应类型为主线,在加强合成实验训练、强化分离和纯化操作的指导思想下,根据无毒化、绿色化和实用化选编了 58 个实验。其中 55～58 为多步骤系列反应,供学生在单元实验操作和训练的基础上进行综合训练。大部分实验都将反应、合成、分离、提纯、物性的测定和波谱鉴定等环节串联成一体。第四章包含了 18 个基本操作,其中 5 个主要基本操作附有基本操作实验。第五章为附录,包含多个实用性表格供参考。

本书可作为综合性大学化学、应用化学、高分子、材料、生物、环境、医学和药学等专业的教学用书,工科、师范类院校也可选用。

前 言

复旦大学化学系在有机化学实验教学上有优良的传统和扎实的基础，早在1960年化学系有机化学教研组就编著出版了《有机化学实验》，1978年由兰州大学化学系和复旦大学化学系有机化学教研室合编出版的《有机化学实验》，于1988年获国家教委优秀教材一等奖，该书于1993年再版，1991年谷珉珉、贾韵仪、姚子鹏等编写的《有机化学实验》由复旦大学出版社出版。

随着有机化学实验技术的不断发展，以及现代分析手段在有机化学领域的广泛使用，以上教材已不能满足和适应新世纪有机化学实验教学的要求。在1996年复旦大学化学系化学课程体系改革的基础上，1999年开始进行实验课程系统改革。编者们在原教材和我系多年有机化学教学经验基础上，参考了国内外同类教材，在最近几年中对有机化学实验的教学内容和手段已经进行了较大的变革并着手编写本教材。本教材早已被列入复旦大学“十五”本科课程建设项目。

本教材包括五大部分。其中第三部分是合成实验。我们以经典的和有代表性的有机化学反应类型为主线，在加强合成实验训练，强化分离和纯化操作的指导思想下，根据无毒化、绿色化和实用化选编了50多个实验。大部分实验都将反应、合成、分离、提纯、物性的测定和波谱鉴定等环节串联成一体。

在合成实验部分，我们还选编了几组多步骤系列反应，供学生在单元实验操作和训练的基础上进行综合训练。这样不仅节省了药品的消耗，减少了单元合成产物的积压对环境的污染，缩短了教学时间，更增添了实验内容的研究性和探索性，是培养学生实践能力和综合能力的重要一环。

有机化学微型实验是20世纪80年代开始受到重视，并在国内外迅速发展的实验方法和技术。本书没有单独选编微量实验，但选编了部分多步骤系列实验，操作由常量到半微量再到微量，可供学生在掌握了扎实常量操作技能的基础上，选做部分实验，最后用微型制备仪器合成目标产物。以增强学生科研工作的能力。

近几十年来，世界各国已日益重视化学品对环境的污染和对人类健康的危害，纷纷制订了许多有关化学物质环境保护的法律条例。实验室工作人员和学生经常接触种类繁多的各种化学品，使用处理不当，不仅对实验人员自身健康产生不利影响，也会污染环境。为重视实验室的环境保护，本书在第一章绪论中增加一节“实验室的环境保护”并对每个实验提出了排风标准、废物处理的具体数据和做法，选用本教材的单位可参照处理。

本书由李妙葵、贾瑜、高翔和李志铭编著，张鲁雁参编部分实验，书中的实验仪器图由金幼铭拍摄，插图由金幼铭绘制，全书由姚子鹏教授审订。在此感谢张剑霞、陈小丽、章慧琴、奚伟军等对本书编写做了许多工作。

本书可作为综合性大学化学、应用化学、高分子、材料、生物、环境、医学和药学等专业的教学用书，工科、师范类院校也可选用。由于水平有限，考虑也不全面，望选用本教材的教师和有关人员提出宝贵的意见。

目　录

第一章 Part 1

绪 论

一 学生实验守则

为保障实验正常进行，避免实验事故，培养良好的实验作风和实验习惯，学生必须遵守下列守则：

1）实验前认真预习，明确目的、要求、步骤，安排好实验计划，写好预习报告。

2）准时进实验室，不应迟到。迟到时间较长者，则该次实验不计成绩。不得随便请事假，确有事者必须有证明，病假应有病假单。

3）为确保实验安全进行，进实验室应穿白大衣，戴防护眼镜。不得穿短袖衣和短裤，不得穿拖鞋或凉鞋。女同学长发应扎在背后，男同学领带应系好。

4）实验时应集中精力，遵从教师指导，按照要求进行实验，认真操作，仔细观察，积极思考，并如实记录实验数据和现象。不得用铅笔和纸片记录，更不得拼凑伪造数据和抄袭他人实验记录，若发现有伪造、抄袭行为，实验作零分处理。

5）保持实验室安静，不准大声喧哗，不得在实验室到处随便走动。携带化学药品走动时应小心，不与其他同学碰撞。

6）注意实验室环境的清洁，并经常保持桌面、地面、水槽整洁。不乱丢纸屑杂物，不随地吐痰，不准抽烟和吃食物。

7）严格遵守操作规程，注意安全，一旦发生事故应立即切断电源、火源，并立即向指导教师报告。

8）爱护公物，小心使用公用物品。不得擅自动用与本实验无关的仪器设备。

9）按量取用试剂，注意节约。量取药品后应及时盖紧原瓶盖，并放回原处。废酸、废液应倒入指定的回收瓶内，切勿倒入水槽。产物应回收。

10）实验结束后应洗净玻璃仪器，整理好实验用品，擦干净桌面，检查关闭所有的水、电、煤气。将实验记录交指导教师批阅，经同意后方可离开实验室。

11）认真完成实验报告。凡不符合要求的实验报告须退回重写。

12）轮流做值日生，并履行职责。值日生职责为：在实验结束后打扫实验室，倒清废物，整理公用仪器、物品，检查水、电、煤气，关好门窗。

13）严格遵守仪器赔偿制度，损坏仪器按价赔偿。

二　有机化学实验的要求

有机化学是一门以实验为基础的学科。许多化学理论与规律来自于实验,同时理论与规律的应用,也依赖于实验的探索与检验。有机化学实验是培养学生实践能力、科研能力和综合素质极其重要的环节和手段,所以这是一门十分重要和必不可少的课程。本实验单独设课,单独评分。

有机化学实验首先要进行基本技能的严格、规范的操作训练,同时培养学生自我拓宽知识的能力和创新能力。经过正规、系统的训练,掌握有机化学实验教学大纲中要求的基本操作技能和独立进行化学实验的能力;掌握有机化合物的重要性质和基本反应;掌握化合物的合成、分离和鉴测方法;掌握独立进行科学研究的方法。学生要学好这门课,首先要有正确的学习态度,还要有正确的学习方法。

1. 认真预习

在实验前必须认真预习,对实验的整个过程要心里有数,才能使实验顺利进行,得到较大收获并达到预期的效果。在预习时首先要认真阅读实验书和有关参考资料,明确实验目的;掌握试剂与产物的物理常数;了解涉及的实验技术的基本原理、操作、实验装置,特别是实验的关键之处;注意实验的安全事项。认真做好预习报告。

预习报告用练习本写,内容包括实验题目,实验日期,实验目的,实验步骤,空出适当部位作现象记录。在实验时原则上要求不带实验教材,只带预习本。若发现未写预习报告者,责令暂停实验,补写并达到预习基本要求后再做实验。

2. 正确操作

学生在教师的指导下独立进行实验是实验课的主要环节,也是训练学生正确掌握实验技术,达到提高能力的重要手段。原则上应按教师的讲解,教材上提示的步骤、方法、试剂用量及反应条件来进行。合成化学实验教学后期,在学生已掌握了一定的实验操作技能并能独立进行实验的基础上,若学生能提出新的实验方案,可与教师讨论,教师认为可行后,方可进行试验。

学生在实验时应做到:认真操作,仔细观察,一丝不苟,并及时、如实地记录现象。实验应有条有序。实验过程中应勤于思考,力争自己解决问题。准确称量,不虚报结果,培养实事求是、严谨的科学态度。不随便乱扔废物废纸,做到桌面、地面、水槽三净,养成良好的实验习惯。

3. 认真、及时完成报告

完成实验报告是对已做过的实验进行归纳和提高的过程。有助于把直接的感性认识提高到理性认识,巩固已取得的收获。学会写实验报告,对今后科研论文的写作是一种很好的训练。

实验报告包括以下内容:

(1) 摘要

(2) 关键词

(3) 引言

(4) 实验部分

(5) 实验结果与讨论

实验结果包括产物的物态、重量、产率、熔点、沸点等。

在有机化学实验中产率的计算:

$$百分产率 = \frac{实际产量}{理论产量} \times 100\%$$

理论产量是根据反应方程式计算原料全部转化为产物的数量。有时为提高产率，常常要增加某一反应物的用量，这时理论产量应按原料使用量最少的计算。

在合成化学实验中，由于某些反应在一定条件下达到平衡，原料不能完全转化为产物，而有些反应比较复杂，部分原料消耗在副反应中，甚至生成的产物也有一些可能转化成其他物质，在分离纯化过程中损失了，因此实际产量往往低于理论产量。

实验讨论：这是将实验的现象及所得的实验结果综合归纳、分析提高的过程。对自己在实验中存在的问题进行分析，或对实验提出改进意见。在实验报告中以书面的形式展开讨论，对于提高总结能力和创新能力是很有好处的。

(6) 参考文献

4. 实验评分与考核

实验教学环节的特点是实践性，整个教学过程主要是学生自己动手做实验，因此每次有机化学实验既是对学生能力培养和训练的过程，也是对学生能力的考核过程。评分的标准从操作能力、观察能力、分析能力、解决问题的能力、书面表达能力、实事求是的科学态度以及良好的实验习惯等方面综合考虑。每次实验根据学生的预习是否充分；基本操作是否正确、规范、熟练；观察与记录现象是否仔细、认真；实验结果是否达到要求；实验的习惯、作风是否严谨来进行评分。学期结束进行实验考核，与平时成绩综合评分。

三 有机化学实验室常见事故的预防和处理

进行有机化学实验必须高度重视实验室的安全问题。做到“走进实验室，安全记在心。”为了预防和减少实验事故以及万一发生事故时能及时正确处理，尽可能减轻危害，必须对常见事故的发生原因、预防方法及处理措施有所了解。实验室中常见的事故有下列几种。

1. 着火、爆炸

有机化学实验中使用的原料、溶剂大多是易燃的，且在室温时具有较大的蒸气压(特别是低沸点的溶剂)，易挥发。当空气中混杂的易燃溶剂的蒸气或易燃、易爆气体的浓度在它们的爆炸极限范围之内，室温又在它的闪燃点温度以上时，一有明火或火星就会立即爆炸。一些常用溶剂的爆炸极限见表 1-1。

表 1-1 常用易燃溶剂蒸气爆炸极限

名 称	沸点/℃	闪燃点/℃	爆炸范围/体积%
二硫化碳	45	−30	1.3～50.0
乙 醚	35	−45	1.9～36.8
丙 酮	56	−20	2.6～12.0
已 烷	68	−22	1.1～7.5
苯	80	−11	1.3～7.1
乙酸乙酯	77	−4	2.2～11.0
甲 苯	110	4	1.2～7.1
甲 醇	65	11	6.7～36.0
乙 醇(100%)	79	13	3.3～19.0
异丙醇	82	12	2.0～12.0

由表 1-1 可知，这些常用溶剂的闪燃点温度都在室温以下，其中以乙醚、二硫化碳等最危险，它们的沸点低，蒸气压高，爆炸极限的下值很小，范围又大，故使用时须特别小心。

实验室要使用煤气灯、电加热装置，各种电器的使用也往往会产生电火花，都会使易燃有机溶剂燃烧，所以着火燃烧是有机实验室中最常见的事故。为避免火烧，必须注意下列事项。

1）防火的基本原则是使易燃有机物尽可能远离火源。盛放易燃溶剂的容器要妥善保管，不得靠近火源，数量较大的易燃有机溶剂应放在危险药品柜内，存放时应注意不得将易燃有机物与氯酸钾、浓硝酸、高锰酸钾等强氧化剂放在一起。因它们接触后会发生激烈反应，引起燃烧或爆炸。

防止易燃有机物的蒸气外逸。因有机物蒸气密度都较空气大，若蒸气外逸会沿桌面或地面飘移至较远处，或沉积在低洼处，遇火即会引起燃烧或爆炸。必须严格遵守下列规定。

① 不能用烧杯等开口容器盛放有机溶剂。倾倒溶剂时应远离火源，最好在通风橱中进行，倾倒后立即将溶剂瓶盖盖紧。

② 不可用火直接加热盛易燃有机溶剂的烧瓶，应根据液体沸点高低选择使用石棉网、水浴、油浴或砂浴等方式加热。注意不能将烧瓶紧贴石棉网或浴底，以免造成局部过热。还应根据液体沸点的高低选用水冷凝管或空气冷凝管冷凝。冷凝水应保持畅通，否则大量有机溶剂会来不及冷凝而外逸易造成火灾。

③ 回流和蒸馏液体时应加沸石，以防液体因过热暴沸而冲出。若在加热时发现未放沸石，应停止加热，待稍冷后再加，否则在过热溶液中加入沸石会导致液体迅速沸腾，冲出瓶外而引起火灾。

④ 进行易燃物质热过滤时，必须关闭火源后倾倒溶液，不能边加热漏斗边过滤溶液。

⑤ 在常压操作时，既要防止易燃有机溶剂蒸气外逸，又切忌组成密闭体系。全套装置应有与大气相通之处。蒸馏乙醚等易燃有机溶剂时，接液管支管应用橡皮管连接后通入下水道。

2）减压蒸馏时，应使用圆底烧瓶或吸滤瓶作接受器，不可用锥形瓶，否则会发生炸裂。用高压釜进行加压操作时，应经常注意釜内压力有无超过安全负荷。使用封管时应注意作封管的玻管的厚度是否均匀适当。要在一定的防护措施下进行加压操作。

3）使用易燃易爆气体，特别是乙炔和氢气时，应保持室内空气畅通，严禁明火，并防止一切明火的发生，如敲击、鞋钉摩擦等产生的火花，电源开关应用防爆开关。

4）煤气开关及煤气橡皮管应经常检查，保持完好。实验室应经常通风透气。

5）多硝基化合物、叠氮化合物在较高温度或受到撞击时会自行爆炸，需小心取用，妥善存放。金属钾、钠遇水会爆炸，在使用时必须避免接触水、湿抹布、湿的仪器或湿的台面等。重氮盐在干燥时会爆炸，需随制随用，如需作短期存放，应保存在水溶液中。过氧化物、氯酸钾等遇到较强还原剂时会剧烈反应而爆炸，故应避免与还原剂混放。有些化合物如共轭烯烃、醚类（最常见的是乙醚和四氢呋喃），久置后会生成易爆炸的过氧化物，须经特殊处理后才能使用。在蒸馏这类化合物时切忌蒸干。

上面我们列举了一些可能发生着火和爆炸的危险，但是只要严格按照操作规程、胆大心细地操作，事故都是可以避免的。

一旦发生火灾，紧急处理的方法是，首先要保持沉着冷静，不要惊慌失措。应立即关闭煤气，切断电源，移开附近的易燃物质，再根据具体情况采取灭火措施。

1）小火：少量溶剂着火，切勿用嘴去吹，可以任其烧完。烧瓶内的溶剂着火可用石棉网或湿抹布盖灭。其他小火也可用湿布或黄沙盖熄。

2）大火：对于有机溶剂、油浴等着火应立即用灭火机从火的四周向中心扑灭，不可用水浇，因有机物会浮于水面上继续燃烧并随着水的流动迅速扩散。电器着火时不可用泡沫灭火机灭火。

3）衣服着火：应立即打开喷淋器(图 1-1)，淋水灭火，或就地躺倒滚动将火压灭。不可带火奔跑，以免火势扩大。

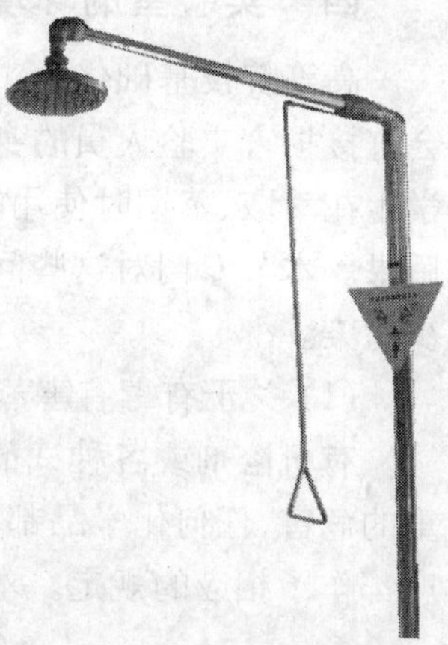

图 1-1 喷淋装置

2. 中毒

许多化合物对人体有不同程度的毒害，其毒性有大有小，有急有慢，作用的方式和伤害的部位各不相同，摄入方式最常见的是通过呼吸道和皮肤沾染，所以在使用有毒化学试剂时应注意以下几点。

1）试剂取用后应立即盖好瓶盖，以防其蒸气大量挥发。保持空气流通，使空气中有毒气体的浓度降至允许浓度之下。

2）细心规范操作，防止药品试剂沾染皮肤，不能用手直接触及药品。

3）有机实验必须在通风橱里进行。实验后的残渣、残液必须倒入指定的回收瓶里妥善处理，不准乱倒。使用过的器皿应及时清洗。

4）实验后应用肥皂反复洗手。如果发生了中毒事故，应根据以下的情况分别处理：若感到有窒息、头晕、恶心等轻微中毒症状，应立即停止实验，到空气新鲜处做一做深呼吸；若中毒昏倒，应立即抬到空气新鲜处平卧休息；若严重昏迷，或出现斑点、呕吐等症状，应及时送医院治疗。

3. 烫伤、割伤

实验中常使用沸水浴、空气浴加热，在拿热的器皿时，皮肤触及后会被烫伤。被烫伤后应涂上蓝油烃或烫伤膏。

在实验中因打碎玻璃器皿处理碎玻璃时易割伤，在切割玻管、玻棒时因未锉好，折断时易被割伤。割伤的处理应先取出伤口中的碎玻璃，用蒸馏水冲洗后，撒上止血粉，用纱布或护创胶布包扎，若伤口过大，应送医院治疗。

4. 化学试剂灼伤

1）酸：应立即用大量水冲洗，再用饱和碳酸氢钠溶液洗，最后用水洗，严重时要消毒，吹干后涂烫伤油膏。

2）碱：应立即用大量水洗，再用 20％醋酸溶液洗，最后用水洗，吹干后涂烫伤油膏。

3）有机试剂：如溴、氯苄等灼伤，立即用大量水冲洗，再用酒精擦，然后涂上甘油或烫伤油膏。

5. 试剂溅入眼内

先用洗眼器(图 1-2)大量水冲洗，若酸溅入，再用 1％碳酸氢钠溶液冲洗；若碱溅入，再用 1％硼酸溶液洗，最后用洗眼器大量水冲洗。

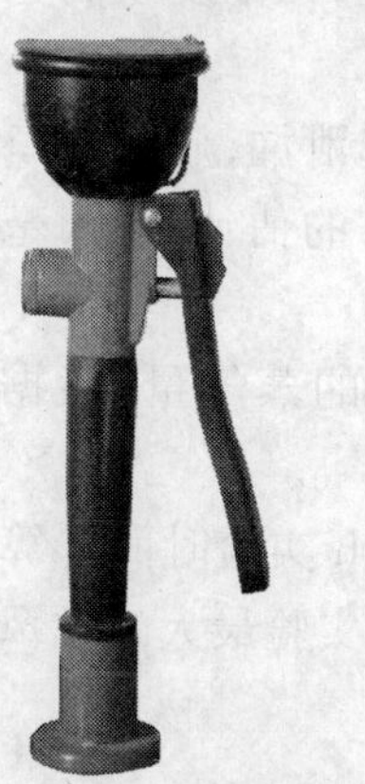

图1-2 洗眼器

四　实验室的环境保护

高等院校基础化学实验室需用大量种类繁多的化学药品，它们挥发出的有毒、有害蒸气会直接损害实验人员的身体健康；实验产生的废渣、废液若不经处理任意丢弃，会污染环境；学生在萃取、蒸馏时使用的大量有机溶剂若不回收，不仅浪费而且会产生危险和有害的不良后果。本节专门对这些问题进行讨论，并作出有关规定，以保护实验室的环境尽量洁净，减少污染。

(1) 关于有毒有害蒸气或气体的安全使用措施

有机溶剂或各种试剂散发的蒸气都具有或大或小的毒性，长期吸入更会对人体造成严重的危害，任何化学品都不要直接去嗅闻。国际国内对各种化学品蒸气在空气中的允许浓度都作了相应的规定。本书的合成实验大多都列了下面的表格。

化合物	TLV-TWA ppm	TLV-STEL ppm	10%泄漏或挥发 mg	需空气体积 m^3	排风量 $m^3 \cdot min^{-1}$

表中的第二栏 TLV-TWA 是英文 Threshold Limit Value-Time Weighted Average 的缩写。译名是时间重量平均极限值，它是指一个人在某环境中一天工作 8 h，每周工作 40 h，所能允许的某化学品蒸气的平均最高浓度，单位 ppm 或 $mg \cdot m^{-3}$。例如：苯是 1 ppm 或 3.6 $mg \cdot m^{-3}$，即一个人在含有苯蒸气的环境中工作，苯蒸气的平均浓度应在 1 ppm 以下。由于各国制订标准不一，为保险起见，我们选用了尽可能低的 TLV-TWA 值，又因某些试剂的 TLV-TWA 值未能查到，它们的 TLV-TWA 值采用了与它们结构相近的化合物的数据，或稍有变动。

表中的第三栏 TLV-STEL 是英文 Threshold Limit Value-Short Terms Exposore Limit 的缩写，译名是短时曝露极限值，这是指即使在 TLV-TWA 所规定的平均浓度以下，但是不能有 15 min 以上处在所超过的极限浓度环境中。因为虽然接触时间较短，但浓度较高也会对人体健康产生有害影响。这栏数据尚不齐全。

表中第四栏"10%泄漏或挥发"是一种大约的估计。倾倒试剂可能引起泄漏，瓶子开口或进行蒸馏、回流、萃取等操作时都会引起试剂挥发。10%是一种比较保守的估计，所列毫克数以一间实验室同时有 32 位同学做实验进行计算。

表的第五栏"需空气体积 m^3"是根据所泄漏或挥发的某试剂或溶剂的蒸气量，根据 TLV-TWA 计算出来的所需空气的体积。

表中最后一栏"排风量"是根据上一栏中某物质蒸气所需空气体积按 6 h 实验时间计算出来的每分钟所要排放的空气的量。实验室的空气体积未计在内。根据各实验最大的排风量，可以估计实验室安装的排气风扇或抽气马达的功率。

(2) 关于学生实验产品的处理

收集到的学生实验产品的一部分可作为原料使用到其他实验中，如：苯甲醛歧化反应制得的苯甲酸用于下一学期学生的重结晶训练，或用作合成苯甲酸乙酯或苯甲酸丁酯的原料。尽可能安排连续的系列实验，这样可减少学生实验产品的种类和产品的积压，并争取学生实验产品能为科研或其他单位使用。

(3) 关于废溶剂的处理

学生在萃取以及柱层析等实验操作中都会产生数量不少的有机溶剂，切莫让学生倒入水槽。有机溶剂倒入水槽既污染环境又易造成火灾。应视不同情况分别对待。一般溶剂与含卤素溶剂应分别回收和处理。对于单组分的溶剂，可干燥后蒸馏回收；柱层析使用的洗脱剂干燥后蒸馏，作下次实验使用。蒸后的残液按(4)处理。

(4) 关于其他废液和废渣的处理

对于不能处理的废液和废渣，应集中回收由有关部门专门处理。

五 辞典手册与文献的查阅

实验前查阅有关手册和文献的主要目的是查找实验中用到的各种化合物的物理常数、化学性质等，以作为实验前选择仪器装置、操作方法和安全措施的依据。同时经常查阅文献，尤其是有机化学的文献，可以不断了解、掌握、运用和发现有关的新知识，新技术。

有关有机化学的文献资料非常多，常用的有工具书，实验参考书，化学文摘和期刊杂志等。

(一) 工具书

1. 化工词典(王箴主编. 北京：化学工业出版社，第四版，2000)

这是一本综合性化工工具书，收集了有关化学、化工名词 16000 多个。其中有机化合物都列出分子式、结构式、基本的物埋化学性质、熔点、沸点、密度、溶解度等数据，并有简单的制备方法和用途说明。各名词后加注了英文名称，书末有英文索引。

2.《精细化工辞典》(吴大全主编. 北京：化学工业出版社，1998)

本辞典收集了无机化学品，有机工业化学品，生物化工等名词 2440 多个。着重介绍这些产品的化学结构、性能、制法、配方、主要用途、应用原理、应用效果和发展趋势。

3. *Handbook of Chemistry and Physics*

这是一本英文的化学与物理手册，是一本完整和详细的手册。内容由数学用表、元素和无机化合物、有机化合物、普通化学、普通物理常数和其他 6 个部分组成。有机化合物在第 3 部分，按化合物的英文名字的字母顺序排列。在查阅时若不知英文名字可通过后面的分子式索引查阅。

4.《CRC 化学和物理手册》(*CRC Handbook of Chemistry & Physics*; D. R. Lide & Jr Lide, Boca Raton: CRC Press, 82 th ed., 2001)

是美国化学橡胶公司(Chemical Rubber Co.)出版的一部著名的化学和物理学科的实用手册，初版于 1913 年，以后逐年改版。最近的新版每两年出版一次，每版都要修订，其编排体例和收录内容不断更新和发展。第 82 版收录了近 2000 种有机和无机化学物质，包括最基本的化学、物理和物理化学数据，含 300 余张图表。本书内容丰富，不仅提供了化学和物理方面的重要数据，而且还提供了大量科学研究和实验室工作所需要的知识。全书分 6 部分：A. 数学用表；B. 元素与无机化合物，首先介绍了各元素的发现简史，然后列表介绍无机化合物的物理常数。常数表按元素和无机化合物的字母顺序排列，盐类放在金属名称项下；C. 有机化合物，列表介绍有机化合物的物理常数。有机化合物按母体名称的字母顺序排列，相同母体再按取代基名称的字母顺序排列；D. 普通化学，内容包括元素和化合物的热力学性质，酸碱在水溶液中的离解常数，元素和化合物的蒸气压，水溶液的渗透系数和电导率，有机化合物的燃烧热、生成热等；E. 普通物理常数，内容包括力学、热学、电学、磁学、光学的常数；F. 其他，内容包括密度、摩擦系数、表面张力、黏度、无机物和有机物的临界温度和压力、化学键强度以及物理学和化学常用的缩写和符号，物理学上的单位和名称等。

5.《兰氏化学手册》(*Lange's Handbook of Chemistry*；J. A. Dean，McGraw-Hill，15th ed.，1998. 魏俊发等译，北京：科学出版社，2002)

是一部资料齐全、数据翔实、使用方便，供化学及有关科学工作者使用的单卷式化学数据手册，在国际上享有盛誉。自 1934 年第 1 版问世以来，一直受到各国化学工作者的重视和欢迎。全书分 11 个部分，包括数学、综合数据和换算表、原子和分子结构、无机化学、分析化学、电化学、有机化学、光谱法、热力学性质、物理性质及杂录，正文以表格形式为主，所列数据和命名原则均取自国际纯粹与应用化学联合会最新数据和规定。

6. *The Merk Index*

这本书收集了 1 万多种化合物。主要是有机化合物和药物的性质、制备和用途，并附有参考文献。化合物按英文名字的字母顺序排列，可通过分子式索引和主题索引进行查阅。

7.《海氏有机化合物词典》(*Heilbron's Dictionary of Organic Compounds*；J. Buckingham，Chapmann & Hall，5th ed.，1982)

于 1934—1937 年出第 1 版，由 I. Heilbron 主编；1965 年出第 4 版，正编 5 卷；1965—1979 年每年出 1 个补编，共 15 个补编；1982 年出版第 5 版。该词典提供了有机化合物的化学结构、物理、化学和其他性质、有关的参考文献及美国化学文摘登记号。全书共 7 卷。前 5 卷按化合物名称的字母顺序排列，后 2 卷分别为化合物名称索引和分子式索引、杂原子索引、CAS 登记号索引。本书第 3 版有中译本，书名为《汉译海氏有机化合物辞典》，共 4 卷，1966 年由科学出版社出版。

8. *Vogel' Textbook of Practical Organic Chemistry* (Fifth Edition，Pearson Education Limited 1989，沃氏实用有机化学教程，第 5 版，皮尔森教育出版公司 2004)

这是一本较经典的有机化学实验教科书。它提供了有关有机化合物的制备方法和化学分析等，一般常用有机化合物的制备方法都能查到，实验步骤也较成熟。

9.《有机化合物词典》(*Dictionary of Organic Compounds*；J Buckingham，F. MacDonald，New York：Chapman & Hall，6th ed.，1995)

本词典是 7 卷本，正文 5 卷，6、7 卷为索引卷。条目组成内容及功能同《无机化合物词典》。有 CD-ROM 数据库(*Dictionary of Organic Compounds* on CDROM)。

(二) 期刊杂志

1. 中文杂志

主要有“中国科学”、“化学通报”、“化学学报”、“化学世界”、“有机化学”、“高等学校化学学报”和各综合性大学自然科学版等。

2. 英文杂志

与有机化学有关的英文杂志最常用的有：

① *Journal of Chemical Society*，简称 *J. Chem. Soc.*

② *Journal of The American Chemical Society*，简称 *J. Am. Chem. Soc.*

③ *The Journal of Organic Chemistry*，简称 *J. Org. Chem.*

④ *Tetrahedron Letters*

⑤ *Synthesis*

⑥ *Organic Letter*，简称 *O. L.*

⑦ *Synthesis Communication*，简称 *Synth. Commun.*

⑧ *Heterocycles*

⑨ *Chemical Communication*，简称 *Chem. Commun.*

上述各期刊目前均已有网上资源，可通过一定渠道快速地查阅到最新的文献资料。

（三）化学文摘

化学文摘是将大量分散的各种文献加以收集、摘录、分类整理后的一种杂志。以美国化学文摘(*Chemical Abstracts*，简称 C. A. 或 CA)最为重要。CA 的索引比较完善，有期索引、卷索引，每 10 卷有累积索引。可通过分子式索引(Formula Index)、化学物质索引(Chemical Substance Index)、普通主题索引(General Subject Index)、作者索引(Author Index)、专利索引(Patent Index)等进行检索。

（四）网络信息资源

1）高校图书馆网站：如 http://njuct. edu. cn; http://www. lib. tsinghua. edu. cn; http://www. lib. seu. edu. cn; http://www. lib. ecust. edu. cn 等。进入有关学校的图书馆网站可以查阅中国期刊网的有关资料。绝大多数的中国期刊都上了“中国期刊网”，有关期刊可通过主题词、作者、期刊名称等方面查找。有关网络上还提供了 CA 检索功能。

2）中国国家图书馆：http://nlc. nlc. gov. cn

3）中国化学信息网：http://chin. icm. ac. cn

4）万方数据资源系统：http://wanfangdata. com. cn 可查阅基础科学、农业科学、人为科学、医药卫生和工业技术等众多领域的期刊。还可查数据库：包括企业与产品、专业文献、期刊会议、学位论文、科技成果、中国专利等。

5）专利文献：http://www. patents. ibm. com

网上的化学资源非常丰富，只要多上网，根据网址可非常方便、迅速查找有关化学文献。

6）http://www. chempensoftware. com/organicreactions. htm 可查阅有机化学人名反应。收集了数百个常见的有机化学人名反应以及相应的文献。

7）http://chemfinder. cambridgesoft. com/ 化合物性质检索，剑桥软件公司的免费数据库服务。可以通过系统名、俗名、CAS 登陆号查询物质的物理化学常数，包括分子量、熔点、沸点、溶解性以及热力学、动力学部分数据。

8）http://pubs. acs. org/about. html 美国化学会期刊网，包括了美国化学会出版的各类期刊，如 *Journal of the American Chemical Society*，*Journal of Organic Chemistry*，

Organic Letters, *Organic Process Research & Development*, *Organometallics* 等历年原文。可以通过期刊号和文章名、作者名等进行查询获得原文，但是需要购买版权。

9) http://www.orgsyn.org/　有机合成检索，是 Organic Synthesis 的网络电子版，为剑桥公司数据库支持的免费检索。收录了 Organic Synthesis 80 年来的经典合成路线和具体操作，所有反应步骤均经过校验核对和重复，权威有机化学反应网上资源，可以通过 CAS 登陆号、结构式、名称等查询反应。

10) http://www.aist.go.jp/RIODB/SDBS/sdbs/owa/sdbs_sea.cre_frame_sea 可查询有机化合物谱图，通过 CAS 登陆号、名称以及相应谱图的化学位移、质谱解离质量数等可以查询得到相关化合物的红外、^{1}H NMR 谱，^{13}C NMR 谱，质谱，ESR 谱和 Raman 光谱的标准谱图。

11) http://202.127.145.134/default.htm　中国科学院上海有机化学研究所化学专业数据库，包括了结构、反应、谱图、天然产物以及毒性等 10 个专业数据库，内容丰富。

在有机化学文献、期刊和手册中常用英文的缩写来表示一些英文词汇，表 1-2 列出部分常用的英文缩写，供查阅参考。

表 1-2　有机化学文献和手册中常见的英文缩写

aa	acetic acid	醋酸	col	colorless	无色
abs	absolute	绝对的	comp	compound	化合物
ac	acid	酸	con	concentrated	浓的
Ac	acetyl	乙酰基	cor	corrected	正确的、校正过的
ace	acetone	丙酮	cr	crystal(s)	结晶、晶体
al	alcohol	醇，乙醇	cy	cyclohexane	环已烷
alk	alkali	碱	d	decomposs(es)	分解
Am	amyl[pentyl]	戊基	dil	diluted	稀释过的、稀的
amor	amorphous	无定形的	diox	dioxane	二噁烷、二氧杂环已烷
anh	anhydrous	无水的	diq	deliquescent	潮解的，易吸湿气的
aqu	aqueous	水的，含水的	distb	distillable	可蒸馏的
as	asymmetric	不对称的	dk	dark	黑暗的、暗(颜色)
atm	atmosphere	大气，大气压	DMF	dimethyl formamide	二甲基甲酰胺
b	boiling	沸腾	eff	efforescent	风化的，起霜的
bipym	bipyramidal	双锥体的	Et	ethyl	乙基
bk	black	黑色	eth	ether	醚、乙醚
bl	blue	蓝色	exp	explode(s)	爆炸
br	brown	棕色，褐色	extrap	extrapolated	外推的
bt	bright	嫩色，浅色	et. ac	ethyl acetate	乙酸乙酯
Bu	butyl	丁基	fl	flakes	絮片体
bz	benzene	苯	flr	fluorescent	荧光的
c	cold	冷的，无光彩	fr	freeze(s)	冻、冻结
c	percentage	百分(比)	fr. p.	freezing point	冰点、凝固点
	concentration	浓度	fum	fuming	发烟的
chl	chloroform	氯仿	gel	gelatinous	胶凝的
co	column(s)	柱、塔、列	gl	glacial	冰的

（续表）

glyc	glycerin	甘油	orh	orthorhombic	斜方(晶)的
gold	golden	(黄)金的、金色的	or	orgamic solvents	有机溶剂
gr	green	绿的、新鲜的	p	para	对(位)
gran	granular	粒状	pa	pale	苍(色)的
gy	gray	灰色的	par	partial	部分的
h	hot	热	peth	petroleum ether	石油醚
hex	hexagonal	六方形的	pk	pink	桃红色
hing	heating	加热的	Ph	phenyl	苯基
hp	heptane	庚烷	pl	plates	板、片、极板
hx	hexane	已烷	pr	prisms	棱镜、棱柱体、三棱形
hyd	hydrate	水合物	pr	propyl	丙基
hyg	hygroscopic	吸水的	purp	purple	红紫(色)
i	insoluble	不溶(解)的	pw	powder	粉末、火药
i	iso-	异	pym	pyramids	棱锥形、角锥
ign	ignite(s)	点火，着火	rac	racemic	外消旋的
in	inactine	不活泼的、不旋光的	rect	rectangular	长方(形)的
inflam	inflammable	易燃的	res	resinous	树脂的
infus	infusible	不熔的	rh	rhombic	正交(晶)的
irid	iridescent	虹彩的	rhd	rhombodral	菱形的、三角晶的
la	large	大的	s	soluble	可溶解的
lf	leaf	薄片、页	s	secondary	仲、第二的
lig	ligroin	石英油	sc	scales	秤、尺、比例尺
liq	liquid	液体、液态的	sf	softens	软化
lo	long	长的	sh	shoulder	肩
lt	light	光、明亮的、轻的	silv	silvery	银的、银色的
m	melting	熔化	sl	slightly	轻微的
m	meta	间位、偏(无机酸)	so	solid	固体
Me	methyl	甲基	sol	solution	溶液、溶解
met	metallic	金属的	solv	solvent	溶剂，有溶解力的
micr	microscopic	显微(镜)的、微观的	sph	sphenoidal	半面晶形的
min	mineral	矿石、无机的	st	stable	稳定的
	minute	分钟	sub	sublime	升华
mod	modification	(变)体、修改、修饰，限制	suc	supercooled	过冷的
mol	monoclinic	单斜(晶)的	sulf	sulfuric acid	硫酸
mut	mutarotatory	变旋光(作用)	sym	symmetrical	对称的
	normal chain	正链	syr	syrup	浆、糖浆
n	refractive index	折光率	t	tertiary	第三的，叔的
nd	needles	针状结晶	ta	tablet	平片体
o	ortho-	正、邻(位)	tcl	triclinic	三斜(晶)的
oct	octahedral	八面的	tet	tetrahedron	四面体
og	orang	橙色的	tetr	tetragonal	四方(晶)的
ord	ordinary	普通的	THF	tetrahydrofuran	四氢呋喃
org	organic	有机的	to	toluene	甲苯

（续表）

tr	transparent	透明的	volat	volatile	挥发(性)的
trg	trigonal	三角的		或 volatilise	挥发
undil	undiluted	未稀释的	vt	violet	紫色
uns	unsymmetrical	不对称的	w	water	水
unst	unstable	不稳定的	wh	white	白(色)的
vac	vacuum	真空	wr	warm	温热的、(加)温
vay	variable	可变的	wx	waxy	蜡状的
vic	vicinal	连(1, 2, 3 或 1, 2, 3, 4)	ye	yellow	黄(色)的
visc	viscous	黏(滞)的	xyl	xylene	二甲苯

六　有机化学实验常用玻璃仪器

有机化学实验常用玻璃仪器见图 1-3。

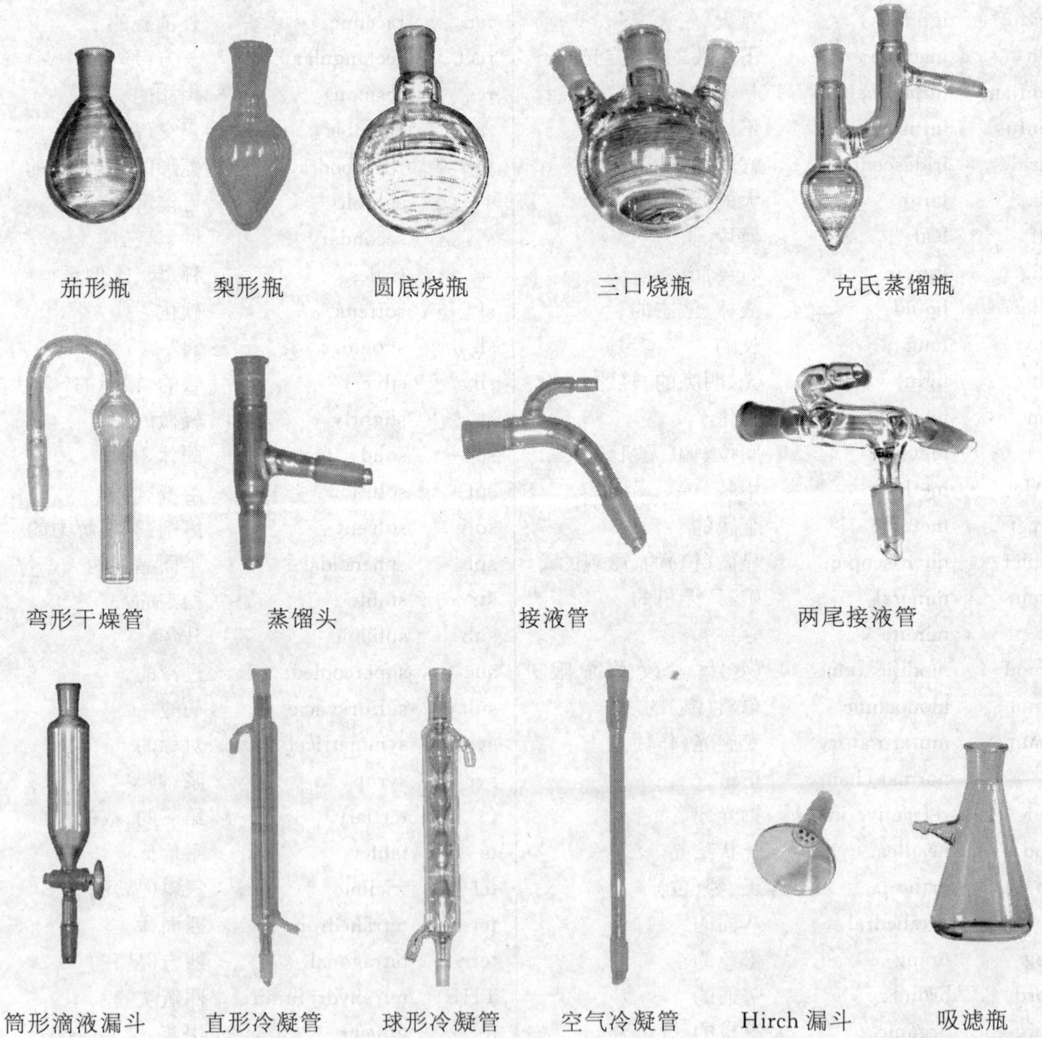

图 1-3

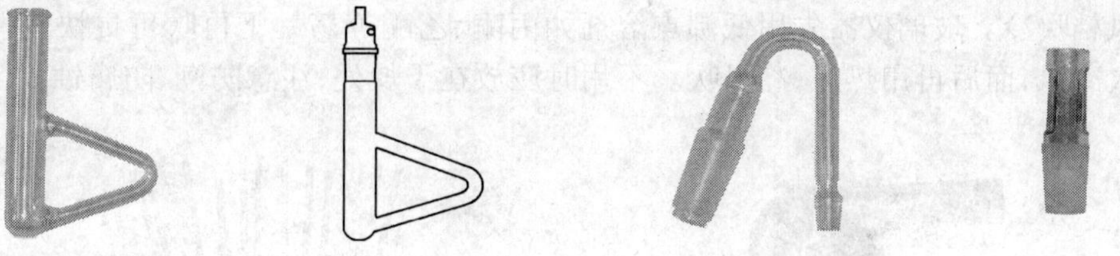

提勒管　磨口提勒管　30°弯管　空心塞

图 1-3　有机化学实验常用玻璃仪器

七　玻璃仪器的洗涤与干燥

1. 玻璃仪器的洗涤

洗涤玻璃仪器的目的是为了在实验时避免杂质进入反应体系，确保实验顺利进行。为了清洗仪器方便，应在每次实验完后，立即清洗玻璃仪器。因为刚做完实验，可根据污物的情况、性质，采用一定的手段进行清洗。不清洁的玻璃仪器放置时间长了，会使溶剂挥发，污物干结，对清洗工作带来麻烦。有许多有机实验需用干燥的仪器，若在实验时洗仪器，会直接影响实验的进行和效果。

洗涤玻璃仪器的一般方法有以下几种。

(1) 毛刷刷洗法

用长柄毛刷冲湿后沾上去污粉或洗洁精刷洗仪器器壁。对圆底的玻璃仪器或三口烧瓶等，可将毛刷弯至一定的角度，刷洗到每个部位，直至污物去除为止再用自来水冲洗干净。

当用去污粉等物质难以去除污物时，则可根据污物的性质，加入少量有机溶剂溶解后洗涤。

(2) 超声波清洗

有机化学实验中常用超声波清洗器来洗涤玻璃仪器。其优点是省时又方便，只要把用过的玻璃仪器放在配有洗涤剂溶液的超声波清洗器中，接通电源，利用声波的振动和能量，即可达到清洗仪器的目的。

2. 玻璃仪器的干燥

(1) 自然风干

将洗净的仪器倒置或放在干燥架上自然风干。

(2) 烘干

把玻璃仪器从上层至下层放入烘箱，器皿的开口朝上，升温并维持在 100～110 ℃，烘干后，关闭电源，待烘箱内温度降至室温后取出仪器即可。也可将仪器插在气流烘干器上进行干燥。

(3) 吹干

有些仪器洗涤后需立即使用，可用少量低沸点水溶性有机溶剂（如丙酮、乙醇）淋洗后，用电吹风先吹冷风（直接吹热风，有时会使有机蒸气爆炸），待稍干后再吹热风，使干燥完全。然后再吹冷风使仪器冷却。

八　有机化学实验常用仪器设备

(1) 电吹风

电吹风（图 1-4）用于吹干一两件急用的玻璃仪器。使用时先用热风档将仪器吹干，再调至冷风档吹冷。玻璃仪器先用低沸点溶剂如丙酮、乙酮等荡一下再吹可更快些。但这时则要先吹冷风，而后再用热风、冷风吹。不用时应放在干燥处，注意防潮、防腐蚀。

图 1-4　电吹风

图 1-5　气流烘干器

(2) 气流烘干器

气流烘干器(图 1-5)是一种快速烘干仪器的设备。使用时将洗干净的玻璃仪器甩掉水，然后将仪器插在烘干器的多孔金属风管上，用旋钮调节热空气的温度，数分钟即可烘干。气流烘干器的电热丝较细，不可使其持续数小时吹热风，当仪器烘干后应随手关掉，否则会烧断电热丝和烧坏电动机。

(3) 电动搅拌器

电动搅拌器(图 1-6)亦称机械搅拌器。在使用电动搅拌器时，应先将搅拌棒与电动机的转动轴用套管或合适的橡皮管连接好(搅拌棒应触及到转动轴)，并用细铅丝扎紧，以免在搅拌激烈时，造成橡皮管扭曲或搅棒脱落。在开启搅拌器前，应先用手空转搅拌棒，观察其是否碰到反应器底部和是否运转自如，如不自如，应找出摩擦点，进行调整，直至转动灵活。它的转速由调压变压器控制。

电动搅拌适用于非均相反应，特别是对搅拌速度要求比较高的反应。但由于它的功率小，不可搅拌极黏稠的物体，以免超负载。不使用时应注意防潮、防腐蚀。

图 1-6　电动搅拌器

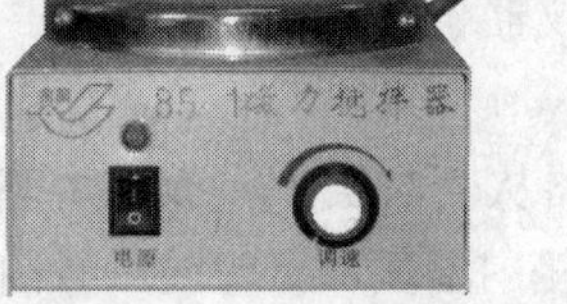

图 1-7　磁力搅拌器

(4) 磁力搅拌器

磁力搅拌器(图 1-7)是以电动机带动磁铁旋转，并以磁铁旋转带动反应器中磁子旋转，从而达到搅拌的目的。磁子是由聚四氟乙烯包裹着的软铁棒制成，外形有棒状、橄榄状等。

磁力搅拌器是实验室常用的搅拌器，它可代替其他方式的搅拌，且易于密封，使用方便。

(5) 调压变压器

通过调压变压器(图 1-8)调压可控制加热温度和搅拌速度。使用时应注意：

1）先调节到零点，再接通电源。

2）根据加热温度或搅拌速度，将旋钮调至所需的位置，调节旋钮，要缓慢进行。

3）使用完毕，必须将旋钮调至零点，再拔去电源插头，绕好电线，放在干燥处。切忌拎旋钮头，否则会使零点移位。

图 1-8 调压变压器

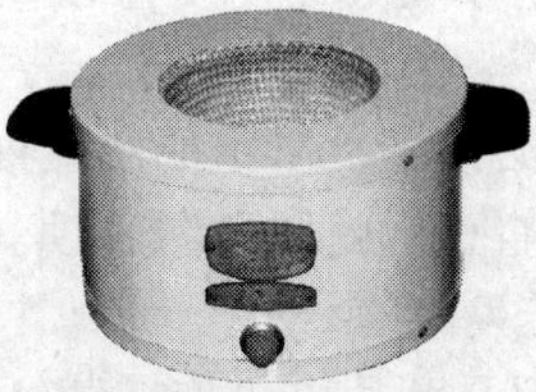

图 1-9 电热套

（6）电热套

电热套（图 1-9）是由玻璃纤维与电热丝盘成的碗状内套，外面的金属外壳以及中间填上的保温材料组成的。电热套的内径大小有各种规格。电热套与调压变压器配套联用，加热温度一般不超过 400 ℃。它具有调温范围宽，不见明火，使用安全的优点。电热套呈凹的半球形，加热时，烧瓶置于半球形中，加热温度均匀，效率较高。

在使用电热套加热时必须注意：

1）不要将容器放在电热套里投料，以免药品漏入电热套后在加热时药品挥发污染环境，同时电热丝也易被腐蚀而断路。

2）不能用电热套直接加热乙醚等易燃溶剂。

3）用完后放在干燥处，以免内部吸潮后降低绝缘性能。

（7）循环水冲泵

循环水冲泵（图 1-10）是实验室常用的减压设备，它一般用于对真空度要求不高的减压体系中。使用时应注意：

1）开泵时，应检查抽气口的真空橡皮管是否与体系连接妥善，关泵前，应先将真空橡皮管拔去，然后再关泵，否则水会倒灌入体系。

2）应经常补充和更换水泵中的水，以保持清洁和不影响真空度。它也可打循环水。

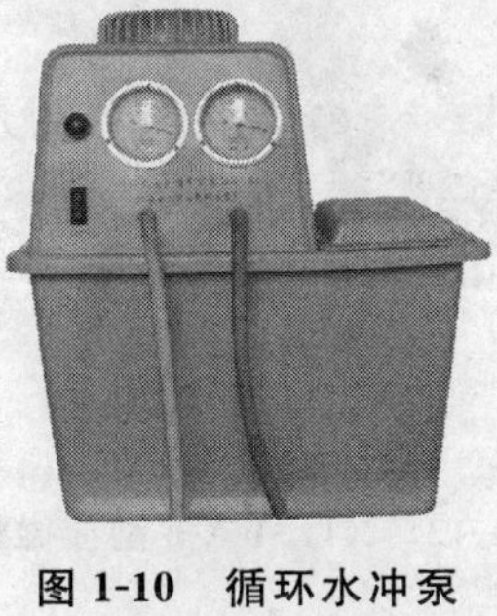

图 1-10 循环水冲泵

图 1-11 真空油泵

（8）真空油泵

在真空度要求较高的情况下，真空油泵（图 1-11）是实验室常用的减压设备。油泵的效能取决于泵的结构以及油的好坏,油的蒸气压越低越好。油泵的结构越精密,对实验工作条件要求就越高。在使用油泵进行减压蒸馏时,低沸点溶剂、水气和酸雾等都会污染油,使油的蒸气压增加,从而降低了真空度,同时也会腐蚀油泵。

在使用油泵时应注意:

1) 在油泵的进口处,安装保护装置,如冷阱冷凝低沸点物质,氯化钙塔吸收微量水分,氢氧化钠干燥塔吸收酸性物质,石蜡片塔吸收有机物。油泵的保护装置见第四章减压蒸馏操作图 4-13。

2) 使用完必须把冷阱中的液体处理掉并洗净烘干。

3) 定期检查,换油,防潮防腐蚀。

(9) 旋转蒸发仪

旋转蒸发仪是利用电机旋转蒸馏瓶,由于蒸馏瓶在不断旋转,不会暴沸,可免加沸石,同时液体旋转后附于瓶壁上形成一层液膜,增大了蒸发面积,使蒸馏速度加快。图 1-12 为 EYELAN-1000 型旋转蒸发仪。旋转蒸发仪可用来蒸发回收有机溶剂。它可在常压或减压下使用,一般是在水泵减压下旋转蒸发。

EYELAN-1000 型旋转蒸发仪的运行操作如下:

1) 在烧瓶中加入待蒸液体,体积不要超过 2/3。将烧瓶装在转动轴磨口上,用标准口卡子卡牢。

2) 打开水泵开关先抽真空,待瓶吸住后旋转转速旋钮,调整至稳定的转速。

3) 用升降控制开关将烧瓶置于水浴内。

4) 加热水浴,根据烧瓶内液体的沸点设定加热温度。待旋转平稳后,慢慢放入水浴中,否则会因水温过高,而使烧瓶内液体冲至冷凝管。

5) 在设定温度下旋转蒸发。

6) 蒸完后用升降控制开关将瓶离开水浴,关闭转速旋钮,停止旋转,再打开真空活塞,使通大气,然后取下烧瓶。

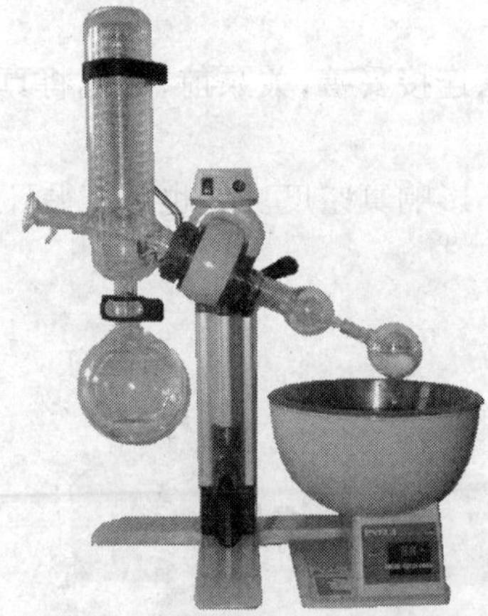

图 1-12 EYELAN-1000 型旋转蒸发仪

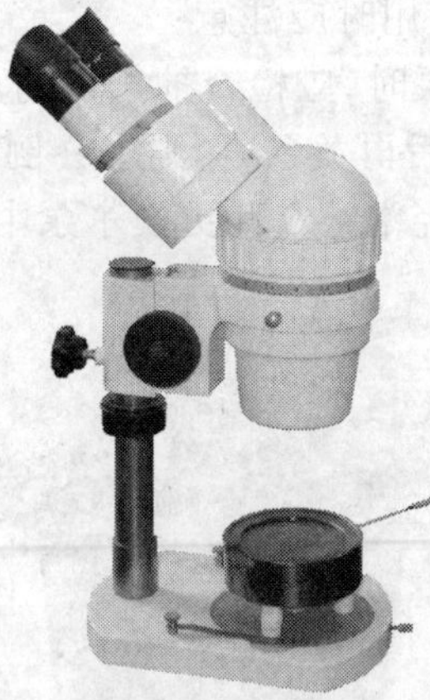

图 1-13 XTL-1 X-6 型显微熔点仪

(10) 显微熔点仪

用显微熔点仪测定熔点,所需的样品量很少,只需 0.1 mg,而且通过显微镜可清楚地看到样品的晶形和熔化过程。图 1-13 为 XTL-1 X-6 显微熔点测定仪,操作步骤见第二章(一)熔点的测定。

(11) 旋光仪

旋光仪是利用偏振镜来测定旋光度。普通的旋光仪一般由光源、物镜、偏振镜、磁旋线圈、样品管和光电倍增管组成。图 1-14 为申光牌 WZZ-1S 数字式旋光仪。具体操作见第二章(四)旋光度的测定。

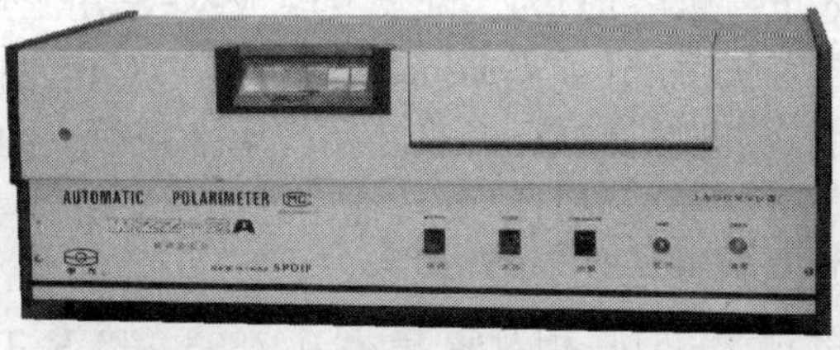

图 1-14 申光牌 WZZ-1S 数字式旋光仪

九 常用的有机反应装置

常用的有机反应装置见图 1-15。

回流装置

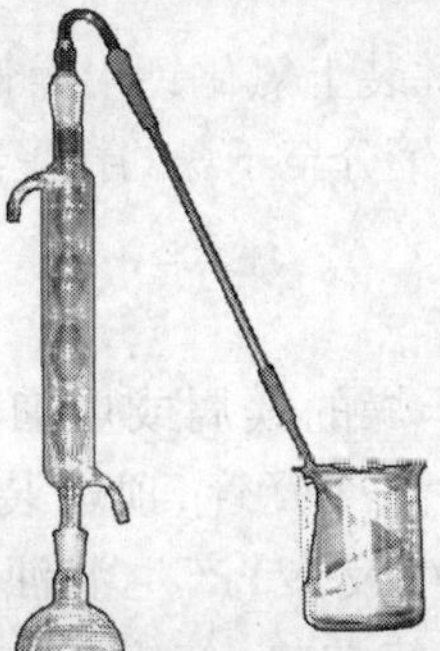

气体吸收装置

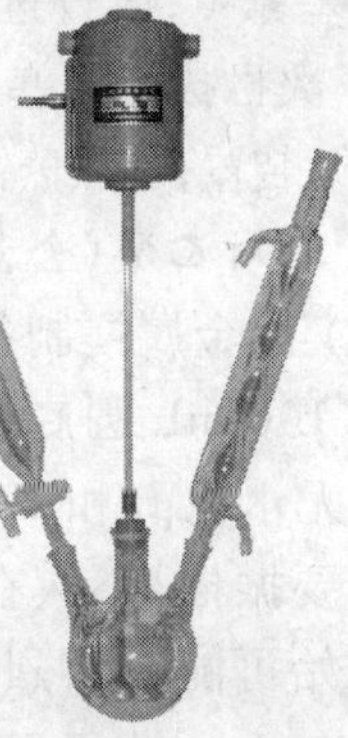

机械搅拌装置

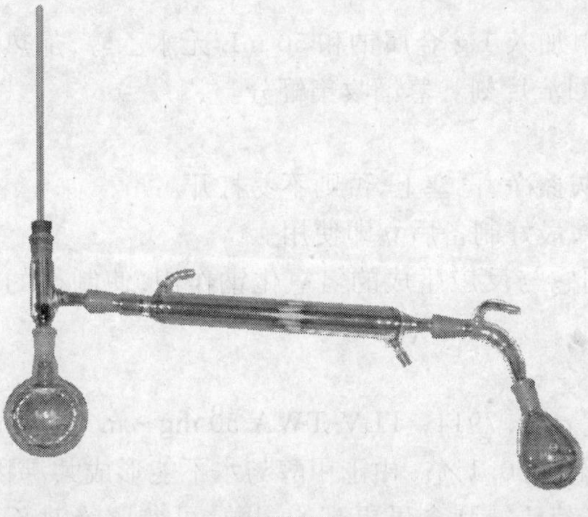

蒸馏装置

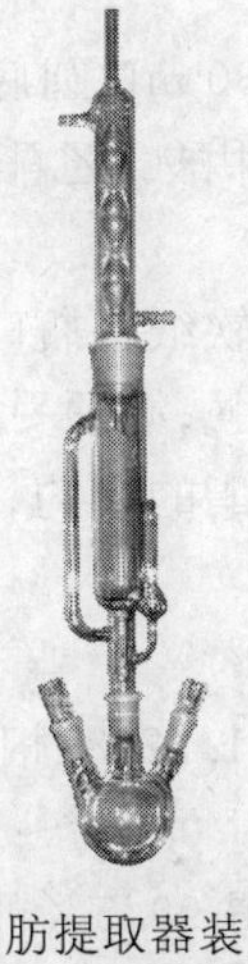

脂肪提取器装置

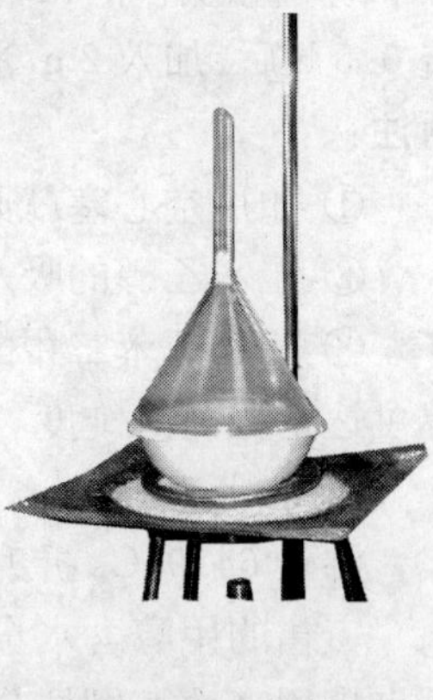

简易常压升华装置

图 1-15 常用的有机反应装置图

十　常用有机溶剂及纯化

市售的有机溶剂有工业级、化学纯和分析纯等各种规格。纯度愈高，价格愈贵。在有机合成中，常常根据反应的特点和要求，选用适当规格的溶剂，使反应能顺利进行又能节约经费。有的合成实验要用大量有机溶剂，为了降低实验成本，常用工业级或回收的普通溶剂自行精制后供实验用。某些有机反应(如 Grignard 反应等)，对溶剂的要求很高，即使溶剂中含有微量的有机杂质和水分，也常常对反应速度和产率带来很大的影响，这就须对溶剂进行进一步纯化。因此了解常用有机溶剂的性质及纯化方法是十分重要的。

1. 无水乙醇(含量 99.5%)

沸点 78.5 ℃，折射率 n_D^{20} 1.3611，相对密度 d_4^{20} 0.7893，TLV-TWA 1900 mg · m^{-3}。

由于乙醇和水要形成共沸物，用一般的蒸馏不能得到无水乙醇。普通的乙醇含量为 95.57%，含水 4.43%，通常称为 95%乙醇。要制备无水乙醇，常用生石灰作脱水剂，因生石灰来源方便，而且生石灰以及它与水生成的氢氧化钙不溶于乙醇。

无水乙醇制备方法如下：

1) 量取 60 mL 普通乙醇加至 100 mL 的圆底烧瓶中，再加入 15 g 新鲜的生石灰，略加摇动后塞紧①，放置过夜。

2) 次日拔去瓶塞，装上回流冷凝管，并装上氯化钙干燥管，加热回流 2 h。待稍冷后将装置改为蒸馏装置，加热蒸馏，弃去前馏分，收集馏分至干燥的接受器中，立即用塞子塞紧瓶口②。

2. 绝对乙醇(含量 99.95%)

(1) 用金属镁制备

在 100 mL 圆底烧瓶中加入 0.3 g 干燥的镁屑或用细砂皮去除氧化层的镁条，再加入 10 mL 无水乙醇和 1～2 小粒碘，装上回流冷凝管，顶端装氯化钙干燥管。用热水温热烧瓶但不要振摇，不久在碘粒周围的镁发生反应，产生混浊慢慢扩散，随之碘的棕色消失。反应开始可能较激烈，待反应缓和后，继续加热，使镁基本反应完全。从冷凝管的顶端再加入 40 mL 无水乙醇，加热回流 0.5 h。稍冷后将装置改为蒸馏装置，加热蒸馏即可收集到绝对乙醇。

(2) 用金属钠制备

装置和操作同(1)。在 100 mL 圆底烧瓶中加入 1 g 金属钠和 50 mL 无水乙醇，加热回流 0.5 h 后，加入 2 g 邻苯二甲酸二乙酯③，再回流片刻。蒸馏收集馏分。

附注：

① 如用空心塞就必须用软纸将瓶口生石灰擦净，再塞上，否则不易打开。

② 无水乙醇的吸水性很强，必须妥善保存，最好制备后立即使用。

③ 加入邻苯二甲酸二乙酯的目的，是利用它与反应生成的氢氧化钠作用，使制得的乙醇可达到极高的纯度。

3. 无水甲醇

沸点 64.9 ℃，折射率 n_D^{20} 1.3288，相对密度 d_4^{20} 0.7914，TLV-TWA 50 mg · m^{-3}。

市售的甲醇含水量不超过 0.5%～1%，含丙酮 0.1%。由于甲醇与水不能形成共沸物，可直接用高效精馏柱分馏制得 99.5%的甲醇，若要得到含量更高的甲醇，可参照绝对乙醇的制备方法。若要除去甲醇中少量丙酮，可将 500 mL 工业甲醇加入 25 mL 呋喃甲醛和

60 mL 10%氢氧化钠溶液一起加热回流 12 h，然后用分馏柱分馏得到无丙酮的甲醇，呋喃甲醛和丙酮生成树脂状物留在瓶内。

无水甲醇的制备也可在甲醇中加入 4A 型分子筛，干燥 12 h 以上，再蒸馏得到。

4. 乙醚[1]

沸点 34.5 ℃，折射率 n_D^{20} 1.3526，相对密度 d_4^{20} 0.7138，TLV-TWA 500 mg · m^{-3}。

普通乙醚中含有少量水和乙醇，在保存乙醚时，由于与空气接触和光的照射，通常含有少量过氧化物。它们对于要求用无水乙醚作溶剂的反应，如 Grignard 反应等，不仅影响反应，且易发生危险。因此在制备无水乙醚时，首先要检验有无过氧化物存在。检验的方法如下。

取少量乙醚加入等体积 2%碘化钾溶液，再加入几滴稀盐酸一起振摇，振摇后的溶液若能使淀粉溶液显蓝色，证明有过氧化物存在。则按下列方法处理。

在分液漏斗中加入普通乙醚，再加入相当于乙醚体积 1/5 的新配制硫酸亚铁溶液[2]剧烈振摇后分去水层。醚层用饱和食盐水洗涤后加入无水氯化钙干燥过夜。这样可除去大部分的水和乙醇。蒸馏收集 34～35 ℃馏分。再在收集瓶中压入钠丝，然后用一只软木塞，在中间插入一端拉成毛细管的玻璃管，塞住瓶口放置。待乙醚中微量的水和乙醇转化为氢氧化钠和醇钠后即可使用。

附注：

① 乙醚沸点低，极易挥发。蒸馏时用水浴加热严禁用明火加热。乙醚蒸气比空气重(约为空气的 2.5 倍)，容易聚集在桌面和低洼处，当空气中含有 1.8%～36.5%的乙醚蒸气时，遇火星即会燃烧爆炸。在蒸馏时，接液管支管应接一橡皮管通入下水道。

② 硫酸亚铁溶液的配制：在烧杯中加入 55 mL 水和 3 mL 浓硫酸，然后加入 30 g 硫酸亚铁，溶解后即成。此溶液必须在使用前配制，久置后易变质。

5. 丙酮

沸点 56.2 ℃，折射率 n_D^{20} 1.3588，相对密度 d_4^{20} 0.7899，TLV-TWA 400 mg · m^{-3}。

普通丙酮中常含有少量水、甲醇和乙醛等杂质，分析纯丙酮中的有机杂质低于 0.1%，但含水量达 1%。丙酮的纯化方法如下。

在 500 mL 普通丙酮中加入 2～3 g 高锰酸钾加热回流，若紫红色很快消失，则需再加入少量高锰酸钾继续回流，直至紫色不再消失为止。将丙酮蒸出，然后加入无水碳酸钾干燥。蒸馏收集 56～57 ℃馏分。

6. 石油醚

石油醚是低沸点混合烷烃。常用石油醚的沸程有 30～60 ℃，60～90 ℃和 90～120 ℃，TLV-TWA 550 mg · m^{-3}。

石油醚主要成分为戊烷、己烷和庚烷，还含有少量不饱和烃，用蒸馏无法分离。通常将石油醚倒入分液漏斗中，加入其体积 1/10 的浓硫酸振摇洗涤 2～3 次，可除去大部分不饱和烃。再用含有 0.1 mol · L^{-1} 高锰酸钾的 10%硫酸溶液洗涤，直至水层中紫红色不褪为止。然后用水洗涤，分去水层，用无水氯化钙干燥。过滤后蒸馏收集馏分。若要绝对无水的石油醚，可再压入钠丝放置备用(参照无水乙醚制备)。

7. 四氢呋喃(THF)

沸点 67 ℃，折射率 n_D^{20} 1.4050，相对密度 d_4^{20} 0.8892，TLV-TWA 300 mg · m^{-3}。

四氢呋喃常作为 Grignard 反应和氢化锂铝的还原中用来代替乙醚作为溶剂。市售四氢呋喃含量为95%左右,其中常含有少量水和过氧化物。若含有过氧化物,须按处理乙醚中过氧化物的方法处理。先用硫酸亚铁溶液洗涤后加入无水硫酸钙干燥。将干燥的四氢呋喃过滤后加入氢化铝锂(一般 500 mL 四氢呋喃约加 2 g 氢化铝锂),装上冷凝管和氯化钙干燥管加热回流 1～2 h。蒸馏收集 65～66 ℃的馏分。

8. 乙酸乙酯

沸点 77.1 ℃,折射率 n_D^{20} 1.3723,相对密度 d_4^{20} 0.9003, TLV-TWA 300 mg · m^{-3}。

分析纯的乙酸乙酯含量为 99.5%,可供一般使用。工业乙酸乙酯含量为 95%～98%,含有少量的水、乙醇和乙酸,可用下列方法提纯。

在烧瓶中加入 100 mL 乙酸乙酯、10 mL 乙酸酐和 1 滴浓硫酸,加热回流 4 h,除去水和乙醇。然后装上分馏柱进行分馏,收集 76～77 ℃馏分。馏液用 2～3 g 无水碳酸钾振摇干燥,过滤后蒸馏,收集沸点为 77 ℃的馏分,纯度可达 99.7%。

9. 二氯甲烷

沸点 40.0 ℃,折射率 n_D^{20} 1.4242,相对密度 d_4^{20} 1.3266, TLV-TWA 175 mg · m^{-3}。

普通的二氯甲烷一般都能直接用来作萃取剂。如需纯化,可用 5%的碳酸钠溶液洗涤后再用水洗涤,用无水氯化钙干燥后蒸馏,收集 40～41 ℃的馏分。二氯甲烷是卤代烷中毒性较小的,使用比较安全,因此常可代替氯仿作为比水重的萃取溶剂。二氯甲烷不宜久置于空气中以免氧化变质,宜贮存于棕色瓶内,所有卤代烃都不能用金属钠干燥,否则会发生爆炸。

10. 1,2-二氯乙烷

沸点 60.1 ℃,折射率 n_D^{20} 1.4448,相对密度 d_4^{20} 1.2531, TLV-TWA 25 mg · m^{-3}。

1,2-二氯乙烷为无色油状液体,有芳香气味但却是有毒的致癌物质。它可与水形成共沸物,沸点 72 ℃,其中 1,2-二氯乙烷的含量为 81.5%。可与乙醇、乙醚、氯仿等互溶。一般纯化可依次用浓硫酸、水、稀碱溶液和水洗涤,加入氯化钙或五氧化二磷干燥。过滤后蒸馏。

11. 氯仿

沸点 61.7 ℃,折射率 n_D^{20} 1.4459,相对密度 d_4^{20} 1.4832, TLV-TWA 50 mg · m^{-3}。

普通的氯仿中含有 1%乙醇作为稳定剂,为了防止氯仿分解为有毒的光气。要除去乙醇,可将氯仿倒入分液漏斗中,加入一半体积的水振摇,分出下层的氯仿层,用无水氯化钙干燥后蒸馏收集馏分。宜保存在棕色的瓶里,放在避光处,以免光照分解产生光气。氯仿有毒,有致癌报道。

12. 二甲亚砜(DMSO)

沸点 189.0 ℃,折射率 n_D^{20} 1.4770,相对密度 d_4^{20} 1.1014。

二甲亚砜为无色、无臭、微带苦味的吸湿性液体。它是能与水互溶的高极性非质子溶剂,被广泛用作有机反应溶剂和光谱分析的试剂。市售试剂级二甲亚砜含水量约为 1%。通常先减压蒸馏,然后用 4A 型分子筛干燥后再减压蒸馏,收集 75～76 ℃/1.6kPa (12 mmHg)① 的馏分。蒸出的二甲亚砜加入分子筛备用。

附注:

① 蒸馏温度不宜高于 90 ℃,否则会发生歧化反应,生成二甲砜和二甲硫醚。二甲亚砜与氢化钠、高碘酸等物质混合时可能会爆炸,应于注意。

13. N,N-二甲基甲酰胺(DMF)

沸程为 149～156 ℃,折射率 n_D^{20} 1.4305,相对密度 d_4^{20} 0.9487, TLV-TWA 90 mg · m^{-3}。

普通的N,N-二甲基甲酰胺为无色液体常含有少量的水、胺和甲醛等。在常压蒸馏时会部分分解,产生二甲胺和一氧化碳。若有酸或碱存在会加速分解,如用固体氢氧化钾或氢氧化钠干燥,放置数小时即有部分分解。因此最好用硫酸钙、硫酸镁、氧化钡、硅胶等干燥,或用分子筛干燥,再进行减压蒸馏。收集76 ℃/4.8 kPa(36 mmHg)的馏分。保存时加入分子筛。

14. 二氧六环

沸点101.5 ℃,折射率 n_D^{20} 1.4224,相对密度 d_4^{20} 1.0337, TLV-TWA 90 mg · m^{-3}。

普通二氧六环含有二乙醇缩乙醛和水。在保存时缩醛水解产生乙醛,游离的乙醛会导致过氧化物的生成。通常用下列方法精制。

在250 mL二氧六环中加入3.5 mL浓盐酸和25 mL水,在通风橱内加热回流5～6 h,回流时缓缓通入氮气,以除去生成的乙醛。待溶液冷却后加入粒状氢氧化钾直至不再溶解为止。分去水层,有机层再加入粒状氢氧化钾干燥除去痕量的水。将有机层过滤至干燥的圆底烧瓶中,加入金属钠回流数小时。蒸馏收集101 ℃馏分。

第二章 Part 2

有机化合物物理常数的测定

一 熔点的测定

熔点是在一个大气压下,固体化合物从固态转变为液态(严格来说是固相与液相达到平衡)时的温度。除大分子、内盐等以外,一般纯粹的固体有机化合物都有固定的熔点。在一定的压力下,固液两态之间的变化非常敏锐,从初熔到全熔(这一熔点范围称为熔程),温度不超过0.5～1.0℃。熔点是鉴定固体有机化合物的重要物理常数,此外也能定性地判断化合物的纯度。当化合物中混有杂质时,其熔点往往较纯物质低,熔程也较长。

将某一化合物的固、液两相处于同一容器中,在一定的温度和压力下,可能发生3种情况:固相迅速转化为液相,即固体熔化;液相迅速转化为固相,即液体固化;温度在熔点时,固-液两相同时并存。在某一温度时,哪一种情况占优势,可以从该化合物的蒸气压-温度曲线图2-1来理解。

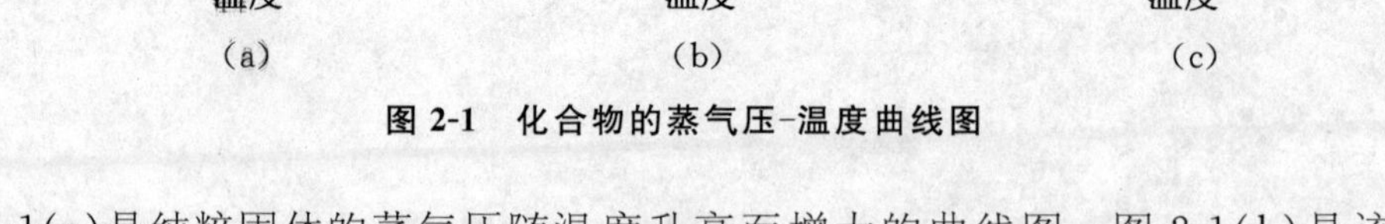

图 2-1 化合物的蒸气压-温度曲线图

图2-1(a)是纯粹固体的蒸气压随温度升高而增大的曲线图。图2-1(b)是该物质的纯粹液态的蒸气压-温度曲线图。如将图2-1中(a)(b)两条曲线加合,即得图2-1中的(c)的曲线图。固相的蒸气压随温度的变化速率比相应的液相大,最后两曲线相交,在交叉点 M 处(只能在此温度时)固液两相可同时并存。当温度略高于 T_M 时,这时固相的蒸气压已较液相的蒸气压大,使所有的固相全部转化为液相;若略低于 T_M 时,固相的蒸气压已较液相的蒸气压小,则由液相转化为固相;只有当温度为 T_M 时,固-液两相的蒸气压才

一致,固-液两相可同时并存,此时的温度即为化合物的熔点。所以要精确测定熔点,在接近熔点时加热速度一定要慢,只有这样才能使整个熔化过程的温度区间尽可能接近于两相平衡时的温度 T_M。

(1) 提勒管法测定熔点

在提勒管口上配一合适的软木塞,在软木塞中间打孔,插入温度计,并在软木塞边上锉一槽①,以通大气。若用磨口提勒管(图 2-2(c))则可不用配塞打孔,但必须有通气孔。将提勒管垂直固定在铁架台上,加入选定的浴液②,浴液的高度应与上支口平。温度计的水银球应位于提勒管上下支口中间(图 2-2(a))。

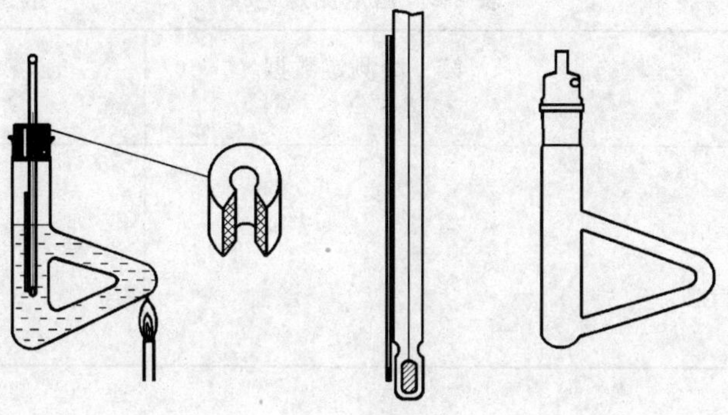

(a) (b) (c)

图 2-2 提勒管测熔点装置

将少许待测的干燥固体样品放在干净的表面皿里,用不锈钢刮刀将它研细成粉末并集成小堆。把毛细管开口的一端向下在粉末堆中轻轻插几下,然后把毛细管开口的一端向上,在桌面上轻轻敲击,使粉末落入封闭的一端。然后取一根长约 40 cm 长的玻管,垂直于一干的表面皿上,将毛细管开口向上,从玻管上端自由落下,重复多次,直至样品装紧密。样品装入高度约 2～3 mm。擦去沾在管外的粉末,以免玷污浴液。将装入样品的毛细管借助浴液粘贴在温度计上(或用乳胶圈固定,乳胶圈必须在浴液面部),使样品粉末位于水银球中间(图 2-2(b))。

用小火按图 2-2(a)中所示部位缓缓加热。升温的速度是准确测量熔点的关键。开始升温的速度可以较快,当距离熔点 10～15 ℃时,调节火焰使每分钟温度上升 1～2 ℃。愈接近熔点升温应愈慢,这一方面是为了保证有充分的时间让热量由管外传至毛细管内使固体熔化。另一方面,观察者不可能同时观察温度计所示读数和试样的变化情况,只有缓慢加热才可使此项误差减小。记录开始有液滴出现③(初熔)和固体全部消失(全熔)时的温度计读数④,即为该化合物的熔程。

当一次样品测完后,打开木塞,冷却浴液,取出测过的毛细管并弃去。浴液的温度降至样品熔点 15 ℃以下时,再放入装有相同样品的另一根毛细管⑤进行测定。每个样品重复测定两次。

熔点测定后,必须将浴液冷却后方可将它倒入回收瓶中。温度计冷却后,先用纸擦净再用水冲洗,以免温度计炸裂。

熔点测定基本操作实验:

测定表 2-1 列出标准样品的熔点,每只样品测定两次。按表 2-2 记录熔点数据。

表 2-1 标准样品的熔点

化合物	规格	熔点/℃
二苯胺	分析纯	54.0～55.0
萘	分析纯	80.5
乙酰苯胺	分析纯	114.3
苯甲酸	分析纯	122.1
水杨酸	分析纯	159.0
3,5-二硝基苯酚	分析纯	205.0

表 2-2 熔点测定记录

样品	第一次测定数据 初熔～全熔/℃	第二次测定数据 初熔～全熔/℃
二苯胺		
萘		
乙酰苯胺		
苯甲酸		
水杨酸		

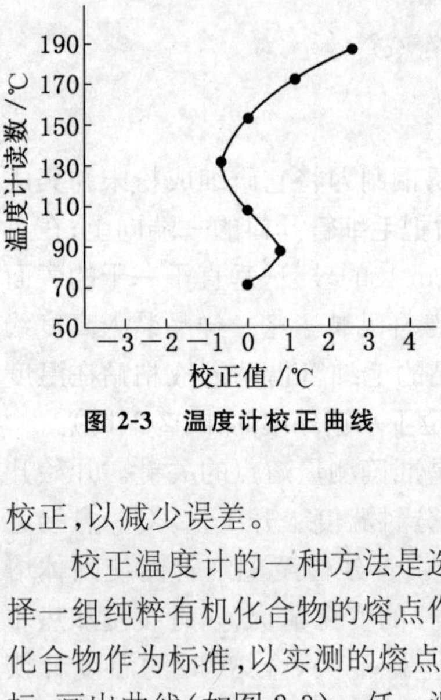

图 2-3 温度计校正曲线

(2) 温度计的校正

在测定熔点时,发现熔点的实测值与文献值之间有误差,原因有多方面,其中温度计造成的误差是一个重要因素。温度计在制作过程中,由于温度计内毛细管的粗细不均匀,使刻度不精确。温度计在划分刻度时有全浸式和半浸式。全浸式温度计的刻度是将温度计全部浸入热浴中均匀受热的情况下划分的。而在使用温度计测量时,仅有部分汞线受热,因而露出的汞线温度较全部受热时为低。另外温度计长期使用后,玻璃也可能变形而使刻度不准。所以在使用前最好将温度计进行校正,以减少误差。

校正温度计的一种方法是选一标准温度计与它作比较。另一种方法是在各个温度段选择一组纯粹有机化合物的熔点作为校正的标准。校正时只要选择数种已知熔点的纯粹有机化合物作为标准,以实测的熔点作纵坐标,测得的熔点与纯粹有机化合物熔点的差值作横坐标,画出曲线(如图 2-3)。任一温度的校正值可通过曲线直接找到。

表 2-3 是一组用熔点法校正温度计的标准化合物的熔点,校正时可根据各温度段来选择。

表 2-3 温度计校正的标准样品

化合物	熔点/℃	化合物	熔点/℃
水-冰	0.0	苯甲酰胺	132.0～133.0
二苯胺	54.0～55.0	尿素	135.0
对氯甲苯	53.1	水杨酸	159.0
萘	80.5	对苯二酚	173.0～174.0

（续表）

化　合　物	熔点/℃	化　合　物	熔点/℃
间二硝基苯	90.0	丁二酸	188.0
乙酰苯胺	114.3	3,5-二硝基苯甲酸	205.0
苯甲酸	122.1	对硝基苯甲酸	242.0

(3) 未知物及混合熔点的测定

纯粹化合物中含有杂质使熔点降低的现象可用来鉴定熔点相似的两种化合物是相同的还是不同的物质。由于熔点相差 1～2 ℃的化合物数目繁多，为进一步确证，最简便的方法是测定其混合熔点，将熔点相同的两种物质按等比例混合后测定熔点，如熔点降低和熔距拉长，则为不同化合物；如熔点相等，可认为两物质是同一化合物。但也有例外，有时两种熔点相同的不同物质等比例混合后的熔点与纯粹化合物熔点相等或反而上升，为得到可靠的结果，须按 1∶1、9∶1 和 1∶9 等比例混合后再测定熔点。

将发给的未知样品，先进行初测，初测时加热速度可以稍快，以确定未知物的熔点范围。在知道熔点范围后，待浴液冷至样品熔点以下 20 ℃左右，再取一根毛细管装样后进行精确的测定，测法同已知物的测定，重复数据两次，得到未知物的精确熔点。

根据测得的熔点，从表 2-4 各组化合物中考虑在此熔点范围内的可能化合物，然后取此组中的一种化合物少许，等比例与未知物混合均匀后，测定混合熔点，若熔点降低，熔程拉长，则可认为未知物不是此化合物，再取此组的另一个化合物混合测熔点，直至熔点不变，确证未知物是哪个化合物。

表 2-4　测定熔点的未知样品

化合物	熔点/℃	化合物	熔点/℃
二苯甲醇	69.0	安息香	134.0～136.0
香豆素	71.0	尿　素	132.7
苯甲酸苯酯	70.0	肉桂酸	135.0～136.0

(4) 显微熔点仪测熔点

显微熔点仪种类很多。现介绍 XTL-1 型 X-6 显微熔点测定仪(见图 2-4)，它主要有显微镜、熔点热台、传感器等其他部件和 XTL-1 型 X-6 仪器调压升温控制器组成。

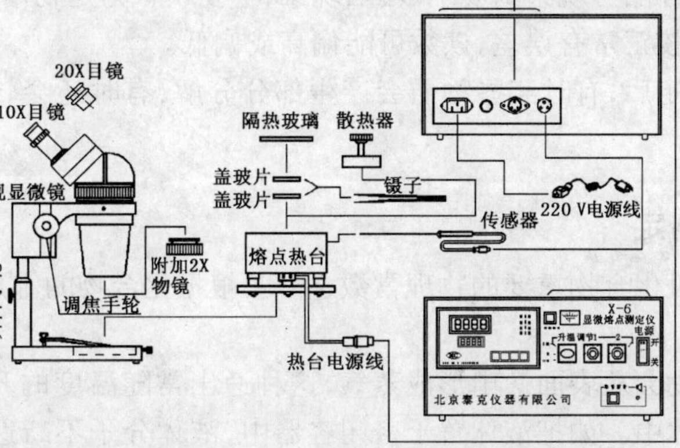

图 2-4　XTL-1 型 X-6 显微熔点测定仪示意图

操作步骤：

1）将热台放置在显微镜底座孔上。

2）将热台的电源线接入调压测温仪后侧的输出端，并将传感器一端插入热台孔，另一端与调压测温仪后侧的插座相连，接通电源。

3）取两片载玻片，用蘸有丙酮的脱脂棉擦干净，晾干。取微量（约 0.1 mg）样品研细，放在载玻片上，注意样品分布均匀而薄，不要堆积，从镜孔可以看到一个个晶体的外形。盖上另一片载玻片，轻轻压实。放在热台上，使载玻片上的样品位于热台中心。

4）盖上隔热玻璃。

5）松开显微镜的升降手轮，参考显微镜的工作距离（88 mm 或 33 mm），上下调整显微镜，直至目镜中能看到样品轮廓时锁紧手轮；再调节调焦手轮，直至能清晰地看到样品结晶为止。

6）按显微镜前面板示意图 2-5 打开电源开关，调压测温仪显示出热台即时的温度值。

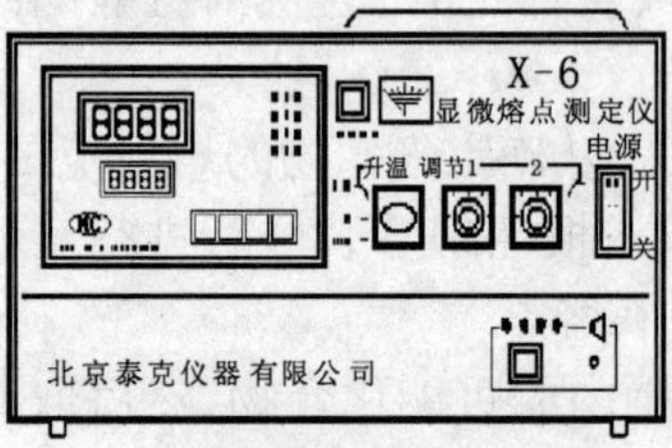

图 2-5　显微熔点仪前面板示意图

7）将热台升温切换开关开至“手控”方式，通过人工调节仪器面板上的升温电压量调节旋钮 1 和升温电压窄量调节旋钮 2 来控制热台升温速度。先将调温旋钮顺时针调至较大位置，使热台迅速升温。当温度升至被测物质熔点 40 ℃左右时，将旋钮逆时针调小，使升温速度减慢。当温度接近被测物质熔点 10 ℃左右时，调节旋钮 2，使升温速度控制在 1～2 ℃ · min^{-1}。也可将热台升温切换开关开至“A/M”方式，由仪表自动控制热台加热升温。

8）观察被测物质熔化过程。当样品的结晶棱角开始变圆时，是熔化开始，结晶形状完全消失即熔化结束。记录初熔和全熔的温度值。用镊子取下隔热玻璃和载玻片，即完成一次测试。将电压调至零，使温度降至熔点 40 ℃以下，再重复测一次，以作比较。

9）熔点测完后，应及时切断电源，使热台冷却。用镊子取下载玻片。

附注：

① 木塞锉槽以通大气。若温度计的刻度在木塞里，应将软木塞按图开口，便于观察温度。

② 浴液应具有沸点较高，挥发性小，受热时较稳定的特点。常用的浴液有浓硫酸、石蜡油、硅油等。实验室常用浓硫酸作浴液，但浓硫酸是腐蚀性很强的酸，使用时必须小心。

③ 初熔前有的样品可观察到萎缩、塌陷现象，不要误认为是初熔温度。

④ 温度计未经校正常有误差，读数可能偏高或偏低。

⑤ 样品经过测定后，有时某些物质会产生部分分解，有时还会转变成具有不同熔点的某些结晶形式。

二　沸点的测定

沸点是液体有机化合物重要的物理常数之一。根据化合物的沸点、沸程，可以定性鉴定化合物的纯度。

液体的分子运动会从表面逸出形成蒸气，这种逸出常随温度的升高而增多。蒸气中的分子也会返回到液体中。如把液体置于密闭容器中，液体分子不断逸出在上部空间形成蒸气，最后会使分子由液体中逸出和从蒸气中返回液体的速度相等，即达到动态平衡。此时液面上的蒸气达到饱和,称为饱和蒸气压。液体在一定温度下具有一定的饱和蒸气压,它与体系中存在的液体和蒸气的绝对量无关。

将液体加热,它的饱和蒸气压随温度升高而增大,当它的饱和蒸气压和外界压力相等时,气化不仅在液体表面,而且在整个液体内部都发生,大量蒸气成气泡逸出,此时液体沸腾。液体沸腾时的温度即为该液体在此外界压力下的沸点。通常所说的沸点是指在标准大气压下(101.3 kPa, 760 mmHg)液体沸腾时的温度。在蒸馏时,实际测量的不是瓶中溶液的沸点,而是逸出蒸气与其冷凝液平衡的温度,也就是馏出液的沸点。

液体的沸点不仅与外界压力有关,而且与其纯度有关。纯粹的化合物在一定压力下有恒定的沸点,不纯物质的沸点取决于所含杂质的性质,如所含杂质是不挥发的,则溶液的沸点比纯物质的沸点略有提高;若杂质是挥发性的,则蒸馏时液体的沸点常会逐渐上升;有时由于两种或多种物质组成共沸混合物,也会有恒定的沸点。

常用的测定沸点的方法有微量法(毛细管法)和常量法(见第四章第6部分蒸馏操作)。

微量法测定沸点:

取一根内径1 mm的熔点管,将熔点管一分为二,然后再将封口处在小火上加热对接。在离接头3～4 mm处截断,作为沸点管的内管,如图2-6所示。取一根长7～8 cm,内径为4～5 mm的毛细管,一端用小火封闭,作为沸点管的外管。外管封闭端在下,用橡皮圈把沸点管系在温度计旁,橡皮圈必须在热浴液上部。用滴管吸入2～3滴待测液体于外管底部,使液面略高于内管接头。然后将温度计像测熔点装置一样装入提勒管中。以每分钟上升4～5 ℃的速度均匀加热,切忌太快,否则会使液体样品全部挥发。加热时,由于气体膨胀,内管中会间断有气泡逸出。当加热温度到达液体沸点时将有一串串的小气泡快速逸出,此时应立即停止加热。若在液体沸点前停止加热,由于内管中蒸气压小于大气压,会观察到液体立即进入内管,以至得到错误的结果。让浴温慢慢冷却,气泡逸出速度渐渐减慢,当气泡停止逸出而液体刚要进入内管的瞬间,表示毛细管内的蒸气压与外界压力相等,记录此时的温度,即为该液体的沸点。

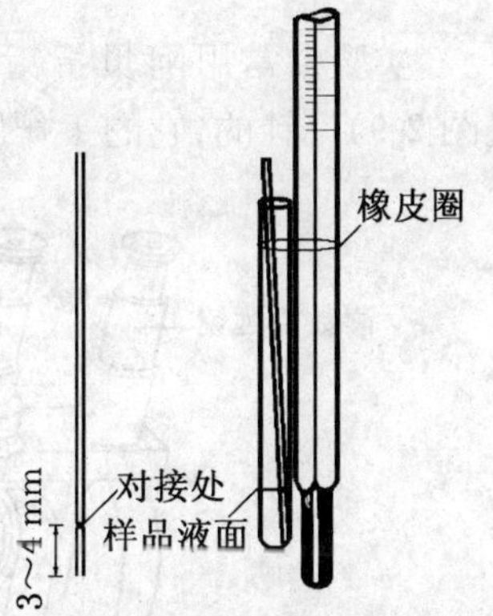

图 2-6 微量法测定沸点装置

为了校对液体的沸点,取出内管,轻轻挥动以除去管内液体,然后再插入外管中,重复上述操作。两次测得的沸点范围即为沸程,应在1～2 ℃以内。

三 折射率的测定

折射率是液体有机化合物的重要物理常数之一。通过测定折射率与已知纯化合物的折射率比较,可以判断有机化合物的纯度,也可以用来鉴定未知物。

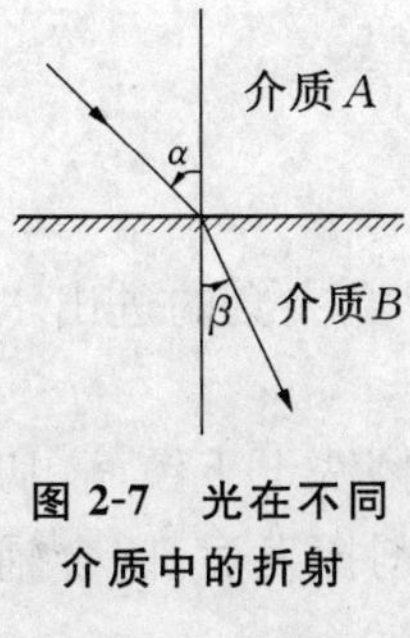

图 2-7 光在不同介质中的折射

光在不同的介质中的传播速度是不相同的。如图2-7所示,光从一种介质 A 射入到另一种介质 B 中,当它的传播方向与两种介质的界面不垂直时,则在界面处的传播方向发生改变,这种现象称为光的折射。根据折射定律,波长一定的单色光在温度、压力不变的条件下,两

种介质的折射率 n_A 和 n_B 之比与入射角正弦和折射角正弦成反比，即

$$\frac{n_A}{n_B}=\frac{\sin\beta}{\sin\alpha}$$

当 A 介质为真空时，设 $n_A=1$，则介质 B 的绝对折射率 $n_B=\sin\alpha/\sin\beta$，通常测定的折射率都以空气作标准，空气的绝对折射率 $n_{空气}=1.00027$，则 $\sin\alpha/\sin\beta=n_B/n_{空气}=n_B/1.00027=n'$。$n'$ 为介质 B 的相对折射率，与 n_B 数值相差很小，近似于 n_B，因此在一般情况下不再进行校正。

物质的折射率与介质的结构、温度和波长等因素有关。由于介质的密度随温度而变化，因而光在介质中传播速度也要改变。波长不同的光束在相同介质中的折射率也不相同，使用单色光比使用日光测得的 n 值更为精确，常用钠光 $(D)\lambda=589\ \text{nm}$。测定可维持在恒温条件下。一般温度升高或降低 1 ℃时，液体有机化合物的折射率就减少或增加约 4.5×10^{-4}。

通过下式可将某温度测定的折射率换算成 20 ℃时的折射率。

$$n_D^{20}=n'_D+(0.00045)(t-20\ ℃)$$

实验室常用阿贝折射仪(图 2-8)来测定折射率。阿贝折射仪是根据临界折射现象(图 2-9)设计的，它的工作原理即为折射定律。

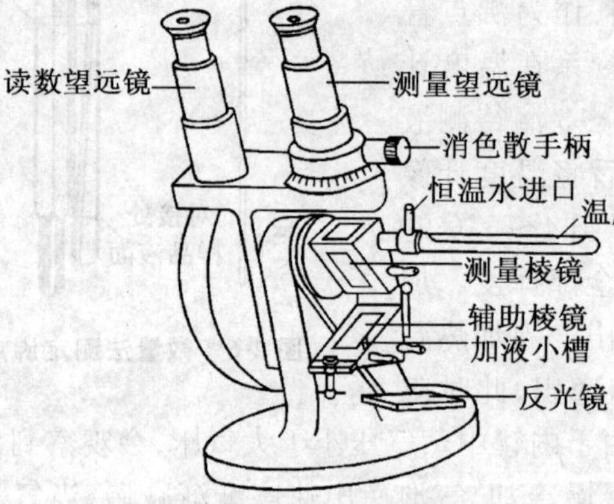

图 2-8 阿贝折射仪

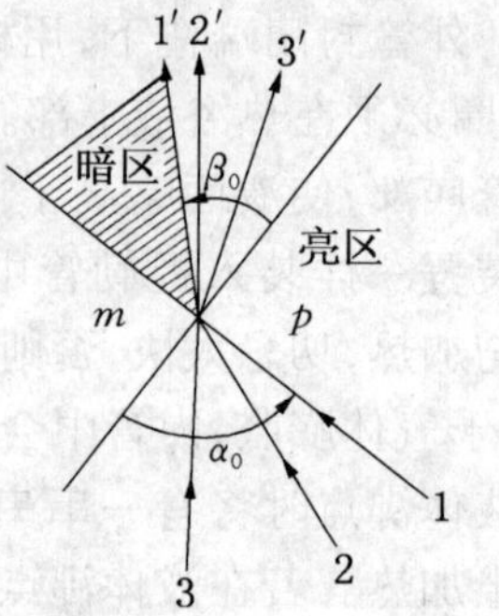

图 2-9 阿贝折射仪的临界折射

将试样置于棱镜的镜面上，棱镜的折光率 n' 大于试样的折光率 n。当入射光正好沿着棱镜与试样的界面射入时，入射角 α_0 为 90°，折射角为 β_0，即为临界角，因为再没有比 β_0 更大的折射角。大于临界角的构成暗区，小于临界角的构成亮区。棱镜的折射率 n' 是已知的，在一定温度和波长的条件下，测得的临界角 β_0，就能计算出被测物质的折射率 n。

$$n=n'\ \frac{\sin\beta_0}{\sin 90^\circ}=n'\cdot\sin\beta_0$$

测定折射率的操作步骤：

1) 仪器的安装：折射仪(图 2-8)用橡皮管将测量棱镜和辅助棱镜上保温夹套的进出水口与超级恒温槽连接，并调节至测定的温度(温度控制在±0.1 ℃之内)。

2) 加样：松开锁钮，开启辅助棱镜。用乙醇或丙酮润湿的擦镜纸轻轻擦洗上下镜面，切忌用滤纸代替擦镜纸，玻璃滴管绝对不能触及棱镜，以免损伤镜面。待溶剂挥发后，闭合辅

助棱镜,旋紧锁钮。从加液小槽中加入蒸馏水,测定蒸馏水的折光率以进行仪器的校正。

3）对光:转动消色散手柄,使刻度盘标尺上的示值为最小,再调节反光镜使目镜中观察到视场明亮。转动棱镜调节旋钮直至目镜中观察到黑白临界线或彩色光带。转动消色散调节旋钮,直至清晰地观察到明暗界线。

4）精调:转动棱镜调节旋钮,使界线恰好通过十字的交叉点。

5）读数:打开读数望远镜下方的小窗,使光线射入。读出蒸馏水的折光率与纯水折射率标准值 n_D^{20} 1.33299 比较,求得折射仪的校正值。

6）测样:重复操作步骤 2)～5)。在步骤 2)中,从加液小槽中加入待测液体,读出待测液体的折射率,并用折射仪校正值加以校正。

7）清洗:样品测定后,用擦镜纸轻轻擦去镜面上下的液体,再用乙醇或丙酮湿润的擦镜纸轻轻擦上下镜面,待棱镜面干后,再旋紧锁钮。

四　旋光度的测定

有机化合物中对映异构体的物理性质和化学性质基本相同,但是它们对偏振光作用有差异,即旋光性不同。

偏振光通过这类化合物的溶液时,能使偏振平面发生旋转,转过一定的角度,这个角度为旋光度。使偏振光振动向左旋转的物质称为左旋性物质,使偏振光振动向右旋转的物质称为右旋性物质。通过测定旋光性化合物的旋光度来计算化合物的比旋光度,从而可以定性鉴定化合物,也可以测定旋光性物质的纯度。

图 2-10 光源(a)发出的自然光通过特制的尼科耳棱镜即起偏镜(b),变成在单一方向上振动的偏振光,偏振光通过盛有旋光物质的旋光管(c)时,振动方向旋转一定的角度,调节附有刻度盘的检偏镜(d),使最大量的光线通过检偏镜,所旋转的角度和方向显示在刻度盘上,即为实测的旋光度 α。

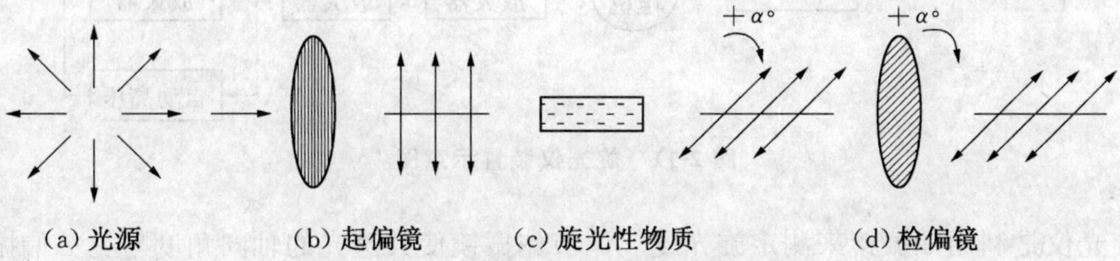

图 2-10　测定旋光度的原理示意图

物质旋光度的大小主要取决于旋光性物质的分子结构,溶液的浓度、液层厚度,它还与入射偏振光的波长、溶剂、测定时的温度等因素有关系。

以钠光 D 为光源,在 20 ℃时,偏振光透过液层厚度为 1 dm,浓度为 $1\ g \cdot mL^{-1}$ 的旋光性物质溶液的旋光度,称为比旋光度,用符号 $[\alpha]_D^{20}(S)$ 表示(S 表示所用的溶剂),它与上述各因素的关系用下式表示:

纯液体的比旋光度　$[\alpha]_D^{20} = \dfrac{\alpha}{l\rho}$

溶液的比旋光度 $[\alpha]_D^{20}=\dfrac{\alpha}{lc}$

式中 α 为测得的旋光度(°)；ρ 为液体在 20 ℃时的密度($g\cdot mL^{-1}$)；c 为旋光物质的质量浓度($g\cdot mL^{-1}$)；l 为旋光管的长度(液层的厚度)(dm)；20 为测定时的温度(℃)。

由此可见比旋光度是旋光性物质在一定条件下的特征物理常数。按照一般方法测得旋光性物质的旋光度，根据上述公式计算实际的比旋光度，与文献的标准比旋光度对照，可进行定性鉴定，也可用于测定旋光性物质的纯度或溶液的浓度。

$$\text{纯度}=\frac{\alpha V}{l[\alpha]_D^{20}(S)m}$$

$$c=\frac{\alpha}{l[\alpha]_D^{20}(S)}$$

式中 V 为溶液的体积(mL)；m 为试样的质量(g)。

(1) 旋光仪的基本结构

普通的旋光仪一般由光源、物镜、偏振镜、磁旋线圈、样品管和光电倍增管组成。仪器的基本装置如图 2-11 所示。

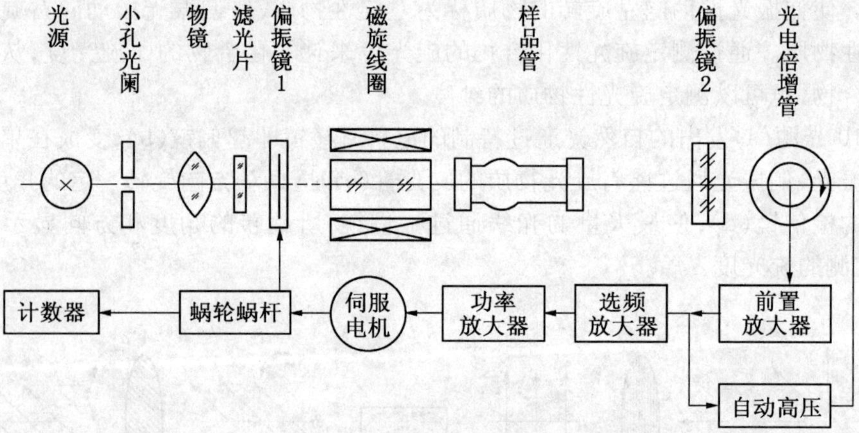

图 2-11 旋光仪装置示意图

旋光仪是利用偏振镜来测定旋光度。调节偏振镜使其透光的轴向角度与另一偏振镜的透光轴向角度互相垂直，则在物镜前观察到的视场呈黑暗，如在之间放一盛满旋光物质的样品管，则由于物质的旋光作用，使原来由偏振镜出来的偏振光转过一个角度，视窗不呈黑暗，此时必须将偏振镜也相应旋转一个角度，这样视窗又恢复黑暗。偏振镜由第一次黑暗到第二次黑暗的角度差，即为被测物质的旋光度。

(2) 旋光仪的操作方法(以申光牌 WZZ-1S 数字式旋光仪为例)

1) 将仪器电源接入 220 V 交流电源，最好使用交流电子稳压器。

2) 打开电源开关，此时钠光灯启亮，预热 5 min 左右，使钠灯发光稳定。

3) 打开光源开关，此时钠灯在直流供电下点亮。

4) 按待测样品旋光度的要求，在容量瓶中配置足够量的溶液，以保证能注满样品管和清洗样品管。

5）打开测量开关，此时数码管应有数字显示。

6）清零：在已准备好的样品管中注入蒸馏水或配制待测样品的溶剂，然后放入旋光仪的试样槽中，按下清零按键，使数码管示数为零。一般情况下仪器如在不放样品管时示数为零，则放入无旋光度溶剂后（如蒸馏水）测数也为零，但须注意倘若在测试光束的通路上有小气泡或样品管的护片上有油污、不洁物或将护片旋得过紧而引起附加旋光数，则将会影响空白测数，在有空白测数存在时必须仔细检查上述因素或者用装有溶剂的空白样品管放入试样槽后再清零。

7）除去空白溶剂，用待测样品溶液荡洗样品管 3 次，再在样品管中注入待测样品，将样品管放入旋光仪的试样槽中，等到表示测数稳定的位于符号管上方的红点亮后再读取读数。

8）复测：按下复测按键，读数，取几次测量的平均值作为测量结果。

注意：须待表示示数稳定的红点出现后再进行此操作，否则有可能引起下一次测数的误差。

（3）旋光仪的维修与保养

1）旋光仪应放在通风、干燥和温度适宜的地方，以免仪器受潮发霉。

2）旋转刻度盘时必须极其缓慢，否则就观察不到视场亮度的变化，通常零点校正的绝对值在 1°以内。

3）旋光仪连续使用时间不宜太长，若较长时间使用，应用电扇吹风或关闭 10～15 min 待冷却后再使用，减少钠光灯管受热程度。

4）旋光管用完后要及时将溶液倒出，用蒸馏水洗涤干净，擦干。所有镜片均不能用手直接擦，应用柔软绒布擦。

5）旋光仪停用时，应放入干燥剂，套上塑料套。按固定位置放入箱内并关紧。

比旋光度实验基本操作：

1）溶液的配制：

准确称取 20 g 蔗糖样品，在 100 mL 容量瓶中配成水溶液，纯溶液应是无色透明的。另配一定浓度的葡萄糖溶液置容量瓶备用。

2）旋光管装样和旋光仪零点的校正：

在测定样品之前，先用蒸馏水校正旋光仪的零点，记下读数，重复操作，取其平均值。

用已知浓度（$20\ g\cdot 100\ mL^{-1}$）的蔗糖溶液荡洗旋光管两次，再将此溶液装入旋光管，重新调节仪器，使得到相同的视场，所得的读数与零点之差即为该物质的观察旋光度，重复多次，取平均值。记下样品管的长度及溶液的温度。然后按公式计算其比旋光度及样品的纯度。

$$[\alpha]_D^{20} = \frac{100\alpha}{LC}$$

$$\text{蔗糖纯度} = \frac{\text{实测比旋光度}}{\text{比旋光度文献值}}$$

3）按以上方法测定未知浓度的葡萄糖溶液的旋光度，已知葡萄糖溶液的比旋光度 $[\alpha]_D^{20} = +52.7°$，计算葡萄糖溶液的浓度。

第三章 Part 3

合成实验

一 配合物的合成

实验 1 双甘氨酸合铜(Ⅱ)一水合物顺、反异构体的制备

本实验是利用顺、反异构体动力学性质的差异来制备双甘氨酸合铜(Ⅱ)一水合物顺、反异构体。反式双甘氨酸合铜水合物溶解度小,但结晶速率慢;而顺式双甘氨酸合铜水合物却由于结晶速率快的动力学优势能首先从平衡混合液中析出结晶。反式异构体的结构式见图 3-2,它在结晶时的自由能变化大,顺式异构体的结构式见图 3-1,顺式的固体与饱和溶液保持长时间接触,最终会全部转化为热力学上稳定的反式异构体。所以在实验时应及时将顺式异构体与饱和溶液分离。

鉴别顺、反式异构体的方法有测定偶极矩、红外光谱分析、紫外-可见光谱分析、X 射线衍射分析等。

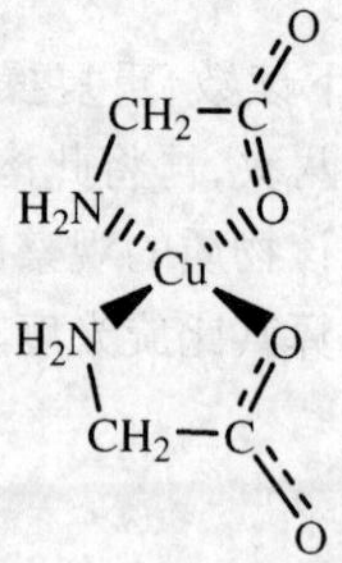

图 3-1 顺式异构体

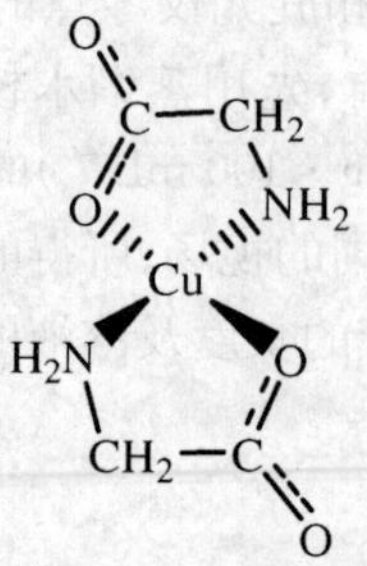

图 3-2 反式异构体

反应式

(1) 顺式双甘氨酸合铜(Ⅱ)一水合物的制备

$$Cu(CH_3COO)_2 + 2\ NH_2CH_2COOH + H_2O \longrightarrow cis\text{-}Cu(NH_2CH_2COO)_2 \cdot H_2O\ (S) + 2\ CH_3COOH$$

(2) 反式双甘氨酸合铜(Ⅱ)一水合物的制备

$$cis\text{-}Cu(NH_2CH_2COO)_2 \cdot H_2O\ (S) \underset{\text{饱和溶液}}{\overset{\text{加热回流}}{\rightleftharpoons}} trans\text{-}Cu(NH_2CH_2COO)_2 \cdot H_2O\ (S)$$

实验步骤

(1) 顺式双甘氨酸合铜(Ⅱ)一水合物的制备

在 100 mL 的烧杯中称取 2 g(0.01 mol)醋酸铜(Ⅱ)一水合物,加入 25 mL 水,在 70 ℃的热水浴上加热溶解后趁热加入 25 mL 乙醇。在另一烧杯中称取 1.5 g(0.02 mol)甘氨酸溶于 25 mL 热水中。将两种溶液趁热混合,得到深蓝色溶液,约 1 min 后即析出天蓝色絮状沉淀。用冰水浴冷却,抽滤,沉淀为顺式异构体。滤液倒出保留备以后用。沉淀抽干后用少量乙醇洗涤两次,干燥后称重,计算产率。

(2) 反式双甘氨酸合铜(Ⅱ)一水合物的制备

在 50 mL 的茄形瓶内加入 3/4 份新鲜制得的顺式异构体、1 g 甘氨酸和 10 mL 上面保留的滤液。搭好回流装置,加热回流 1 h,天蓝色絮状沉淀转为蓝紫色片状沉淀。趁热过滤。沉淀在空气中凉干后称重,计算产率。

实验 2 乙酰丙酮锰的制备

主要试剂和产物的物理常数

乙酰丙酮 $CH_3COCH_2COCH_3$ FW 100.11 *bp* 139 ℃ *d* 0.976
(Acetylacetone)
四水合二氧化锰 $MnO_2 \cdot 4H_2O$ FW 159.00
(Manganese dioxide tetrahydrate)
高锰酸钾 $KMnO_4$ FW 158.03
(Potassium permanganate)
三水合醋酸钠 $AcONa \cdot 3H_2O$ FW 136.08
(Sodium acetate trihydrate)
乙酰丙酮锰结构式

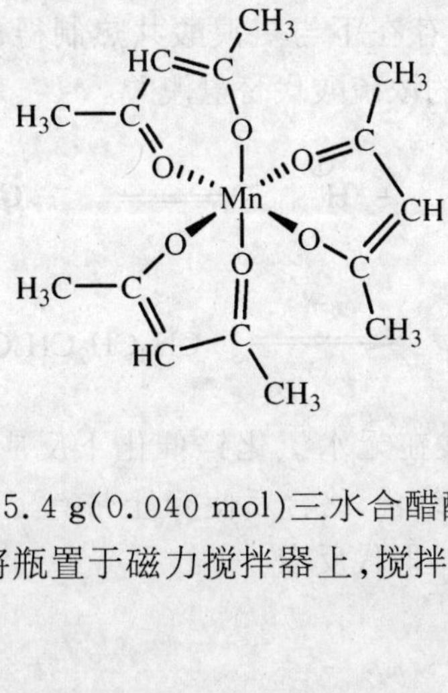

实验步骤

在 150 mL 锥形瓶中,称取 5.4 g(0.040 mol)三水合醋酸钠和 2.1 g(0.013 mol)四水合二氧化锰,再加入 70 mL 水。将瓶置于磁力搅拌器上,搅拌至固体完全溶解后加入 8.5 mL

(0.083 mol) 乙酰丙酮。

另在烧杯中称取 0.4 g 高锰酸钾,加入 20 mL 水,振摇溶解后倒入滴液漏斗中,自滴液漏斗滴加至上述锥形瓶的溶液中,加完后继续搅拌 5 min。再在此溶液中慢慢加入 5.5 g 三水合醋酸钠溶于 15 mL 水的溶液。维持水浴温度 50~60 ℃搅拌 10 min。用冰水浴冷却,析出乙酰丙酮锰粗产物,抽滤。沉淀先用水洗涤,再用乙醇洗涤一次,干燥后称重。

粗产物用丙酮-石油醚重结晶。每克粗产物约加 4 mL 丙酮,加热回流使之溶解,若不溶,可补加至全溶,趁热过滤,滤液滴加石油醚至刚出现混浊。放置冷却,抽滤,干燥后称重,计算产率。

二　亲核取代反应

醇与氢卤酸反应是制备卤代烷的一个重要方法。

$$n\text{-}C_4H_9OH + HBr \xrightarrow{H_2SO_4} n\text{-}C_4H_9Br + H_2O$$

$$CH_3CH_2CH(OH)CH_3 + HCl \xrightarrow{ZnCl_2} CH_3CH_2CHClCH_3 + H_2O$$

醇进行卤代反应的速度既取决于氢卤酸的性质,又取决于醇的结构,一般是 HI > HBr > HCl, $R_3COH > R_2CHOH > RCH_2OH$。

伯醇和氢卤酸的作用较难,与浓盐酸作用时需用无水氯化锌催化,与溴化氢作用时可用浓硫酸催化,反应一般需在加热下进行。叔醇比较容易起反应,在室温下就能与浓盐酸作用生成叔氯代物。

在酸性介质中醇首先质子化,使原来较难离去的—OH 变成较易离去的 H_2O。

$$ROH + H^{\oplus} \rightleftharpoons R\overset{\oplus}{O}H_2$$

醇的卤代反应可按 S_N1 或 S_N2 机理进行,主要取决于醇的结构,即伯醇主要按 S_N2 机理进行,叔醇按 S_N1 机理进行,仲醇按何种机理进行,要看其他条件。

按 S_N1 机理,第一步离去基团带着一对电子离去,形成正碳离子,这一步较慢,是决定速率的一步。第二步中间体正碳离子与亲核试剂很快反应。

按 S_N2 机理,亲核试剂 X^- 在离去基团的背面进攻碳原子, $C—\overset{\oplus}{O}H_2$ 键的断裂与 C—X 键的生成同时进行。

1-溴丁烷是正丁醇在浓硫酸存在下与氢溴酸共热制得,它主要是按 S_N2 机理进行的。在实验室中,常用溴化钠与过量的浓硫酸代替氢溴酸。

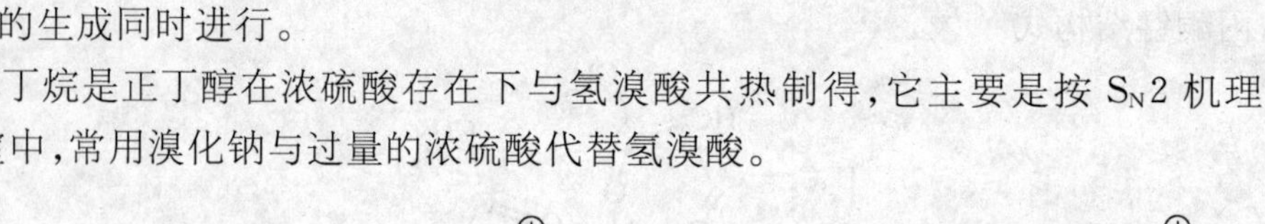

2-氯丁烷是仲丁醇与浓盐酸在无水氯化锌催化下反应制得的。$ZnCl_2$ 是一种 Lewis 酸,Zn 的空轨道可以与醇中的氧络合,络合后使 O 上带有正电荷,使差的离去基团—OH 变成了好的离去基团,从而容易发生取代反应。

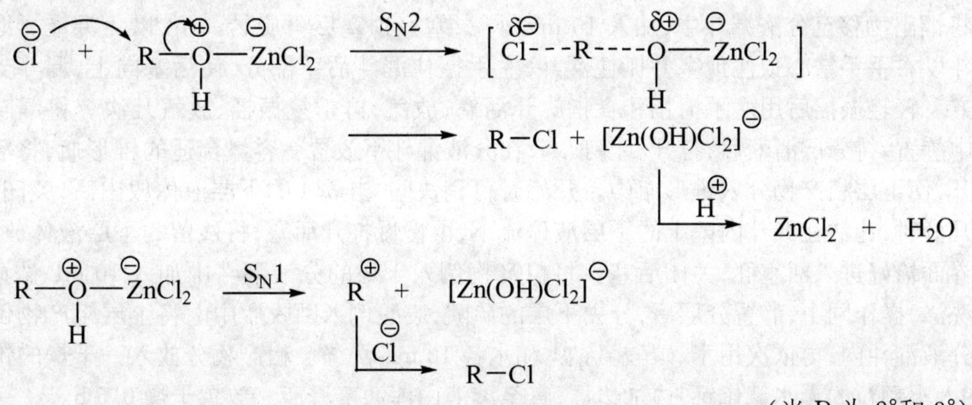

（当 R 为 2°和 3°）

（3°醇常不需加 $ZnCl_2$ 催化）

实验 3　1-溴丁烷的合成

反应式

$$NaBr + H_2SO_4 \longrightarrow HBr + NaHSO_4$$

$$CH_3CH_2CH_2CH_2OH + HBr \longrightarrow CH_3CH_2CH_2CH_2Br + H_2O$$

试剂和产物的物理常数

正丁醇 C_4H_9OH　　FW 74.12　　*bp* 117.7 ℃　　*d* 0.810　　n_D^{20} 1.3990
(1-Butanol)

1-溴丁烷 C_4H_9Br　　FW 137.03　　*bp* 101.6 ℃　　*d* 1.299　　n_D^{20} 1.4398
(1-Bromobutane)

化学物质蒸气极限浓度和排放标准

化合物	TLV-TWA/ ppm(mg · m^{-3})	TLV-STEL/ ppm(mg · m^{-3})	10%泄漏或挥发/mg	需空气体积/ m^3	排风量/ $m^3 \cdot min^{-1}$
$CH_3CH_2CH_2CH_2OH$	50(150)	50(150)	25600	171	
$CH_3CH_2CH_2CH_2Br$	2(12)	2(12)	32000	2666	7.4

实验步骤

(1) 合成

在 100 mL 的圆底烧瓶上安装球形冷凝管，冷凝管上端接一气体吸收装置(见图 1-15)，下端漏斗口 4/5 浸入烧杯中的水里，整套装置要垂直。各个接口处必须衔接好，不能漏气。装置搭好后，将圆底烧瓶取下，加入 10 mL 水，在摇动下缓缓加入 13 mL(0.244 mol)浓硫酸，充分摇匀后冷却至室温，再加入 8 mL(0.087 mol)正丁醇和 11.5 g(0.112 mol)溴化钠，快速摇匀后加入 1～2 粒沸石，瓶口粉末用纸擦净后立即套在冷凝管上。开启冷凝水，加热回流 0.5 h。稍冷后拆去气体吸收装置和球形冷凝管，改成蒸馏装置，加热蒸出所有的油状物①。圆底烧瓶内残液趁热倒入废液回收瓶中。

将馏出物移至分液漏斗中，加入 10 mL 水②，塞好顶塞后再旋转一下，以免漏液。取下分液漏斗以右手手掌心顶住顶塞并抓住漏斗，左手握住漏斗活塞部分，使活塞向上，漏斗支口朝斜上方。轻轻振摇后用左手拇指和食指旋开活塞，放气，再重复振摇、放气几次。将漏斗放在铁圈中静置，待分层清晰后，打开漏斗顶塞，在分液漏斗下放置一容量合适的锥形瓶，将活塞缓缓旋开，使下层粗产物分入锥形瓶中。开始时可稍快些，当 3/4 的下层液体放出后，关闭活塞，静置几分钟，让沾在漏斗内壁上的下层液体流下，再慢慢打开活塞，将残留的下层液体放出，直至交界面恰好进入活塞孔，关闭活塞。将粗产物倒入干燥的分液漏斗中加入 10 mL 浓硫酸③进行洗涤，操作同上，静置分层后，分去下层的硫酸，废酸倒入回收瓶中。将上层粗产物倒入原来的分液漏斗内，再依次用水、碳酸氢钠④和水各 10 mL 洗涤。粗产物分放入一干燥的锥形瓶中，加入小颗粒的无水氯化钙，边加边摇，直至溶液由浑浊至澄清。放置干燥 0.5 h。

干燥后的粗产物滤入 25 mL 蒸馏瓶中，加热蒸馏，收集 99～103 ℃馏分。产量 8.0～9.4 g，产率 67%～79%。

(2) 产物分析

102G 气相色谱仪，热导池作检测器，不锈钢色谱柱 ϕ3 mm×2 m，60～100 目 101 白色担体，涂有 15%(重量比)的 SE-30，柱温 100 ℃，气化温度 130 ℃，用氮气作载气，载气流量15 mL · min^{-1}。进样量 0.5～1.0 μl。

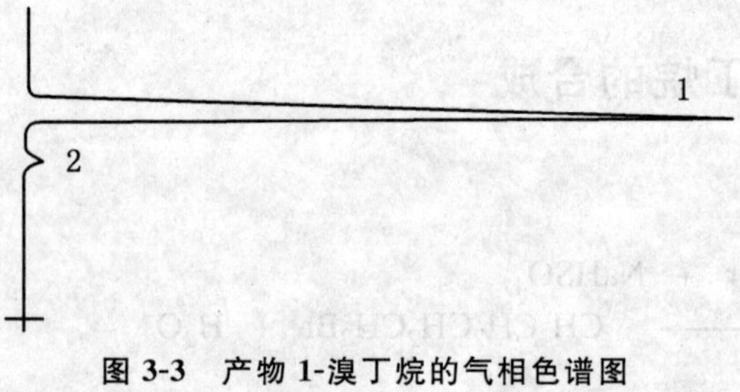

图 3-3　产物 1-溴丁烷的气相色谱图

图 3-3 是产物的气相色谱图，图中峰 1 是 1-溴丁烷，峰 2 是 2-溴丁烷，后者是少量原料通过 S_N1 反应经由碳正离子重排生成的。

附注：

① 粗产物是否蒸完，可从下列几方面判断ⓐ反应瓶内上层油层消失，ⓑ冷凝管管口馏出液无油珠。

② 用水洗涤后若产物呈红色，可用少量的饱和亚硫酸氢钠水溶液洗涤，以除去由浓硫酸氧化生成的游离溴。

③ 用浓硫酸洗涤，是除去溶于粗产物中的少量未反应的正丁醇及副产物正丁醚、丁烯等，所以分液漏斗必须是干燥的。

④ 因会产生二氧化碳，故加入碳酸氢钠后，未经振摇即要放气。

实验 4　2-氯丁烷的合成

反应式

$$CH_3CH_2CH(OH)CH_3 + HCl \xrightarrow{\text{无水 } ZnCl_2} CH_3CH_2CHClCH_3 + H_2O$$

试剂及产物的物理常数

2-丁醇 $CH_3CH_2CH(OH)CH_3$　FW 74.12　*bp* 99.5　*d* 0.808　n_D^{20} 1.3970
(2-Butanol)

2-氯丁烷 $CH_3CH_2CH(Cl)CH_3$　FW 92.57　*bp* 78.0 ℃　*d* 0.884　n_D^{20} 1.4015
(2-Chlorobutane)

化学物质极限浓度和排放标准

化合物	TLV-TWA/ppm(mg·m^{-3})	TLV-STEL/ppm(mg·m^{-3})	10%泄漏或挥发/mg	需空气体积/m^3	排风量/m^3·min^{-1}
$CH_3CH_2CH(OH)CH_3$	50(150)		32320	215.5	
$CH_3CH_2CH(Cl)CH_3$	2(8)		32460	4057.5	11.2
HCl	5(7)	5(7)	2002	3017	

实验步骤

在 100 mL 圆底烧瓶上装置回流冷凝管及气体吸收装置。在反应瓶内加入 13.6 g (0.1 mol)无水氯化锌和 15 mL(17.7 g, 0.48 mol)浓盐酸,摇匀使其溶解。冷却至室温后再加入 10 mL(8.1 g, 0.11 mol)仲丁醇,加热① 回流 1 h。反应完将装置改为蒸馏装置,加热蒸馏收集 115 ℃以下的馏分。

将馏出液倒入分液漏斗中,静置后分出有机层。有机层依次用 10 mL 水、5 mL 5%氢氧化钠溶液、10 mL 水洗涤②。粗产物分入干燥的锥形瓶中,加入无水氯化钙干燥 0.5 h。过滤至蒸馏瓶内,在蒸馏瓶口装上短刺形分馏柱,加热蒸馏收集 67～69 ℃的馏分,产物重 7.1 g,产率约 70%。

附注:

① 产物 2-氯丁烷不溶于酸,当反应瓶上层出现油状物即反应已起。

② 由于 2-氯丁烷沸点较低,在操作时动作要快,避免因挥发而造成损失。

卤代烃的鉴定

用硝酸银试验法可鉴定化合物中是否含有卤素和含有何种卤素。卤代烃与硝酸银反应生成卤化银沉淀:

$$RX + AgNO_3 \longrightarrow RONO_2 \downarrow + AgX$$

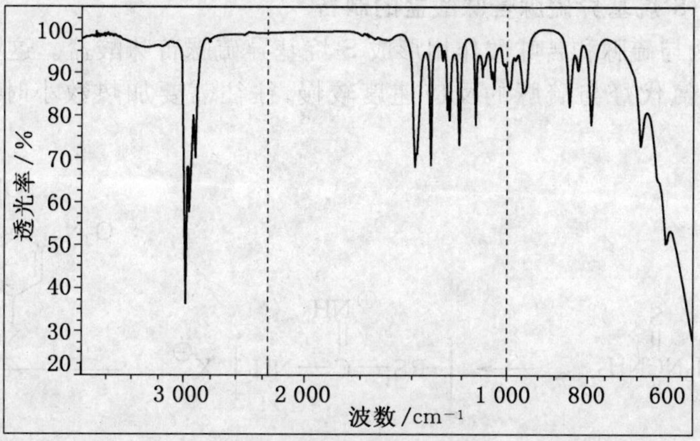

2-氯丁烷的红外光谱图

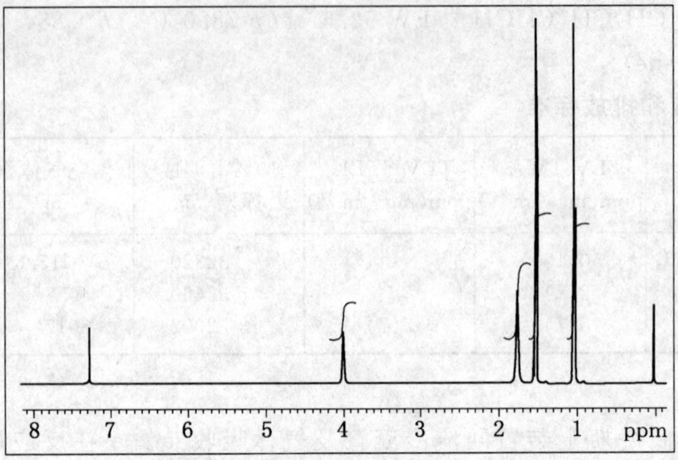

2-氯丁烷的核磁共振谱图

生成卤化银的速度取决于烃基的结构。苄基卤、烯丙基卤和叔卤代烃能立即与硝酸银反应。伯和仲卤代烃在温热的条件下与硝酸银反应。卤代乙烯和卤代芳烃则不与硝酸银反应。产生卤代银沉淀的速度如下：

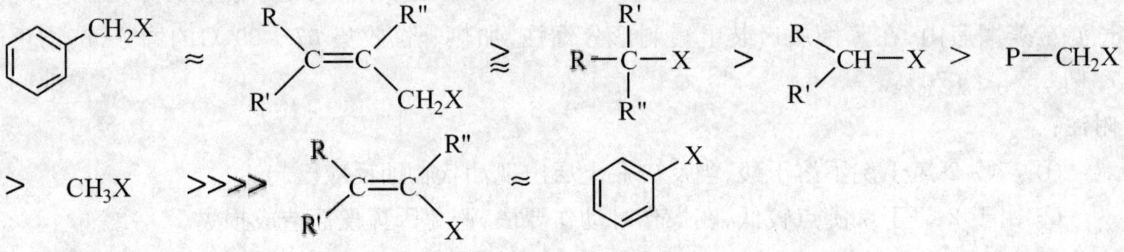

生成的卤代银沉淀不溶于硝酸，区别于羧酸与硝酸银生成的羧酸银沉淀。

实验步骤

在一小试管中加入 1 mL 5%硝酸银乙醇溶液，再加入 2～3 滴试样(若是固体试样先用乙醇溶解)，振荡后观察有无沉淀生成。若无沉淀，加热煮沸后再观察。若无沉淀生成则为负反应。若有沉淀生成，加入 1 滴 5%硝酸，沉淀不溶解，则为正反应。

卤代烃衍生物——S-烷基异硫脲苦味酸盐的制备

脂肪族卤代物与硫脲和苦味酸作用形成 S-烷基异硫脲苦味酸盐。这种方法操作简便，产率高，但是有些氯代烃与硫脲的反应速度较慢，往往需要加热数小时方能得到满意的产率。

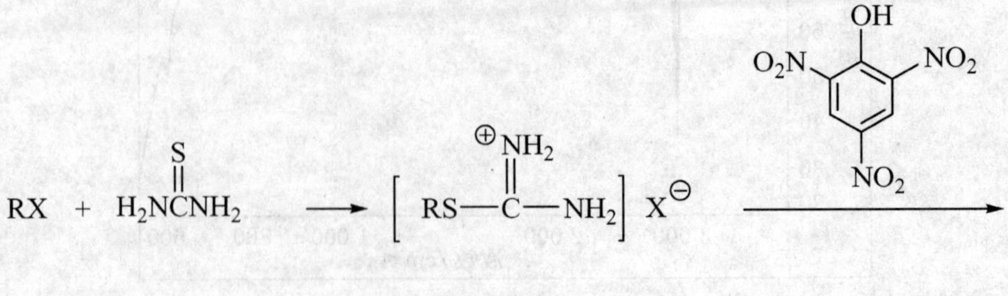

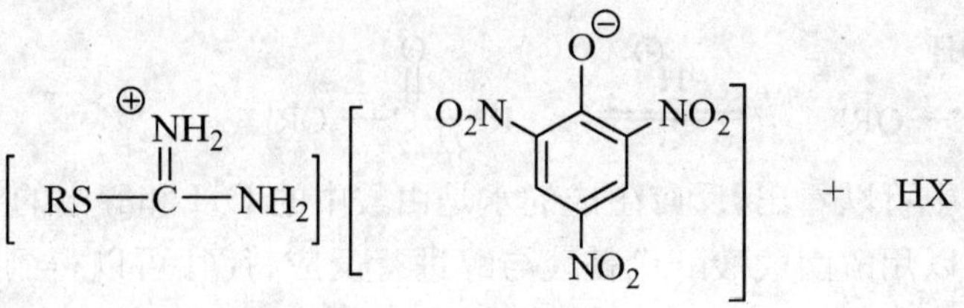

实验步骤

称取 0.5 g 卤代烃溶于 5 mL 乙醇中，加入 0.5 g 粉状硫脲，在沸水浴中加热回流 30 min～3 h(回流时间的长短取决于卤代烃的结构，一般伯溴或伯碘代烃约需 10～20 min，氯苄约需 30 min，仲溴或仲碘代烃约需 2～3 h，而伯氯代烃则需 3～5 h)。加热完毕，加入 0.5 mL 苦味酸的乙醇饱和溶液，混合后加热至呈清亮溶液。冷却后析出 S-烷基异硫脲苦味酸盐的结晶。抽滤后，晶体用乙醇重结晶。干燥后测衍生物的熔点。表 3-1 例举部分卤代烃衍生物硫脲苦味酸盐熔点的文献值。

表 3-1 卤代烃衍生物硫脲苦味酸盐熔点表

烃 基	熔点/℃	烃 基	熔点/℃	烃 基	熔点/℃
甲 基	224	异丙基	195	仲丁基	166
乙 基	188	烯丙基	154	正丁基	177
丙 基	177	异丁基	167	苄 基	187

三 酯化反应

羧酸与醇在酸催化下生成酯和水的反应称为酯化反应。它是一个可逆反应。

$$R-\overset{O}{\overset{\|}{C}}-OH + R'OH \xrightleftharpoons{H^{\oplus}} R-\overset{O}{\overset{\|}{C}}-OR' + H_2O$$

酯化反应常在浓硫酸、干燥的氯化氢、有机强酸、固体超强酸、杂多酸或阳离子交换树脂等的催化下进行。这些催化剂的作用是提供质子给羧基中的羰基氧原子，使羰基中的碳原子带有较多的正电性，容易和醇结合成中间体。酯化反应中，如果参与反应的羧酸本身就具有足够的酸性，例如甲酸、草酸等，就可以不另加催化剂。当酯化反应达到平衡时，通常只有 65%左右的酸和醇生成酯。为了使反应有利于酯的生成，可以从反应物中不断移去产物酯和水，或者使用过量的羧酸或醇。至于究竟用过量的酸还是过量的醇，取决于哪一种原料易得和价廉。例如在合成苯甲酸乙酯时，可加入过量的乙醇与苯甲酸反应，同时可加入一些能与水共沸的有机溶剂，通过蒸馏共沸物带去生成的水。过去常加入苯或甲苯，因毒性太大，现在则用环已烷代替。如果酯的沸点较酸、醇及水的沸点低，则可采用不断蒸去生成的酯的方法使平衡向正方向移动。

酯化反应的机理如下：

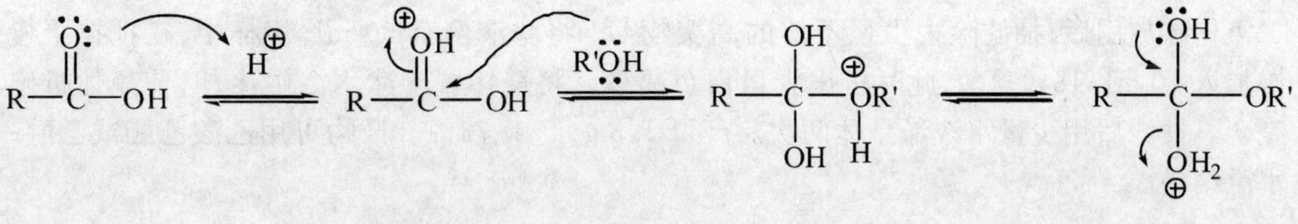

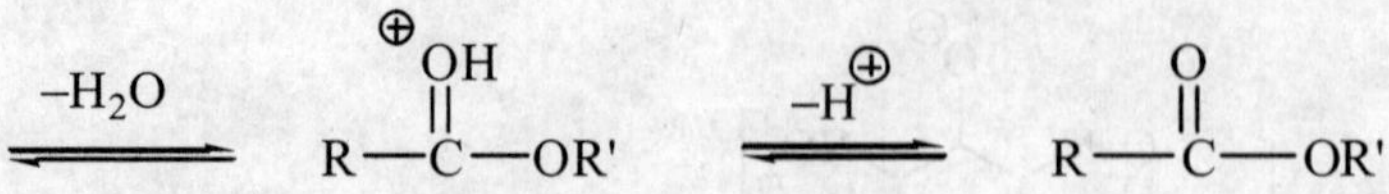

从上面的酯化机理中可以看出，反应生成的水是由酸中的 OH 和醇中的 H 结合而成。

酯化反应也可以用酰卤或酸酐代替酸与醇进行反应，往往可以得到较高的产率。由于酰卤处理麻烦，常用的是酸酐。对酚的酯化来说酸酐是最理想的试剂。

实验 5　乙酰水杨酸(阿司匹林)的合成

反应式

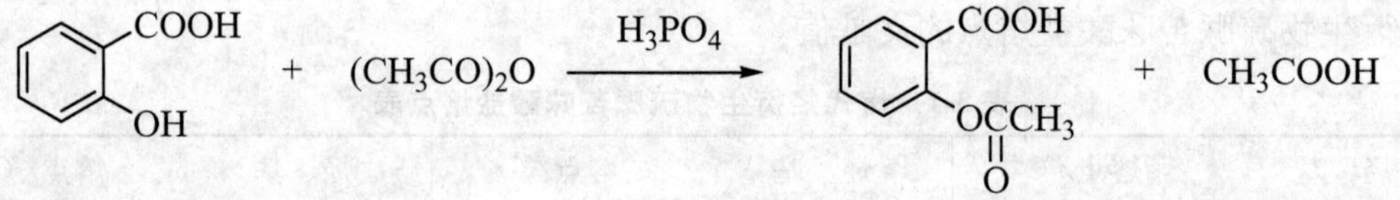

主要试剂及产物的物理常数

水杨酸 $C_7H_6O_3$　FW 138.12　*mp* 159 ℃　*d* 1.443
(Salicylic acid)

乙酸酐 $(CH_3CO)_2O$　FW 102.09　*bp* 140 ℃　*d* 1.082　n_D^{20} 1.3904
(Acetic anhydride)

乙酰水杨酸 $C_9H_8O_4$　FW 180.15　*mp* 135 ℃
(Acetylsalicylic acid)

化学物质极限浓度和排放标准

化合物	TLV-TWA/ ppm(mg · m^{-3})	TLV-STEL/ ppm(mg · m^{-3})	10%泄漏或挥发/mg	需空气体积/ m^3	排风量/ $m^3 \cdot min^{-1}$
$(CH_3CO)_2O$	5(20)		13850	692.20	

实验步骤

(1) 合成

在 50 mL 干燥的锥形瓶中称取 1.4 g 水杨酸(0.01 mol)，加入 4 mL 乙酸酐①(0.04 mol)和 5 滴浓磷酸②。将锥形瓶放在磁力搅拌器上搅拌使固体溶解，再于 85～90 ℃的水浴中搅拌 10 min。然后将反应液冷却至室温，边搅拌边慢慢加入 13～14 mL 水③。用冰水浴冷却，析出白色固体，抽滤收集粗产物。粗产物用 25 mL 冰水分多次洗涤，抽干。

将粗产物转移至 50 mL 烧杯中，边搅拌边加入 20 mL 10%的碳酸氢钠溶液，当不再有二氧化碳放出后，抽滤除去少量不溶的高聚物④。将滤液倒至 50 mL 烧杯中，在搅拌下慢慢加入 10 mL 18%盐酸，此时析出大量白色晶体。将烧杯置于冰水浴中冷却，使晶体析出完全。抽滤后用少量水洗涤晶体两次。产量 1.3 g，产率 72%。产物可用乙酸乙酯或乙醇-水重结晶。

纯粹的乙酰水杨酸熔点为 135 ℃⑤。

(2) 产物分析

在两个试管中分别放入 0.02 g 的水杨酸和合成得到的乙酰水杨酸，再加入 1 mL 乙醇振摇试管使晶体溶解。然后分别在每个试管中滴入几滴 10%三氯化铁溶液，观察其结果⑥并加以对照，以确定产物中是否有水杨酸存在。

附注：

① 乙酸酐和浓磷酸具有很强的腐蚀性，使用时须小心。如溅在皮肤上，应立即用大量水冲洗。

② 加入浓磷酸的作用是加快反应速率，也可加入硫酸。

③ 加水分解过量的乙酸酐时会产生大量的热量，甚至使反应物沸腾，因此必须小心操作。

④ 在反应过程中，少量的水杨酸自身会发生聚合反应，形成一种聚合物。阿司匹林可以与碳酸氢钠作用形成水溶性盐，与聚合物分离。

⑤ 乙酰水杨酸受热后易分解，测定熔点较难，也无定值，一般在 132～135 ℃。

⑥ 酚类化合物能与三氯化铁溶液发生显色反应，这种特殊的显色可用来检验酚羟基的存在。

实验 6 乙酸异戊酯(香蕉水)的合成

反应式

$$CH_3COOH + HOCH_2CH_2CH(CH_3)_2 \xrightleftharpoons{H_2SO_4} CH_3COOCH_2CH_2CH(CH_3)_2 + H_2O$$

主要试剂及产物的物理常数

乙酸 CH_3COOH　FW 60.05　*bp* 118.1 ℃　*d* 1.049　n_D^{20} 1.3718
(Acetic acid)

异戊醇$(CH_3)_2CH(CH_2)_2OH$　FW 88.15　*bp* 130.5 ℃　*d* 0.812　n_D^{20} 1.4084
(Isoamyl alcohol)

乙酸异戊酯($C_7H_{14}O_2$)　FW 130.19　*bp* 138～140 ℃　*d* 0.869　n_D^{20} 1.4017
(Isoamyl acetate)

化学物质极限浓度和排放标准

化合物	TLV-TWA/ ppm(mg · m^{-3})	TLV-STEL/ ppm(mg · m^{-3})	10%泄漏或挥发/mg	需空气体积/m^3	排风量/ $m^3 \cdot min^{-1}$
CH_3COOH	10(25)	15(37)	26240	1050	2.92
$(CH_3)_2CH(CH_2)_2OH$	50(150)		33600	224	
$CH_3COOCH_2CH_2CH(CH_3)_2$	20(100)	20(100)	26880	268	

实验步骤

在 50 mL 干燥的圆底烧瓶中加入 10 mL(8.1 g, 0.092 mol)异戊醇①和 10 mL(10.5 g, 0.175 mol)冰醋酸,振摇下缓缓加入 2.5 mL 浓硫酸并使其混合均匀②,再投入几粒沸石,装上回流冷凝管,加热回流 1～1.5 h。

回流结束后,冷却反应物至室温。将烧瓶中的反应混合物倒入分液漏斗中,用少量冷水荡洗反应瓶,一起并入分液漏斗。振摇分液漏斗,静置分层后分去水层③。有机层先用 25 mL 10%碳酸钠水溶液洗涤④,再用水洗涤两次。分尽水层后将酯层转入干燥的锥形瓶中,用无水硫酸镁干燥 0.5 h。将干燥后的液体过滤至蒸馏瓶中,加热蒸馏收集 138～142 ℃馏分。产物重 8.4 g,产率 70%。

附注:

① 这里的异戊醇是指纯粹的,如果是含量为 95%的异戊醇,则应计算一下投料量。

② 如果混合不均匀,加热时往往会使有机物炭化,溶液发黑。

③ 如果界面不清楚,可加入 20 mL 饱和氯化钠溶液,再振摇使之分层。

④ 用碳酸钠洗涤时有大量二氧化碳产生,因此在开始时不宜剧烈摇动,同时振摇时要注意放气。

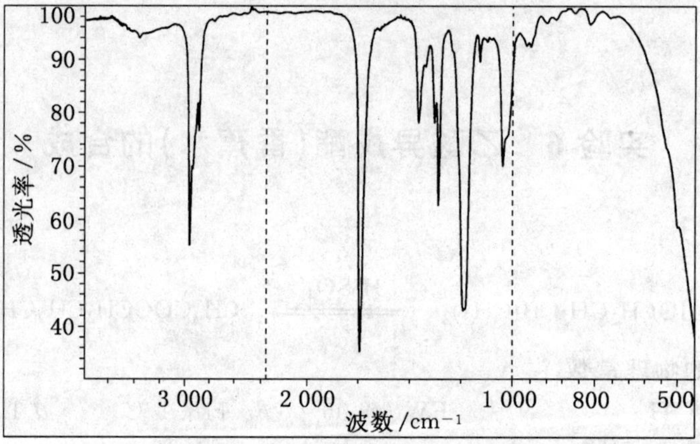

乙酸异戊酯的红外光谱图

乙酸异戊酯的核磁共振谱图

实验 7 邻苯二甲酸二丁酯(一种增塑剂)的合成

反应式

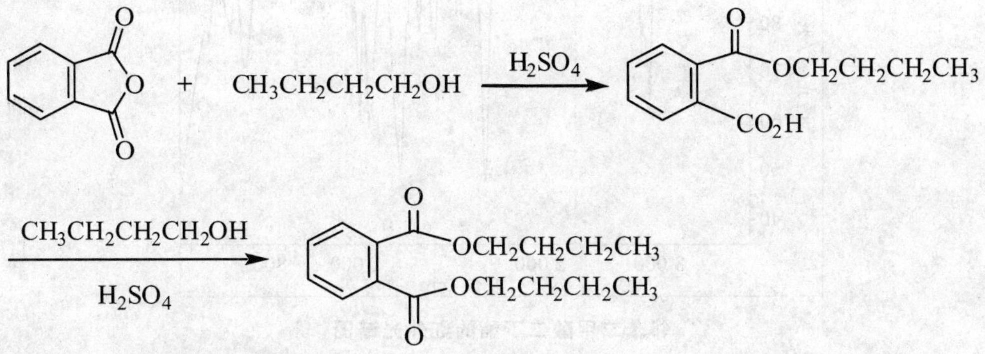

主要试剂及产物的物理常数

邻苯二甲酸酐 $C_8H_4O_3$ (Phthalic anhydride)	FW 148.11	*mp* 130.8 ℃	*d* 1.527	
正丁醇 C_4H_9OH (1-Butanol)	FW 74.12	*bp* 117.7 ℃	*d* 0.81	n_D^{20} 1.3990
邻苯二甲酸二丁酯 $C_{16}H_{22}O_4$ (Phthalic acid dibutyl ester)	FW 278.34	*bp* 340 ℃	*d* 1.047	

化学物质极限浓度和排放标准

化 合 物	TLV-TWA/ ppm($mg\cdot m^{-3}$)	TLV-STEL/ ppm($mg\cdot m^{-3}$)	10%泄漏或挥发/mg	需空气体积/m^3	排风量/ $m^3\cdot min^{-1}$
$CH_3CH_2CH_2CH_2OH$	50(150)	50(150)	60800	405	1.1

实验步骤

在 100 mL 三口烧瓶上,装置温度计、油水分离器及回流冷凝管。从油水分离器上端加入正丁醇直至与支管口平,以便使冷凝下来的共沸混合物中的原料及时流回反应瓶。依次将 10 g(0.068 mol)邻苯二甲酸酐、19 mL(15.39 g, 0.208 mol)正丁醇、4 滴浓硫酸及几粒沸石加入反应瓶中,摇动使之混合均匀。然后加热回流。

在回流过程中经常振摇烧瓶,约 10 min 邻苯二甲酸酐固体全部消失。继续加热回流,使反应混合物沸腾。冷凝液中有水珠自回流冷凝管流入油水分离器后沉积在分离器的底部,同时上层正丁醇冷凝液又流回反应瓶中。随着反应的不断进行反应,混合物温度逐渐升高。回流 2 h 左右,当温度升至 160 ℃,反应结束,停止加热。

待反应混合物冷至 70 ℃以下,将其转入分液漏斗。先用等量饱和食盐水洗涤两次,再用 15 mL 5%碳酸钠水溶液洗涤一次,然后用饱和食盐水洗涤 2～3 次,每次 15 mL,使有机层呈中性。有机层用无水硫酸镁干燥后转入 50 mL 蒸馏瓶,先用水泵减压蒸出正丁醇,或用旋转蒸发仪蒸除正丁醇，最后在油泵减压下蒸馏，收集 180～190 ℃/1.3 kPa(10 mmHg) 的馏分。称重，计算产率。

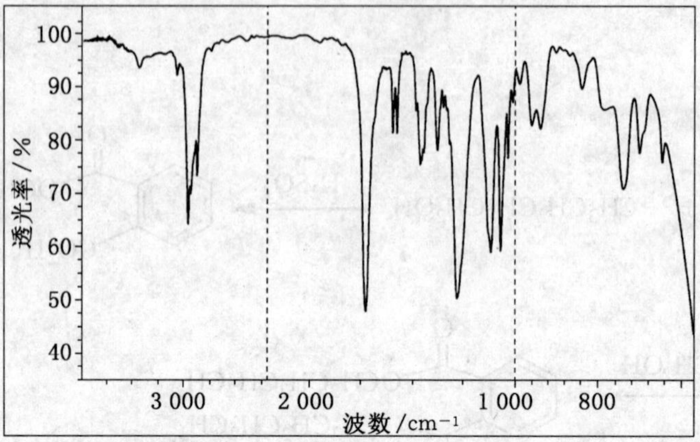

邻苯二甲酸二丁酯的红外光谱图

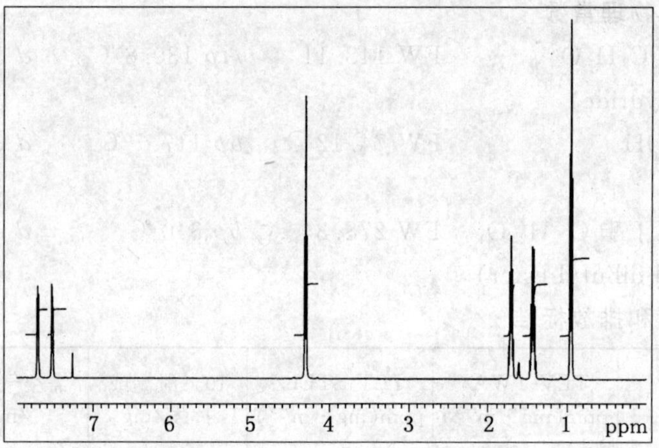

邻苯二甲酸二丁酯的核磁共振谱图

实验 8 苯甲酸乙酯的合成

反应式

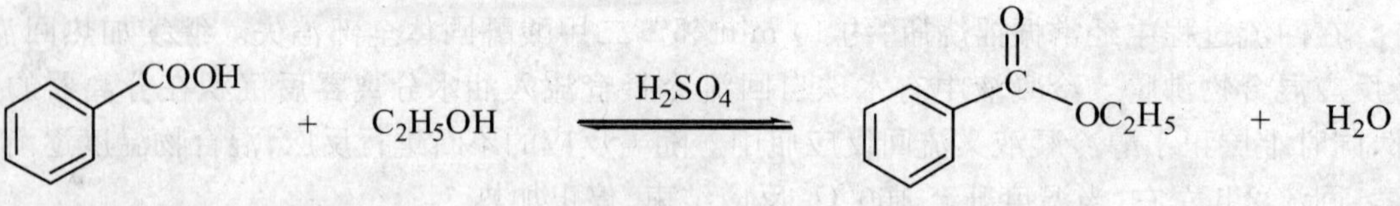

主要试剂及产物的物理常数

苯甲酸 $C_6H_5CO_2H$　　FW 122.12　　*mp* 122～123 ℃

(Benzoic acid)

乙醇 C_2H_5OH FW 46.07 *bp* 78 ℃ *d* 0.789 n_D^{20} 1.3600
(Ethyl alcohol)
苯甲酸乙酯 $C_6H_5CO_2C_2H_5$ FW 150.18 *bp* 212 ℃ *d* 1.051 n_D^{20} 1.5068
(Ethyl benzoate)

化学物质极限浓度和排放标准

化合物	TLV-TWA/ ppm($mg \cdot m^{-3}$)	TLV-STEL/ ppm($mg \cdot m^{-3}$)	10%泄漏或挥发/mg	需空气体积/ m^3	排风量/ $m^3 \cdot min^{-1}$
C_2H_5OH	1000(1900)		46080	24	
	300(1050)		49920	47.5	0.13
$C_2H_5OC_2H_5$	400(1200)	500(1500)	51200	42.7	

实验步骤

在 100 mL 圆底烧瓶中，加入 8.0 g(0.066 mol)苯甲酸，18 mL (0.293 mol)95%乙醇，15 mL 环已烷①和 3 mL 浓硫酸，充分摇匀后加入沸石。从油水分离器上端加入 5 mL 环已烷，将油水分离器按图 3-4 装置在圆底烧瓶上，分离器上端接一回流冷凝管。

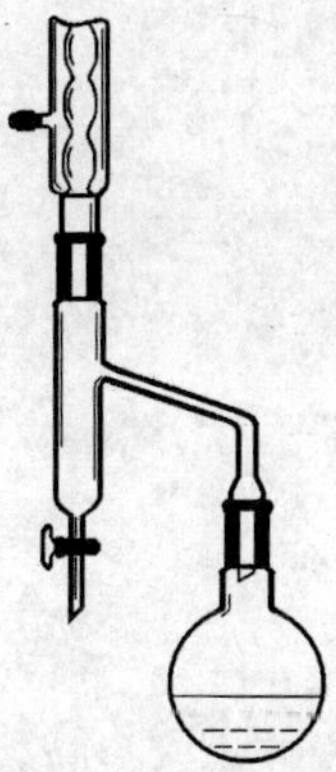

图 3-4 水分离器装置

水浴加热回流，开始时回流速度要慢②，随着回流的进行，水珠沉入分离器底部，当几乎没有水珠下落时(约 1.5～2 h)，即可停止加热。放出水分离器下层液体，继续用水浴加热，将大部分乙醇和环已烷蒸至水分离器中。

将瓶中残液倒入盛有 60 mL 冷水的烧杯中，边搅拌边慢慢加入碳酸钠粉末，中和至无二氧化碳气体产生③。用 pH 试纸检验至中性。

把烧杯内液体倒入分液漏斗分出粗产物，水层用 20 mL 乙醚萃取。将乙醚层和粗产物合并，用无水硫酸镁干燥 0.5 h。

搭好蒸馏乙醚的装置，用磨口瓶作接受器，在接液管尾部接一根橡皮管通入下水管。在无明火情况下用热水浴蒸去乙醚，将乙醚倒入回收瓶中。再用空气浴加热至温度到达近 140 ℃时，将直形水冷凝管换成空气冷凝管。蒸馏收集 210～213 ℃的馏分，产量 8.5～9.1 g，产率 86%～92%。

附注：

① 苯是一个很好的带水剂，但它是致癌物，故禁用。用环已烷代替苯。环已烷与硫酸不互溶，反应液分层，且水分分离器下层液体的量较大。

② 如回流速度过快，易形成液泛。

③ 加碳酸钠是为了除去硫酸和未反应的苯甲酸，如加得太快，会产生大量的泡沫而使液体溢出。

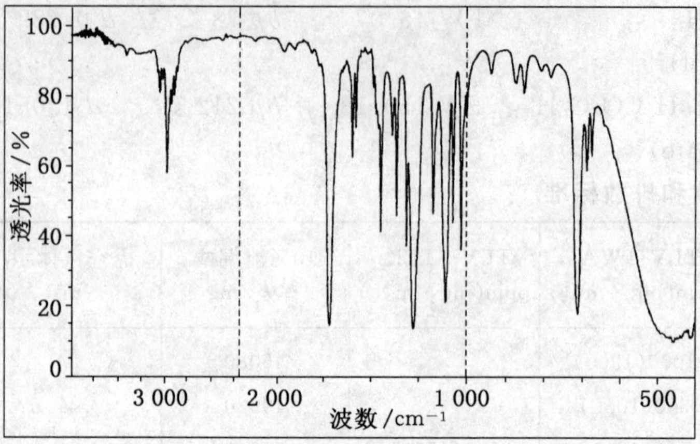

苯甲酸乙酯的红外光谱图

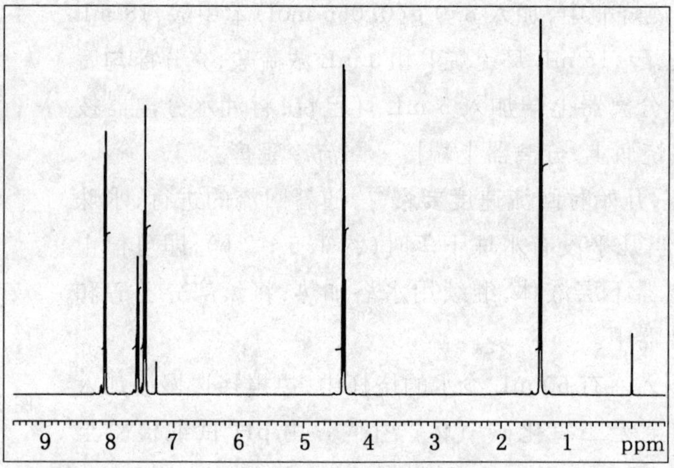

苯甲酸乙酯的核磁共振谱图

实验 9　水杨酸甲酯(冬青油)的合成

反应式

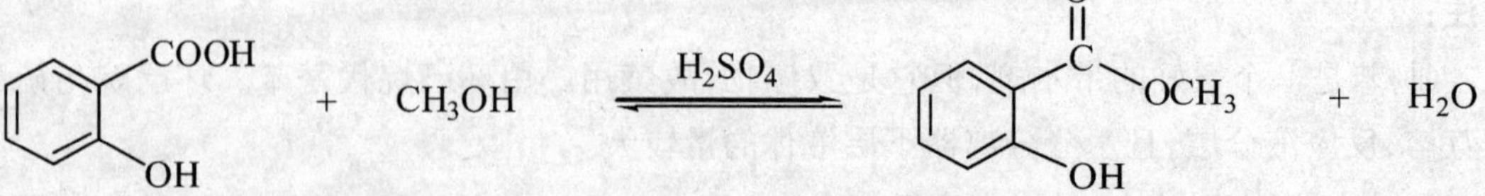

主要试剂及产物的物理常数

水杨酸 $C_7H_6O_3$　　FW 138.12　　*mp* 159 ℃　　*d* 1.443
(Salicylic acid)

甲醇 CH_3OH　　FW 32.04　　*bp* 64.65 ℃　　*d* 0.792
(Methanol)
水杨酸甲酯 $C_8H_8O_3$　　FW 152.16　　*bp* 200.0 ℃　　*mp* 98 ℃　　*d* 1.184
(Salicylic acid methyl ester)

化学物质蒸气极限浓度和排放标准

化合物	TLV-TWA ppm(mg·m^{-3})	TLV-STEL ppm(mg·m^{-3})	10%泄漏或挥发 mg	需空气体积 m^3	排风量 $m^3 \cdot min^{-1}$
CH_3OH	38.5(50)	46(60)	75840	1517	4.2

实验步骤

在 100 mL 干燥的圆底烧瓶① 内加入 6.9 g(0.05 mol)水杨酸和 30 mL(0.74 mol)甲醇，然后边摇边缓缓加入 2 mL 浓硫酸，振摇混合均匀② 后加入 2 粒沸石。在圆底烧瓶上装置回流冷凝管。加热回流 1.5 h。反应完将回流装置改为蒸馏装置，加热蒸去多余的甲醇，瓶内剩余的反应液倒入分液漏斗中，加入 20 mL 水振摇后静置分层，分去水层。有机层依次用水、10%碳酸氢钠水溶液③ 洗涤，每次 20 mL，然后用水洗涤数次，使呈中性。粗产物用无水硫酸镁干燥 0.5 h。过滤至蒸馏瓶中，加热蒸馏收集 221～224 ℃的馏分，水杨酸甲酯④ 重 5.3 g，产率 70%。或减压蒸馏收集 95～97 ℃/1.5 kPa(11 mmHg)的馏分。

附注：

① 容器中若含有水会增加反应的时间，且使酯化产率下降。

② 由于浓硫酸的密度大，沉在瓶底，若不混合均匀，会使部分原料炭化。

③ 用碳酸氢钠水溶液洗涤时，会有二氧化碳气体逸出，应在振摇时不断放气。

④ 水杨酸甲酯(冬青油)最初是从冬青油植物中提取出来的，是一种天然酯，存在于依兰油，丁香油中，具有冬青叶的香气。常作为饮食品、牙膏、化妆品的香料。

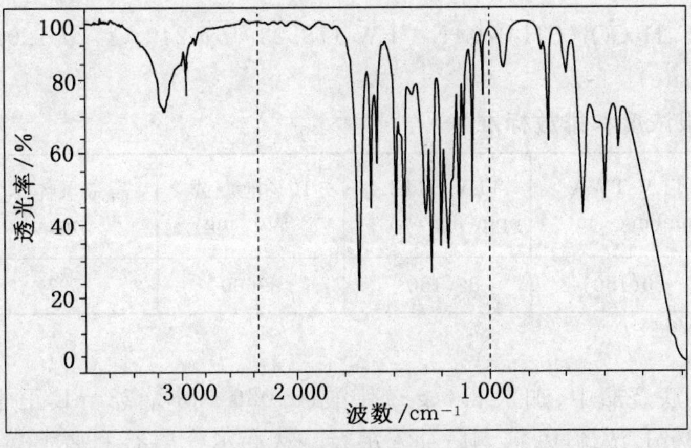

水杨酸甲酯的红外光谱图

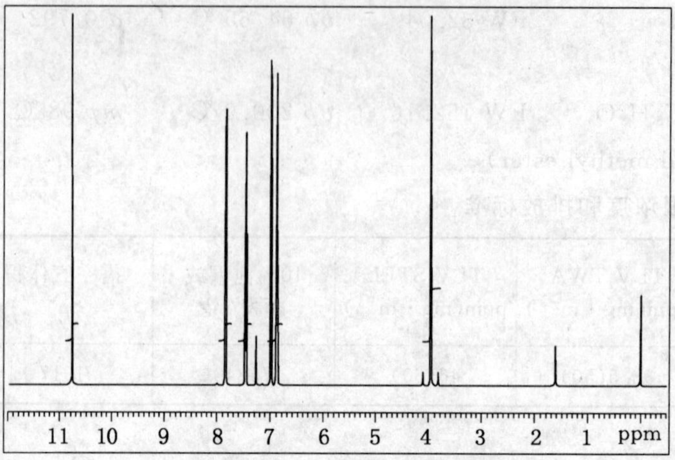

水杨酸甲酯的核磁共振谱图

实验10　苯甲酸丁酯的合成

反应式

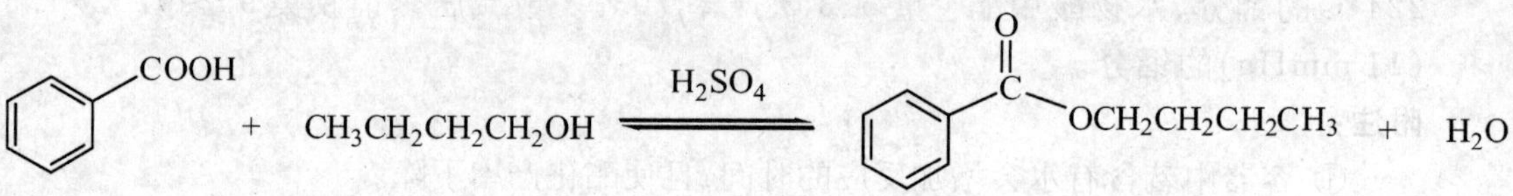

主要试剂及产物的物理常数

苯甲酸 $C_6H_5CO_2H$　FW 122.12　*mp* 122～123 ℃
(Benzoic acid)

正丁醇 $CH_3(CH_2)_3OH$　FW 74.12　*bp* 117.7 ℃　*d* 0.810　n_D^{20} 1.3990
(1-Butanol)

苯甲酸丁酯 $C_6H_5CO_2(CH_2)_3CH_3$　FW 178.23　*bp* 249 ℃　*d* 1.010　n_D^{20} 1.4980
(Butyl benzoate)

化学物质蒸气极限浓度和排放标准

化合物	TLV-TWA/ ppm(mg · m⁻³)	TLV-STEL/ ppm(mg · m⁻³)	10%泄漏或挥发/mg	需空气体积/ m^3	排风量/ $m^3 \cdot min^{-1}$
$CH_3(CH_2)_3OH$	50(150)	50(150)	89600	597	1.7

实验步骤

在 100 mL 圆底烧瓶中，加入 8.0 g 苯甲酸(0.066 mol)，28 mL 正丁醇(0.306 mol)，10 mL 环己烷和 3 mL 浓硫酸，摇匀后加入沸石。从油水分离器上端小心加水与支管平，然后放去 3 mL。将水分离器装在圆底烧瓶上，再在油水分离器上端接一回流冷凝管。

用油浴加热①至回流，开始时回流速度要慢②。随着回流的进行，油水分离器的液体分成两层。约 1 h③后停止加热，放出水分离器中的液体。继续用油浴④加热，使部分的环己烷和丁醇蒸至油水分离器中，当充满时可由活塞放出。

将瓶中残液倒入盛有 60 mL 冷水的烧杯中，搅拌下分批加入碳酸钠粉末⑤，中和到无二氧化碳气体产生。用 pH 试纸检验至呈中性。

混合液倒入分液漏斗中分出粗产物。水层用 20 mL 乙醚萃取，乙醚层与粗产物合并，用无水硫酸镁干燥。过滤至蒸馏瓶中，先蒸去乙醚，再用旋转蒸发仪蒸去残留的正丁醇，然后进行油泵减压蒸馏，收集苯甲酸丁酯，产量 8.7～10.2 g，产率约 74%～87%。

附注：

① 油浴温度控制在 110 ℃，否则易炭化。

② 如回流速度过快易形成液泛。

③ 再增加回流时间对产量的影响不大。

④ 油浴温度可提高至 120 ℃，蒸去部分环己烷和正丁醇，否则难以蒸出。此步是为了浓缩后体积减少，便于下面的操作。

⑤ 加碳酸钠是为了除去硫酸和未作用的苯甲酸，如加的太快，会产生大量的气泡，使液体溢出。

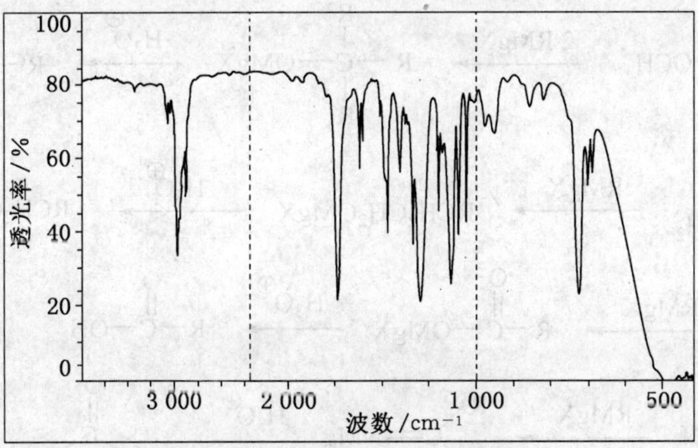

苯甲酸丁酯的红外光谱图

苯甲酸丁酯的核磁共振谱图

四　Grignard 反应

由卤代烷与金属镁在无水乙醚或四氢呋喃中反应生成烷基卤化镁 RMgX 即格林亚(Grignard)试剂，简称格氏试剂。

$$RX + Mg \xrightarrow{\text{无水乙醚}} RMgX$$

Grignard 试剂是一种试剂，在有机合成中被广泛应用。

Grignard 试剂分子中含有 C—Mg 键，Mg 的电负性比碳小，因此 Grignard 试剂中的 C—Mg 键是有极性的，C 上较负，Mg 上较正，带部分负电荷的碳具有相当强的亲核性。它能与醛、酮、羧酸衍生物、环氧化合物、二氧化碳及腈等发生反应，生成相应的醇、羧酸和酮等化合物，同时增长了碳链。

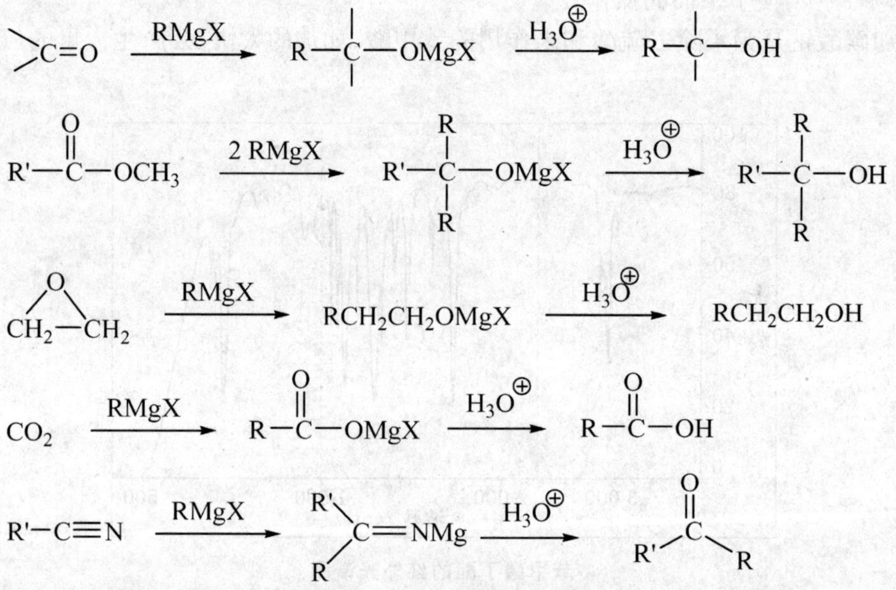

Grignard 试剂的发明，极大地促进了有机合成的发展，Grignard 因此在 1912 年获得诺贝尔化学奖。

通常各种卤代烃与镁反应都可以生成 Grignard 试剂。不过，不同的卤代烃与镁的反应活性有差异。一般来讲，当烃基相同时，卤代烃的活性次序为：

$$RI > RBr > RCl$$

当卤素原子不变时

$$ArCH_2X、CH_2=CH-CH_2X > 3°RX > 2°RX > 1°RX > CH_2=CHX$$

乙烯基卤和氯代芳烃由于活性较差，需用沸点较高的溶剂四氢呋喃才能和镁反应。

Grignard 试剂很活泼，能与水、空气中的氧反应：

$$2\,RMgX + O_2 \longrightarrow 2\,ROMgX$$

$$RMgX + H_2O \longrightarrow ROH + MgX(OH)$$

因此，在制备 Grignard 试剂时必须在无水、无氧的条件下，最好是在氮气流下进行。用无水乙醚作溶剂制备 Grignard 试剂，因乙醚分子中的氧具有孤对电子，两个乙醚分子的氧原子与 Grignard 试剂形成可溶于溶剂的配合物，使该试剂成为稳定的溶剂化物溶于乙醚中。

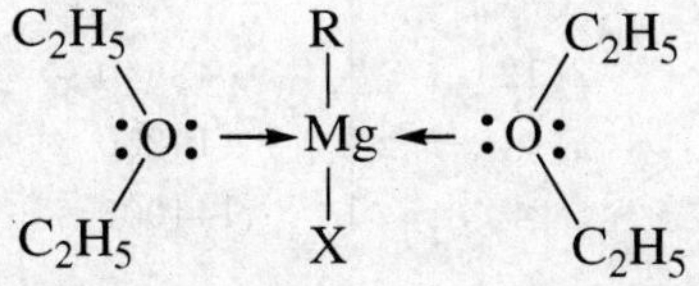

由于溶剂乙醚具有较大的蒸气压，反应液被乙醚蒸气所包围，因而空气中的氧对反应影响不明显，不在氮气流下进行也可获得较高产率。若使用其他溶剂如烷烃等，反应生成物因不溶于溶剂而覆盖在镁表面，使反应终止。

除了乙醚外，四氢呋喃也是进行格氏反应的良好溶剂。尤其是某些卤代烃，如卤代乙烯类化合物，在乙醚中难以和镁反应，若用四氢呋喃，可提高反应温度，使反应顺利进行。

制备 Grignard 试剂的过程中开始往往有一个诱导期，常需加温和加入 1～2 粒碘来引发反应。诱导期过后，反应变得较为剧烈，常需冷却使反应缓和。

Grignard 试剂还会与活泼的卤代烃如苄基卤、烯丙基卤等进行偶联，故在用活泼卤代烃制 Grignard 试剂时，浓度适当低一些，反应也控制缓和些。

实验 11　2-甲基-2-己醇的合成

反应式

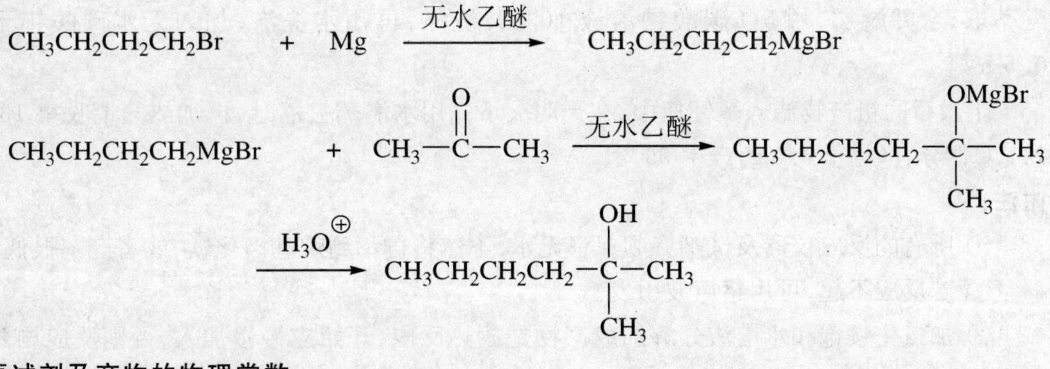

主要试剂及产物的物理常数

1-溴丁烷 C_4H_9Br　FW 137.03　*bp* 101.6 ℃　*d* 1.299　n_D^{20} 1.4398
(1-Bromobutane)

丙酮 CH_3COCH_3　FW 58.08　*bp* 56.5　*d* 0.818　n_D^{20} 1.3589
(Acetone)

2-甲基-2-己醇　　FW 116.20　　*bp* 139～140 ℃　　n_D^{20} 1.4175　　*d* 0.812

(2-Methyl-2-hexanol)

化学物质蒸气极限和排放标准

化合物	TLV-TWA/ ppm(mg · m^{-3})	TLV-STEL/ ppm(mg · m^{-3})	10%泄漏或挥发/mg	需空气体积/ m^3	排风量 m^3 · min^{-1}
n-C_4H_9Br	2(12)	2(12)	43840	3653	10
CH_3COCH_3	160(400)		19200	48	
$C_2H_5OC_2H_5$	151(500)		144000	288	

实验步骤

将 150 mL 三口瓶安装在磁力搅拌器上，三口瓶的两口分别装置冷凝管和滴液漏斗①，在冷凝管的上口装上氯化钙干燥管。瓶内加入 1.5 g 镁屑，20 mL 无水乙醚。在滴液漏斗中加入 6.8 mL(8.7 g, 0.063 mol)正溴丁烷和 10 mL 无水乙醚，混合均匀。自滴液漏斗先滴入约 40 滴混合液，不要搅拌，加入一小粒碘，用手或温水浴温热烧瓶，使溶液呈微沸状态。即时镁屑周围出现白色浑浊，且碘的颜色消失，此时反应已引发②。

反应开始时比较剧烈，待反应缓和后，先自滴液漏斗慢慢滴加正溴丁烷乙醚混合液，再启动搅拌，控制滴加速度维持反应液呈微沸状态。滴加完，再用水浴加热回流 20 min，使镁屑基本作用完全。

将上面制好的 Grignard 试剂用冰水浴冷却，在搅拌下自滴液漏斗滴入 5 mL(4.1 g, 0.07 mol)丙酮和 10 mL 无水乙醚的混合液，控制滴加速度维持反应液呈微沸状态。加完后在室温下继续搅拌 15 min。

用冰水浴冷却反应瓶，停止搅拌，自滴液漏斗缓缓加入 50 mL 10%的氯化铵水溶液③，以分解加成产物④。将反应液倾滗入⑤分液漏斗中，分出醚层，水层用 15 mL 乙醚萃取，合并醚层，用 5%碳酸钠溶液 10 mL 洗涤，再用水洗涤，加入无水碳酸钾干燥 0.5 h⑥。

干燥后的粗产物滤入蒸馏瓶中，在无明火下先用水浴蒸去乙醚，再加热蒸馏收集 139～141 ℃馏分，产物重 4.0 g，产率 55%。

附注：

① 所有的反应仪器及试剂必须保证无水，不然将得不到烷基卤化镁，或者产率很低。

② 若反应不起，可用超声波引发。

③ 加氯化铵饱和水溶液分解加成产物是放热反应，开始应慢慢加入，否则反应剧烈放热会使乙醚冲出。

④ 在加氯化铵水溶液分解产物时，搅拌必须停止，否则反应体系产生大量黏稠的泡沫状物而使后处理困难。反应产生的块状固体，可用玻棒轻轻捣碎。

⑤ 瓶内清液倾滗入分液漏斗，絮状物及固体不要倒入，避免堵住分液漏斗，影响分液。

⑥ 2-甲基-2-己醇与水能形成共沸物，必须干燥彻底，否则将增加前馏分，降低产率。

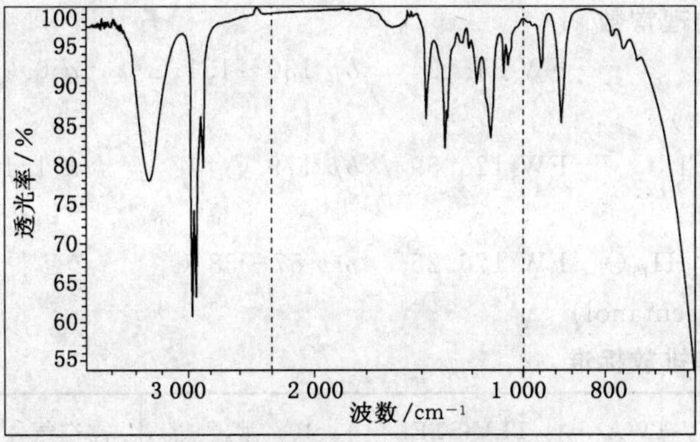

2-甲基-2-己醇的红外光谱图

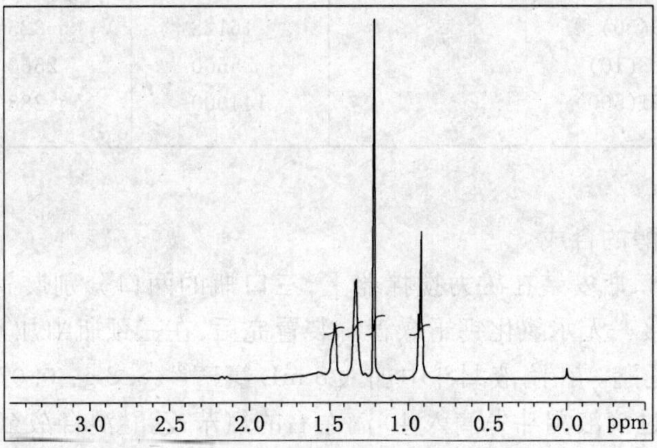

2-甲基-2-己醇的核磁共振谱图

实验 12　1-苄基环戊醇的合成及脱水

反应式

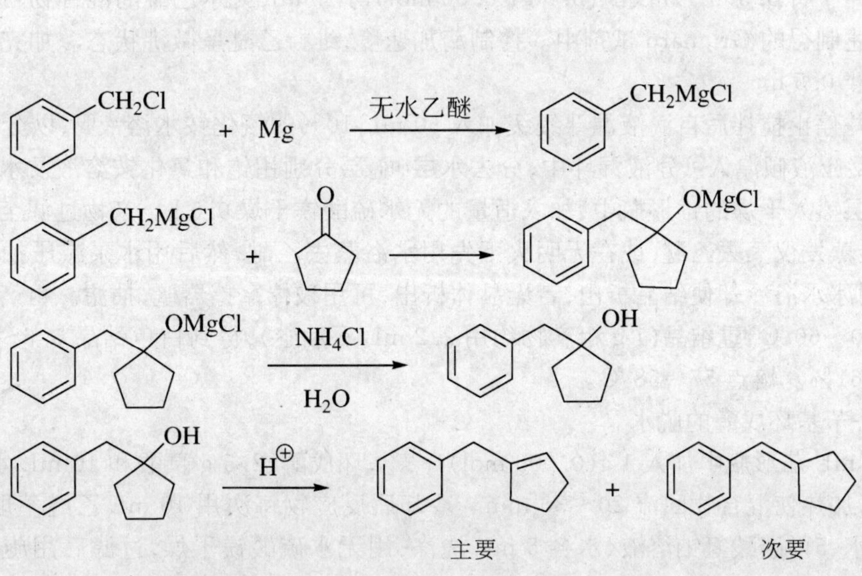

主要试剂及产物的物理常数

环戊酮 C_5H_8O (Cyclopentanone) FW 84.12 *bp* 130～131 ℃ *d* 0.951 n_D^{20} 1.4366

氯苄 $C_6H_5CH_2Cl$ (Benzyl chloride) FW 126.59 *bp* 179 ℃ *d* 1.103 n_D^{20} 1.5380

1-苄基环戊醇 $C_{12}H_{16}O$ (1-Benzyl cyclopentanol) FW 176.25 *mp* 57～58 ℃

化学物质蒸气极限和排放标准

化合物	TLV-TWA/ppm(mg·m^{-3})	TLV-STEL/ppm(mg·m^{-3})	10%泄漏或挥发/mg	需空气体积/m^3	排风量/m^3·min^{-1}
C_5H_8O	13(50)		16128	323	
$C_6H_5CH_2Cl$	1.8(10)		25600	2560	7
$C_2H_5OC_2H_5$	151(500)		144000	288	

实验步骤

(1) 1-苄基环戊醇的合成

将 250 mL 的三口瓶安装在磁力搅拌器上，三口瓶的两口分别装置滴液漏斗及球形冷凝管①，冷凝管上口接一无水氯化钙干燥管。装置完后，在三颈瓶中加入 1.8 g 镁粉(0.075 mol)和 15 mL 无水乙醚。在滴液漏斗中加入 8 mL 氯苄②(8.8 g, 0.07 mol)及 10 mL 无水乙醚，混合均匀。通过滴液漏斗先滴入 40 滴左右的氯苄-乙醚混合液至三颈瓶中，并加入一小颗碘以引发反应。用手捂住烧瓶温热，当镁粉表面有气泡产生，碘的周围溶液开始变浑浊并慢慢扩散，乙醚开始回流时，说明反应已开始。打开滴液漏斗活塞滴加氯苄的乙醚溶液并控制滴加速度，保持乙醚微沸，再启动搅拌。边搅边滴加完氯苄溶液。滴加完后用温水浴加热回流 20 min。

在搅拌下将 5.3 mL 环戊酮(5.0 g, 0.06 mol)与 15 mL 无水乙醚的混合物自滴液漏斗滴加入上述制得的 Grignard 试剂中。控制滴加速度，维持乙醚呈微沸状态。加完后在室温下继续搅拌 0.5 h。

冷却并停止搅拌后自滴液漏斗缓缓加入 50 mL 10%的氯化铵水溶液③，以分解加成产物④。将反应液倾滗入⑤分液漏斗中，分去水层，醚层分别用饱和氯化铵溶液及水各 15 mL 洗涤。醚层盛入干燥的锥形瓶中，加入适量的无水硫酸镁干燥 0.5 h。产物过滤至圆底烧瓶中，用旋转蒸发仪蒸去乙醚(或在无明火下先用水浴蒸去乙醚，然后用水泵减压抽去残留的乙醚)。用冰水浴冷却使结晶析出，若无晶体析出，可用玻棒摩擦器壁，抽滤。粗产物用石油醚(沸程 30～60 ℃)重结晶(1 g 粗产物约用 2.2 mL 石油醚)，得到白色结晶 5.6～6.4 g，产率 53%～61%。熔点 57～58 ℃。

(2) 1-苄基环戊醇的脱水

在 25 mL 茄形瓶中加入 1 g(0.006 mol)1-苄基环戊醇、2.5 g 草酸和 10 mL 水，装上回流冷凝管，加热使混合物回流 20～30 min。冷却后反应物每次用 10 mL 乙醚萃取两次，醚层依次用水、5%碳酸氢钠溶液、水各 5 mL 洗涤，用无水硫酸镁干燥，过滤后用旋转蒸发仪蒸去乙醚(或先水浴蒸去乙醚,再用水泵减压抽去残留的乙醚),得脱水产物烯烃⑥及1-苄基环戊醇的混合物。混合物用气相色谱仪进行分析,见图3-5。

(3) 产物分析

气相色谱:用102G型气相色谱仪,按如下条件操作,得到脱水产物的色谱图。色谱仪:上分102G型;检测器:热导池;色谱柱:ϕ3 mm×2 mm;载体:60~80目102白色载体;固定液:10%(重量比)SE-30;柱温:180 ℃;载气:氮气;气化温度:250 ℃;进样量:2 μL;载气流量:20 mL · min^{-1}。

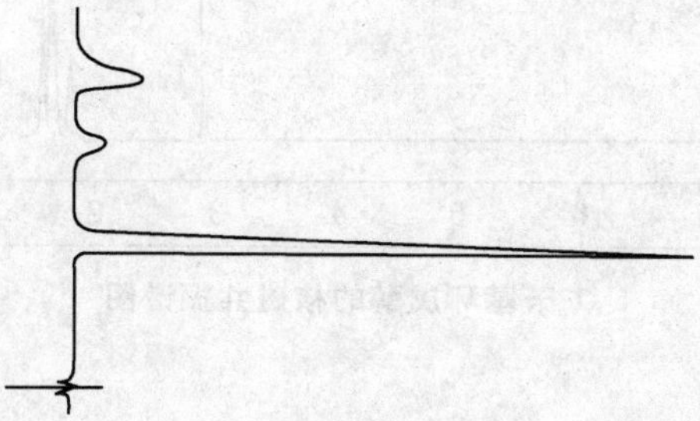

图3-5 1-苄基环戊醇脱水产物的气相色谱图

核磁共振谱:将粗产物溶于四氯化碳,以六甲基二硅醚为内标,测得核磁共振谱。

附注:

① 所有的反应仪器及试剂必须保证无水,不然将得不到烷基卤化镁,或者产率很低。

② 氯苄蒸气对眼睛有强烈的刺激作用,量取时应小心,不应漏出容器外。如果沾在手上,有刺痛感,应立即用大量水冲洗,再用棉球沾上乙醇擦。

③ 加氯化铵饱和水溶液分解加成产物是放热反应,开始应慢慢加入,否则反应剧烈放热会使乙醚冲出。

④ 在加氯化铵水溶液分解产物时,搅拌必须停止,否则反应体系产生大量黏稠的泡沫状物会使后处理困难。至于反应产生的块状固体,可用玻棒轻轻捣碎。

⑤ 瓶内清液倾泌入分液漏斗,絮状物及固体不要倒入,避免堵住分液漏斗,影响分液。

⑥ 1-苄基环戊醇脱水后得两个烯烃,一个环内烯烃,一个环外烯烃,环外烯烃共轭多,但由于两个环不共平面,共轭不好,所以主要产物是环内烯烃。

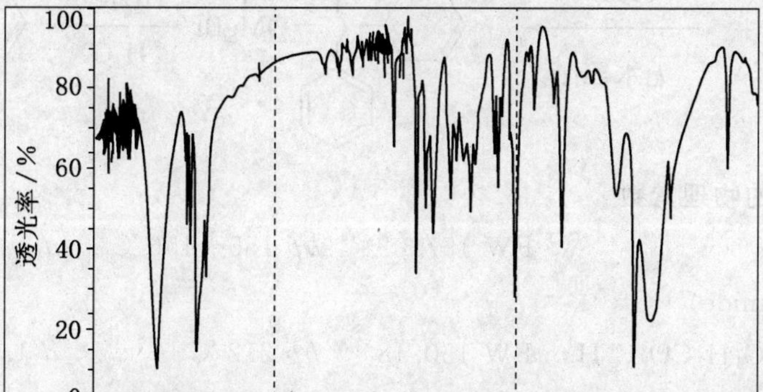

1-苄基环戊醇的红外光谱图

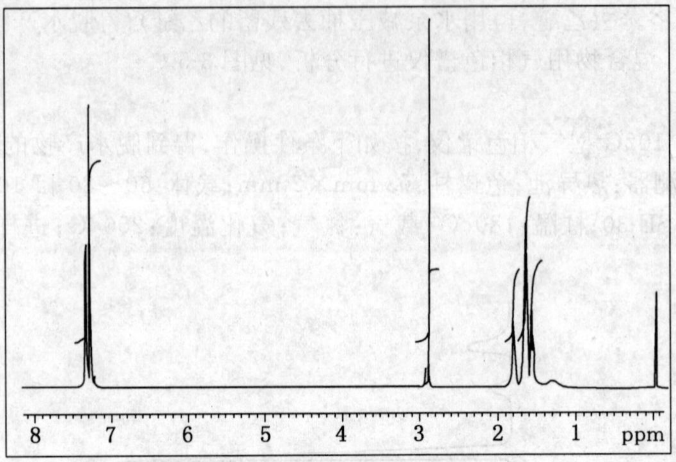

1-苄基环戊醇的核磁共振谱图

实验 13　三苯甲醇的合成

反应式

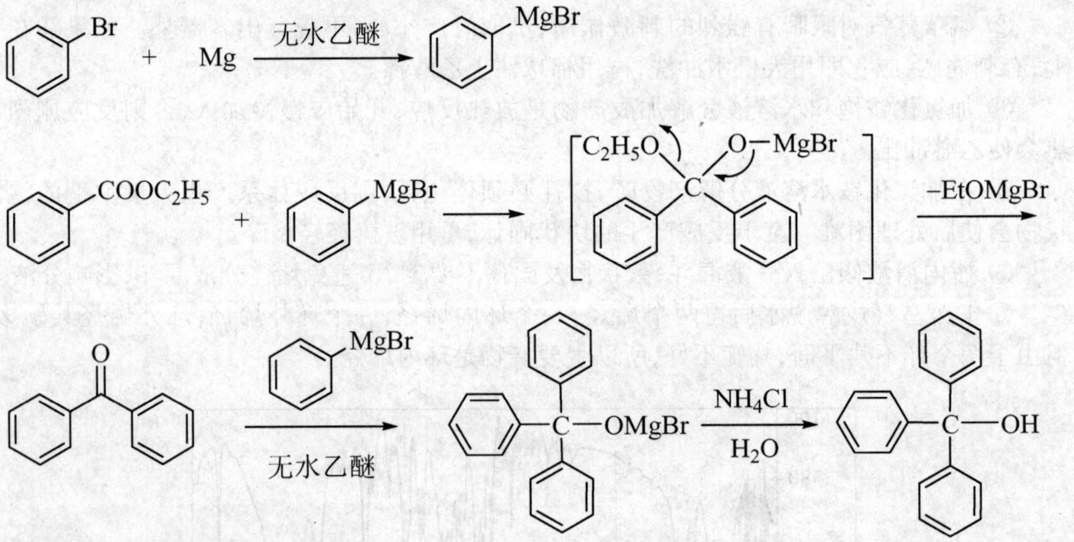

主要试剂及产物的物理常数

溴苯 C_6H_5Br (Phenyl bromide)	FW 157.02	*bp* 155～156 ℃	*d* 1.4991	n_D^{20} 1.5598
苯甲酸乙酯 $C_6H_5CO_2C_2H_5$ (Ethyl benzoate)	FW 150.18	*bp* 212 ℃	*d* 1.051	n_D^{20} 1.5068
三苯甲醇 $(C_6H_5)_3COH$ (Triphenyl carbinol)	FW 260.34	*mp* 162.5	*d* 1.188	

化学物质蒸气极限浓度和排放标准

化合物	TLV-TWA/ ppm($mg\cdot m^{-3}$)	TLV-STEL/ ppm($mg\cdot m^{-3}$)	10%泄漏或挥发/mg	需空气体积/ m^3	排风量/ $m^3\cdot min^{-1}$
C_6H_5Br	7(50)	50(150)	62720	1254	3.5
$C_2H_5OC_2H_5$	151(500)	2(12)	128000	256	

实验步骤

在 100 mL 三颈瓶上分别装置搅拌器、球形冷凝管及滴液漏斗，在冷凝管的顶端装置氯化钙干燥管，瓶内放置 1.5 g(0.06 mol)镁屑和 15 mL 无水乙醚，16 mL(24.0 g, 0.153 mol)溴苯，加入 1～2 粒碘。滴液漏斗中加入 4.3 mL(4.5 g, 0.03 mol)苯甲酸乙酯和15 mL无水乙醚，混合均匀后，自滴液漏斗先滴入约 40 滴混合液至三颈瓶中。用手温热或温水浴温热引发反应。当镁屑表面有气泡产生，碘的周围溶液变浑浊并慢慢扩散，且碘的颜色逐渐消失时，表明反应已引发。自滴液漏斗先滴加，然后启动搅拌，控制滴加速度以保持反应呈微沸状态①。加完后，用温水浴加热回流 1 h，使完全反应。然后加入 30 mL 的饱和氯化铵溶液分解产物②。

将反应物倒入分液漏斗中，分出醚层。分出的醚层倒入干净的反应瓶中，先用水浴蒸去乙醚，然后进行水蒸气蒸馏，除去未作用的溴苯和副产物联苯，直至无油珠馏出为止。瓶中的三苯甲醇冷却后呈固体析出。抽滤粗产物并用水洗涤。三苯甲醇可用乙醇-水重结晶，得白色棱状结晶，重 4.6 g，产率约 59%，熔点 160～162 ℃。

附注：

① 若回流速度太快，无水乙醚会因来不及冷却而逸出，影响 Grignard 试剂的产量。

② 加氯化铵饱和水溶液分解产物是放热反应，开始应慢慢加入，否则反应剧烈放热，会使乙醚冲出；同时分解时应停止搅拌，否则反应体系产生大量泡沫絮状物，难进行分液。

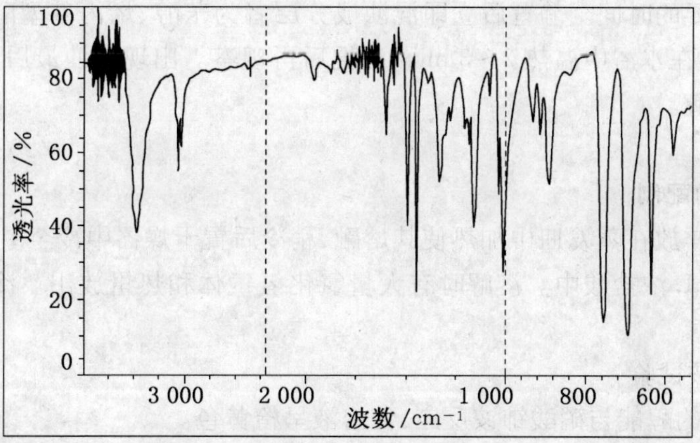

三苯甲醇的红外光谱图

(1) Lucas 试验

Lucas 试剂是浓盐酸-氯化锌溶液，它与醇可生成不溶于水的卤代烃。

$$ROH + HCl \xrightarrow{ZnCl_2} R-Cl + H_2O$$

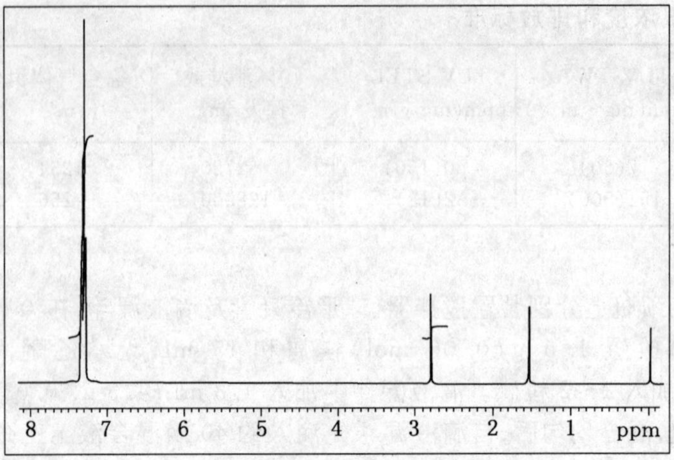

三苯甲醇的核磁共振谱图

反应速度取决于哪些醇容易形成正碳离子中间体,速度大小如下:

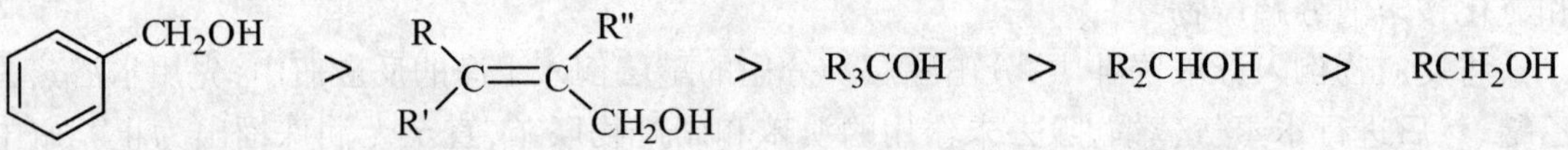

苄醇、烯丙基型醇和叔醇与 Lucas 试剂立即反应,仲醇需要几分钟才能反应,有时需加热。大多数伯醇不与 Lucas 试剂反应,故可用来区别伯、仲和叔醇。但是 Lucas 试验只适用于水溶性醇,因为 Lucas 试验的正反应是溶液混浊或分层。少于两个碳原子的醇,反应生成的卤代物极易挥发故也不适用。

实验步骤

在一小试管中加入 5～6 滴试样及 2 mL Lucas 试剂,塞住试管口振摇后静置,观察混浊和卤代物分层需要的时间。静置后立即混浊或分层者为苄醇、烯丙基型醇和叔醇。若静置后不见混浊,则放在水浴中温热 2～3 min,振摇后再观察。出现混浊最后分层者为仲醇,不发生反应的为伯醇。

附注:

Lucas 试剂的配制

将无水氯化锌放在蒸发皿中加热使其熔融,稍冷后置干燥器中冷至室温,取出捣碎。称取 34 g 溶于 25 mL 浓盐酸中。溶解时有大量氯化氢气体和热量放出。冷却后贮存于玻璃瓶中,塞紧待用。

(2) 硝酸铈铵试验

10 个碳以下的醇能与硝酸铈铵反应,使溶液呈橙黄色。

$$(NH_4)_2Ce(NO_3)_6 + ROH \longrightarrow (NH_4)_2Ce(OR)(NO_3)_5 + HNO_3$$

实验步骤

取 2 滴醇试样(固体试样 30～50 mg)置于小试管中,加入 2 mL 水使成溶液(不溶于水的样品,可用 2 mL 二氧六环溶解),加入 0.5 mL 硝酸铈铵试剂,振摇后观察颜色变化。溶液呈红至橙黄色表示有醇存在,做空白试验作比较。

附注：

硝酸铈铵试剂的配制

称取 100 g 硝酸铈铵加入 250 mL 2 mol/L 的硝酸，加热溶解后冷却。

醇衍生物的制备

各种醇可与 3，5-二硝基苯甲酰氯反应生成相应的酯。

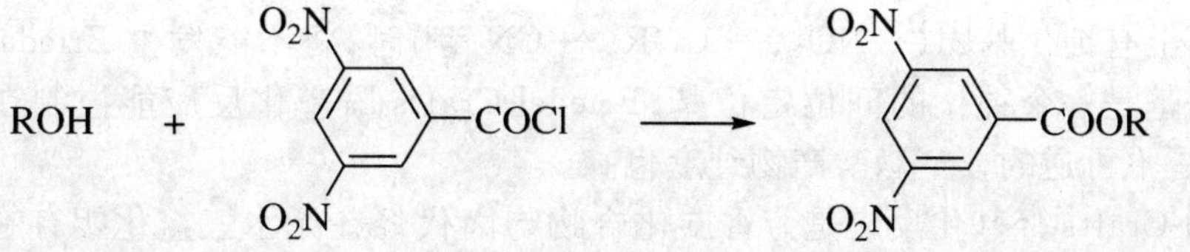

R＝烃基或芳基

实验步骤

在一试管中放入 0.2 g 3，5-二硝基苯甲酰氯，加入 1 mL 醇样品，在热水浴中加热 10 min，然后加入 5 mL 冷水，冰水浴冷却使结晶析出。用玻璃钉漏斗抽滤，晶体用 5 mL 10％碳酸溶液洗涤。将晶体移入锥性瓶中，用乙醇-水作混合溶剂重结晶，干燥后测熔点。表 3-2 列举了部分常见醇的衍生物 3，5-二硝基苯甲酸酯的熔点。

表 3-2　醇的衍生物 3，5-二硝基苯甲酸酯的熔点表

醇	熔点/℃	醇	熔点/℃	醇	熔点/℃
甲醇	109	乙醇	94	丙醇	75
异丙醇	122	烯丙醇	50	正丁醇	64
仲丁醇	76	叔丁醇	142	异丁醇	88
正戊醇	46	异戊醇	62	叔戊醇	118
2-戊醇	62	3-戊醇	100	环戊醇	115
2-甲基-2-戊醇	72	2-甲基-1-丁醇	70	3-甲基-2-丁醇	76
正己醇	61	3-己醇	77	环己醇	113
环戊醇	115	呋喃甲醇	81	苄醇	113
肉桂醇	121	香叶醇	63	二苯甲醇	142

五　Friedel-Crafts 反应

Friedel-Crafts 酰基化反应是在无水三氯化铝存在下，芳香族化合物与酰氯、酸酐等发生亲电取代反应生成酰基苯的反应。这是制备芳香酮的最常用的方法之一。

其反应机理如下：

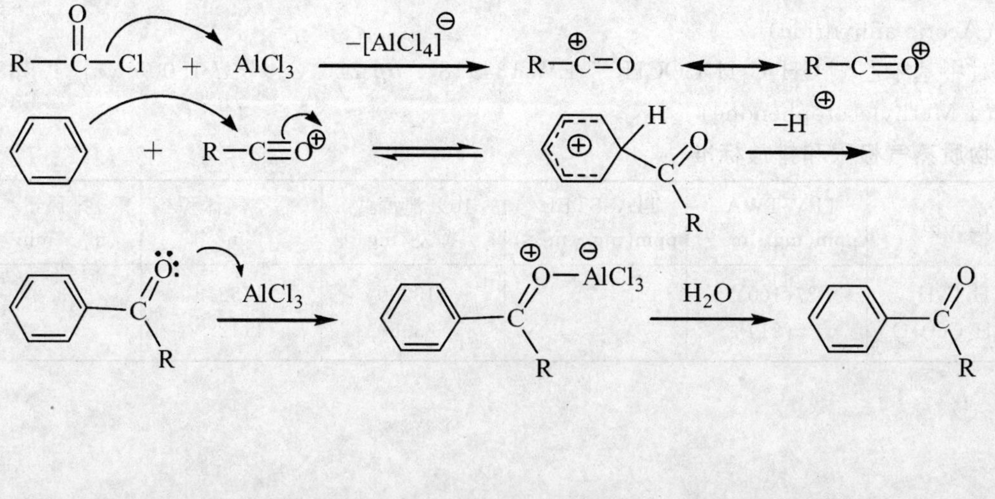

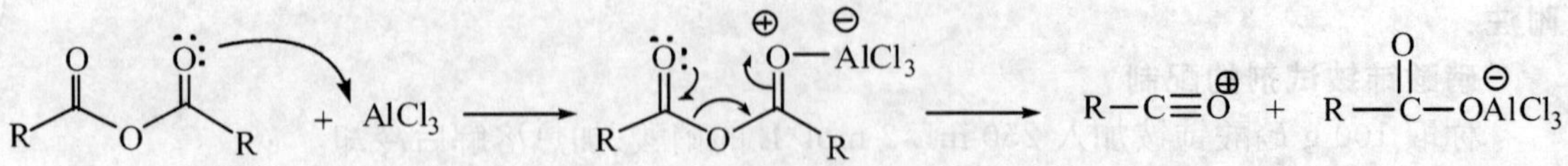

由于三氯化铝与酰氯、醋酐以及产物芳香酮要络合，需消耗三氯化铝，所以在用酰氯反应时1 mol 酰氯要用稍大于1 mol的三氯化铝，用醋酐反应时实际使用稍大于2 mol的三氯化铝。

当芳环上有钝化基团（—NO_2、—COR、—CN等）时，将不能发生Friedel-Crafts酰基化反应。酰基是一个钝化的间位定位基，Friedel-Crafts酰基化反应能控制在一元取代阶段，反应也是不可逆的，产率好，产物纯度也高。

Friedel-Crafts烃基化反应是芳香族化合物与卤代烃在无水三氯化铝存在下发生亲电取代生成烷基苯的反应。三氯化铝和卤代烃先进行反应产生R^+。R^+是这里的亲电试剂，由于R^+是正碳离子会重排，同时烃基化后苯环上引进烃基，使苯环活化，会导致多取代产物生成，以及F—C烷基化反应是可逆反应，还可发生烷基移位，所以Friedel-Crafts烃基化反应使用较少。若要使用Friedel-Crafts烃基化反应，则应使用能生成较稳定R^+的卤代烃，同时使用大量芳烃。

醇和烯烃在酸作用下也会产生正碳离子，因此也能与芳香族化合物进行烃基化反应。

Friedel-Crafts反应是放热反应，常将酰基化试剂加入硝基苯、二硫化碳等溶剂配成溶液后慢慢滴加到盛有芳香族化合物的反应瓶中。若原料为液态芳烃如苯、甲苯等，则加入过量的芳烃既作原料又作溶剂。

实验14　对甲苯乙酮的合成

反应式

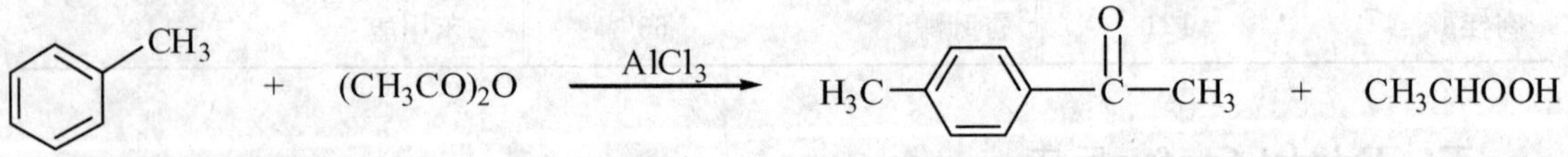

试剂与产物的物理常数

甲苯 $C_6H_5CH_3$ (Toluene)　FW 92.14　*bp* 110.6 ℃　*d* 0.865　n_D^{20} 1.4960

乙酸酐 $(CH_3CO)_2O$ (Acetic anhydride)　FW 102.09　*bp* 140 ℃　*d* 1.082

对甲基苯乙酮 $CH_3C_6H_4COCH_3$ (4-Methylacetophenone)　FW 134.18　*bp* 226 ℃　*d* 1.005　n_D^{20} 1.5328

化学物质蒸气极限和排放标准

化合物	TLV-TWA/ ppm(mg·m^{-3})	TLV-STEL/ ppm(mg·m^{-3})	10%泄漏或挥发/mg	需空气体积/ m^3	排风量/ $m^3\cdot min^{-1}$
$CH_3C_6H_5$	27(100)		115200	1152	3.2
$(CH_3CO)_2O$	5(21)		23360	1112	

实验步骤

在 250 mL 三颈瓶上分别装置机械搅拌器、滴液漏斗和顶端连有氯化钙干燥管的球形冷凝管,冷凝管上再接一气体吸收装置。迅速称取 22 g 无水三氯化铝①(0.165 mol)放入三颈瓶中,再加入 30 mL(0.28 mol)无水甲苯。在滴液漏斗中放置 6.8 mL 乙酸酐(约 7.3 g,0.072 mol)和 6 mL(0.06 mol)无水甲苯,混合均匀。启动搅拌,将混合液慢慢滴入三颈瓶中(约需 15～20 min)。加完后在沸水浴上加热 0.5 h,使反应完全。待反应液稍冷后将反应瓶浸入冷水浴中②边搅拌边自滴液漏斗慢慢加入 45 mL 浓盐酸和 50 mL 冰水的混合液。刚滴加时瓶内有固体出现,然后逐渐溶解。待瓶内固体全溶后,将瓶内液体倒入分液漏斗中,分出有机层。依次用水、10%氢氧化钠、水各 25 mL 洗涤,粗产物用无水硫酸镁干燥 0.5 h。

干燥后的粗产物滤入蒸馏瓶中。先加热蒸去甲苯(或用旋转蒸发仪蒸去甲苯),当馏分温度升至 140 ℃左右,停止加热,稍冷后,换上空气冷凝管,继续加热蒸馏收集 220～222 ℃的馏分。或减压蒸馏,收集 60～61 ℃/0.133 kPa(1 mmHg)馏分,产物重 7.0～8.0 g,产率约 73%～83%。

附注:

① 因无水三氯化铝极易吸潮,故称量投料要迅速,无水三氯化铝质量的好坏,将直接影响产率。

② 冷却时要防止气体吸收装置中的水倒吸入反应瓶中。

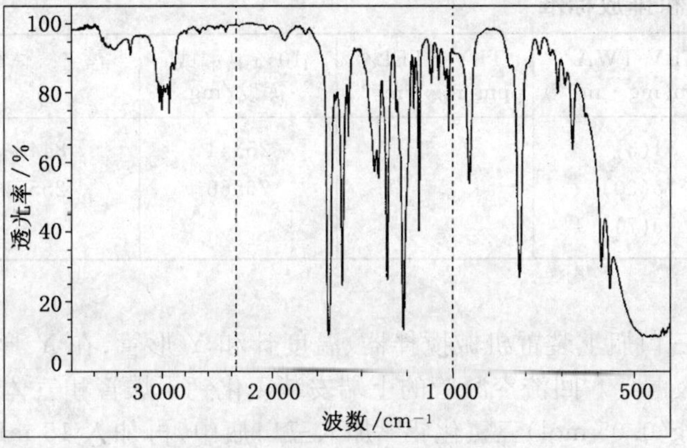

对甲苯乙酮的红外光谱图

对甲苯乙酮的核磁共振谱图

实验 15　二苯甲酮的合成

反应式

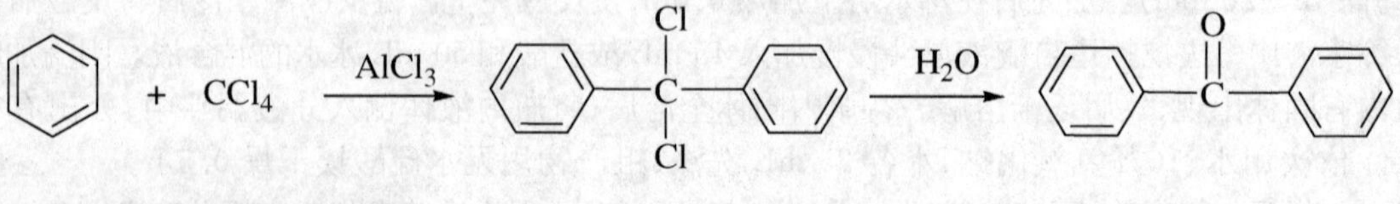

主要试剂及产物的物理常数

苯(C_6H_6) (Benzene)	FW 78.11	*bp* 80.10 ℃	*d* 0.879
四氯化碳 CCl_4 (Carbon tetrachloride)	FW 153.84	*bp* 76.8 ℃	*d* 1.595
二苯甲酮 $C_6H_5COC_6H_5$ (Benzophenone)	FW 182.21	*mp* 49 ℃	*d* 1.098

化学物质蒸气极限和排放标准

化合物	TLV-TWA/ ppm($mg \cdot m^{-3}$)	TLV-STEL/ ppm($mg \cdot m^{-3}$)	10%泄漏或挥发/mg	需空气体积/ m^3	排风量/ $m^3 \cdot min^{-1}$
C_6H_6	1(3)		25344	8448	23.5
CCl_4	5(30)		76566	2555	3.1
HCl	5(7)				

实验步骤

在 250 mL 的三口瓶上装置机械搅拌器、温度计和 Y 形管，在 Y 形管的一口装回流冷凝管，另一口装滴液漏斗。回流冷凝管的上端安装氯化钙干燥管和气体吸收装置。

迅速称取 6.7 g(0.05 mol)三氯化铝①加入三口瓶中，再加入 15 mL(0.16 mol)四氯化碳②。将烧瓶置于冰水浴中，使瓶内液温度冷至 10 ℃左右。另在滴液漏斗中加入 9 mL (7.9 g, 0.10 mol)无水苯和 7 mL(0.07 mol)四氯化碳，混合均匀。在搅拌下由滴液漏斗先慢慢滴加约 4 mL 的混合液。反应开始后，有氯化氢气体产生，瓶内反应混合液温度逐渐升高，用冰水浴冷却，将反应温度控制在 10 ℃左右。

待反应较温和后，将滴液漏斗中剩余的混合液慢慢滴入反应瓶内，控制滴加速度，维持反应温度在 5～10 ℃③。滴加完后(约需 15 min)，维持温度在 10 ℃左右继续搅拌 1 h。反应完毕，将装置改为水蒸气蒸馏装置。通入蒸气，控制瓶内四氯化碳平稳沸腾，蒸出过量的四氯化碳。继续通入蒸气使二氯二苯甲烷水解完全。然后把三口烧瓶中的混合液转入分液漏斗，分出有机层，水相用 20 mL 苯萃取。合并萃取液与有机相倒入分液漏斗中，用水洗至中性。粗产物用无水硫酸镁干燥。

粗产物滤至蒸馏瓶中，先用水浴加热常压蒸馏或用旋转蒸发仪蒸去苯，再用水泵减压蒸去残留的溶剂，然后用油泵减压蒸馏，收集 132～135 ℃/0.133 kPa(1 mmHg)馏分。产物冷却后为白色固体，熔点为 47～48 ℃。

附注：

① 因无水三氯化铝极易吸潮，故称量和投料时要迅速。

② 四氯化碳和苯在三氯化铝催化下的反应，实际是多卤代烃作烃基化试剂对芳环的亲电取代反应。由于取代基三氯甲基对芳环有钝化作用，因而这里只产生一取代苯即三氯甲基苯。相对于体系中尚未发生烃基化反应的苯，新生成的一取代苯又是继续进行的Friedel-Crafts反应的烃基化试剂，其生成物二氯二苯基甲烷为同碳二卤代物，易水解成相应的同碳羰基化合物。三氯甲基苯的亲电性比四氯化碳要强些，更易与苯发生烷基化反应，在实际反应中，四氯化碳大大过量，以避免三苯甲基氯的产生。

四氯化碳有毒，操作时要小心，避免吸入蒸气。

③ 反应温度若低于5 ℃时，反应太慢；若高于10 ℃时，则易产生焦油状树脂物。

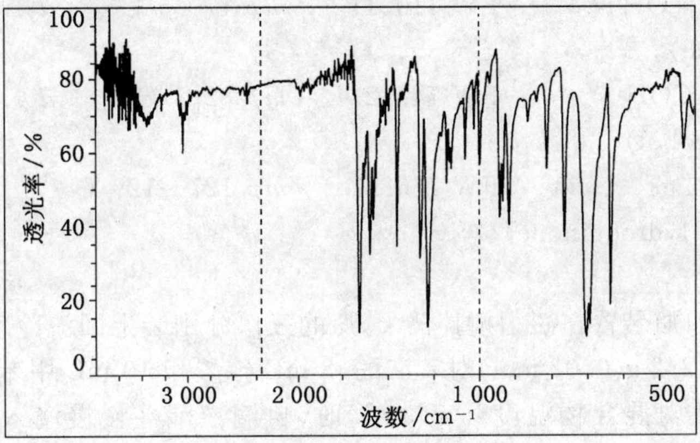

二苯甲酮的红外光谱图

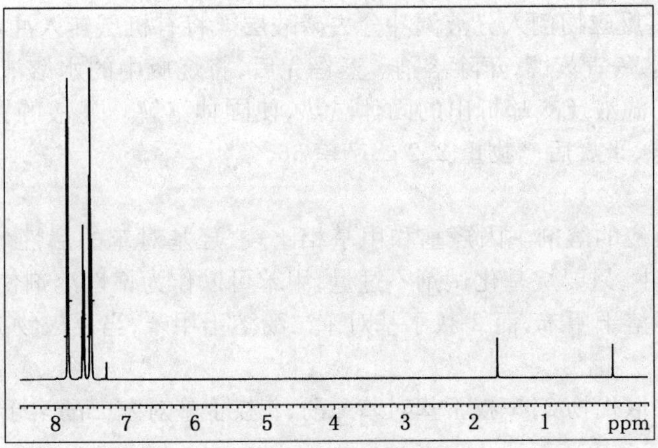

二苯甲酮的核磁共振谱图

实验16 2-叔丁基对苯二酚(TBHQ，一种食用抗氧剂)的合成

2-叔丁基对苯二酚，属酚类抗氧剂，它具有抗氧、阻聚等性能，并且低毒、价廉。因此

2-叔丁基对苯二酚不仅可用作橡胶、塑料抗氧剂，而且大量用作食品添加剂。2-叔丁基对苯二酚可以由叔丁醇作烷基化试剂，在酸催化下与对苯二酚发生烷基化反应而制得，也可由卤代烃或烯烃作烷基化试剂进行合成。

反应式

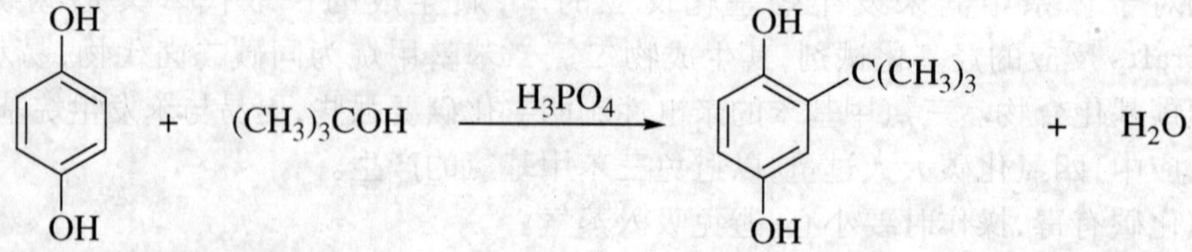

主要试剂和产物的物理常数

对苯二酚 $C_6H_4(OH)_2$ (Hydroquinone)	FW 110.11	*mp* 170.5 ℃	*d* 1.358	
叔丁醇 $(CH_3)_3COH$ (tert-Butyl alcohol)	FW 74.12	*mp* 82.8 ℃	*d* 0.789	n_D^{20} 1.3879
2-叔丁基对苯二酚 (2-tert-Butyl Hydroquinone)	FW 166.21	*mp* 127～129 ℃		

实验步骤

将 100 mL 三口瓶装置在磁力搅拌器上，瓶的三口分别装上回流冷凝管、温度计和滴液漏斗。在瓶中加入 2.2 g(0.02 mol)对苯二酚、8 mL 磷酸和 10 mL 甲苯①，启动搅拌，用油浴加热反应瓶，至瓶内混合物温度升至 90 ℃时，自滴液漏斗慢慢滴入 2 mL (0.02 mol, 1.6 g)叔丁醇，并控制反应温度在 90～95 ℃，约需 15 min。滴加完后，维持此温度继续搅拌 0.5 h，直至瓶内固体完全溶解为止②。

反应完，趁热将反应物倒入分液漏斗分去磷酸层。将有机层转入冲洗过的三口瓶中，加入 20 mL 水，进行水蒸气蒸馏，蒸除溶剂。蒸馏完后，将烧瓶中的水溶液用热水漏斗趁热过滤，除去不溶物③。滤液及冷却析出的固体温热，使固体溶解。滤液静置冷却至室温，析出白色针状结晶，抽滤，干燥后产物重 2.2 g，产率 66％。

附注：

① 甲苯作为反应的溶剂。因羟基和甲基相比较，羟基对苯的活性效应更强，所以在对苯二酚烷基化反应中，只要烷基化试剂不过量，甲苯可以作为惰性溶剂使用。

② 对苯二酚不溶于甲苯，而 2-叔丁基对苯二酚溶于甲苯，当反应物完全溶解时，可认为反应即结束。

③ 不溶物为二取代物 2，5-叔丁基对苯二酚，2-叔丁基对苯二酚溶于热水。

醛、酮的鉴定

醛、酮都具有羰基，能与许多试剂如苯肼、2，4-二硝基苯肼、羟胺、氨基脲和亚硫酸氢钠等发生反应。醛基可与 Tollens 试剂、Fehling 试剂和 Schiff 试剂反应，可用以区别醛和酮。甲基酮还可发生卤仿反应。

(1) 2，4-二硝基苯肼试验

醛和酮在酸性条件下能与 2，4-二硝基苯肼作用，生成黄色、橙色或橙红色的 2，4-二硝基苯腙沉淀。

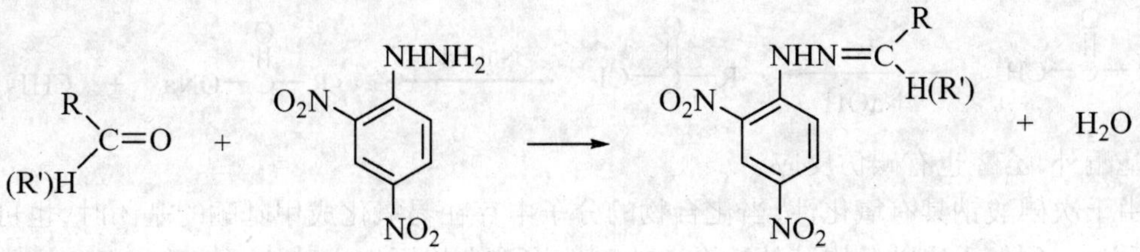

2,4-二硝基苯腙沉淀容易纯化,具有固定的熔点。因此该试验既可作为醛与酮的定性试验,也可作为制备衍生物的一种方法。缩醛也能与2,4-二硝基苯肼作用生成2,4-二硝基苯腙,因为缩醛易水解生成醛。

其他含有羰基的化合物,如羧酸、酯和酰胺等不生成2,4-二硝基苯腙衍生物。强酸性或强碱性的化合物能使2,4-二硝基苯腙沉淀。

实验步骤

在试管中放置2 mL 2,4-二硝基苯肼试剂,加入3～4滴醛或酮试样(若是固体样品则先溶于最少量的乙醇或二氧六环中),振摇后静止片刻。若无沉淀析出,微热0.5 min再摇荡,冷却后有橙黄色或橙红色沉淀生成。

2,4-二硝基苯肼试剂的配制

取2,4-二硝基苯肼1 g,加入7.5 mL浓硫酸,溶解后将此溶液缓慢地倒入75 mL 95%乙醇中,用水稀释至250 mL,若有不溶物,则过滤后除去。

(2) 亚硫酸氢钠试验

醛和甲基酮与亚硫酸氢钠发生加成反应,生成结晶形式的产物。此加成产物与稀盐酸或稀碳酸钠溶液共热,分解成原来的醛或甲基酮。因此可用此反应来鉴定甲基酮,但芳香族甲基酮一般无反应。

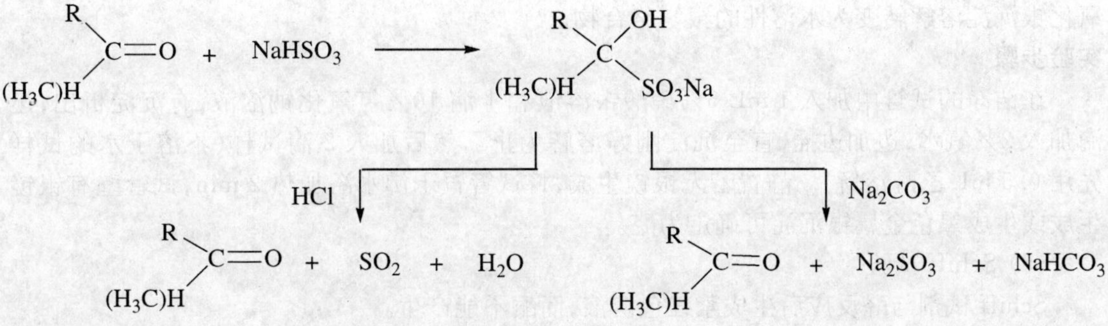

实验步骤

在试管中取2 mL饱和亚硫酸氢钠溶液,加入1 mL试样,用力振摇后置于冰水浴中冷却,若有结晶析出,即试样为醛或甲基酮。

附注:

饱和亚硫酸氢钠溶液的配制:称取碳酸钠($Na_2CO_3 \cdot 10H_2O$)500 g,加入700 mL水,充分混合后,通入二氧化硫气体至饱和为止。

(3) 碘仿试验

碘仿试验用于鉴定甲基酮。甲基酮在碱性溶液中与碘生成黄色沉淀——碘仿。

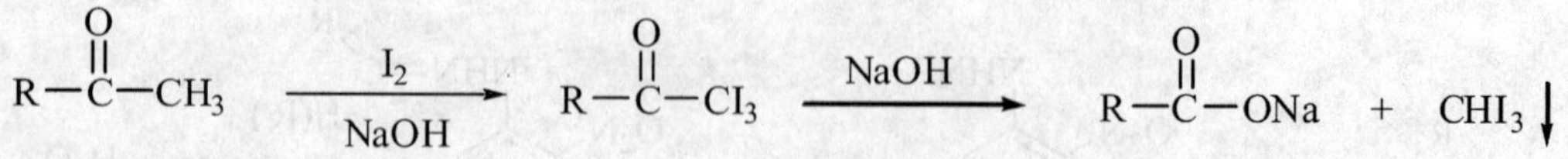

除甲基酮外,乙醛也有碘仿反应。

由于次碘酸钠具有氧化性,当化合物的分子中存在易氧化成甲基酮的基团时,也可发生碘仿反应。例如乙醇以及甲基仲醇在碘的碱性溶液中均可生成碘仿。

实验步骤

在试管中加入 1 mL 水和 3～4 滴试样(若试样不溶于水,则加入二氧六环使其溶解),再加入 1 mL 10％氢氧化钠溶液,然后滴加碘-碘化钾溶液至试样溶液呈浅黄色,振摇后有黄色沉淀析出为正反应。若无沉淀析出,在水浴中微热,若试样溶液变成无色,继续滴加碘-碘化钾溶液 2～4 滴,再观察结果。

附注:

碘-碘化钾溶液的配制:称取 10 g 碘和 20 g 碘化钾,加入 100 mL 水溶解。

(4) Tollens 试验

醛与酮的区别在于醛具有还原性,能使银离子还原成金属银。常用 Tollens 试剂-银氨络合物的碱性水溶液来检验醛的存在,酮不发生反应。

$$RCHO + 2Ag(NH_3)_2OH \longrightarrow 2Ag + RCOONH_4 + 3NH_3 + H_2O$$

$$AgNO_3 \xrightarrow{NaOH} AgOH \xrightarrow{NH_4OH} Ag(NO_3)_2OH$$

Tollens 试剂不宜久置,久置后会形成雷银(AgN_3)沉淀,容易爆炸,必须现配现用。

附注:

Tollens 试剂的配制将氢氧化钠加到硝酸银中,生成氢氧化银沉淀,然后加入氨水使氢氧化银沉淀溶解转变为水溶性的银氨络合物。

实验步骤

在洁净的试管中加入 1 mL 5％硝酸银溶液和 1 滴 10％氢氧化钠溶液,有沉淀析出,逐滴加入 2％氨水,边加边摇,直至沉淀刚好溶解为止。然后加入 2 滴试样(不溶于水的试样先用 0.5 mL 乙醇溶解)。静置若无银镜生成,将试管置于沸水浴加热 2 min,试管壁有银镜生成或生成黑色金属银沉淀可确定为醛。

(5) Schiff 试验

Schiff 试剂与醛反应后生成紫红色溶液,而酮不能产生。

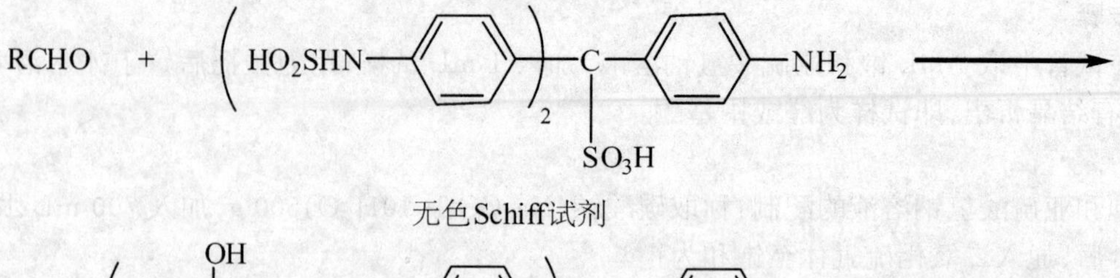

无色Schiff试剂

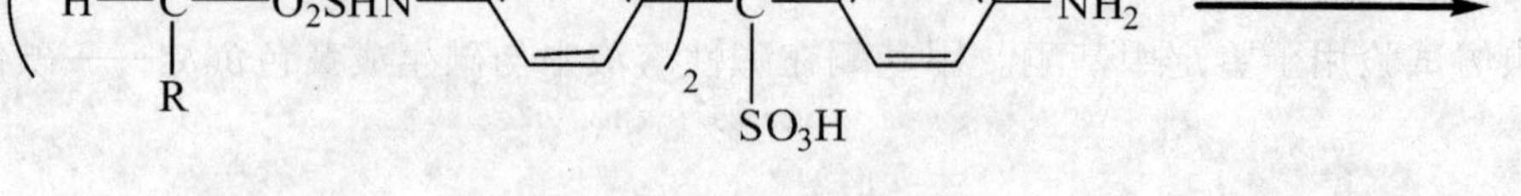

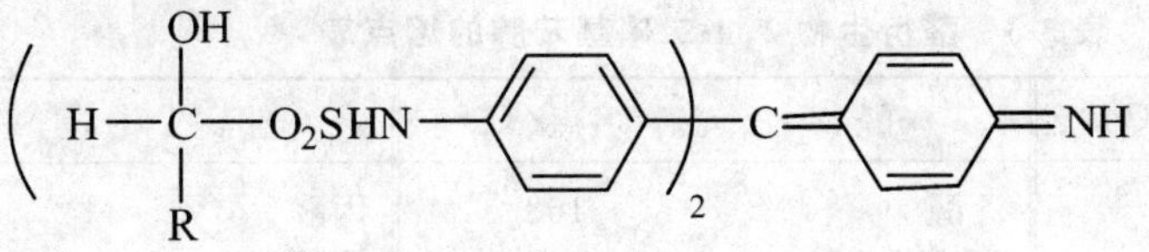

紫红色

实验步骤

在试管中加入 1 mL Schiff 试剂,加入 2 滴试样(固体试样应将它溶解在最少量的水或 95%乙醇中),放置数分钟,观察颜色变化。若显紫红色表明试样为醛。

附注:

Schiff 试剂的配制

在 20 mL 水中通入二氧化硫使饱和,加入 0.2 g 纯对品红盐酸盐,搅拌使其溶解。待溶液呈无色或浅黄色时加水稀释至 200 mL,密封贮存于棕色瓶中。配制的 Schiff 试剂不宜暴露在光和空气中,否则它会逐步放出二氧化硫,使无色试剂变为桃红色。

醛和酮衍生物的制备:

(a) 2,4-二硝基苯腙的制备:

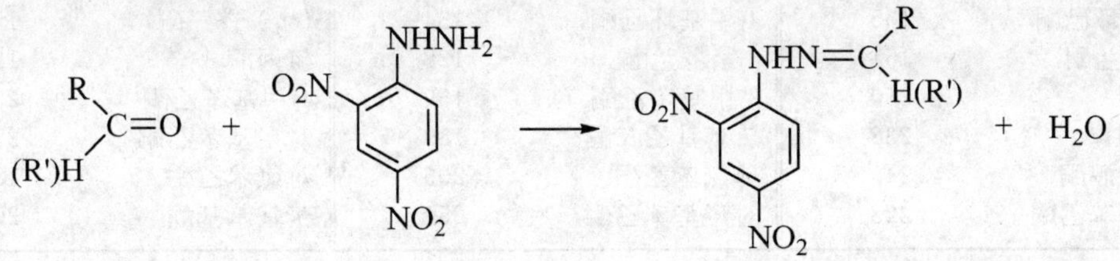

实验步骤

在 25 mL 锥形瓶中放置 0.2 g 2,4-二硝基苯肼和 2 mL 浓硫酸,用滴管逐滴加水至固体全溶。趁热加 5 mL 95%乙醇,在此溶液中加入 0.2 g 醛或酮试样溶于 10 mL 乙醇的溶液,搅动片刻即析出结晶。冷却,抽滤。晶体用乙醇-水混合溶剂重结晶。

(b) 对硝基苯腙的制备:

有些醛和酮的 2,4-二硝基苯腙熔点太高,若制成对硝基苯腙衍生物则熔点较低,易于测定。

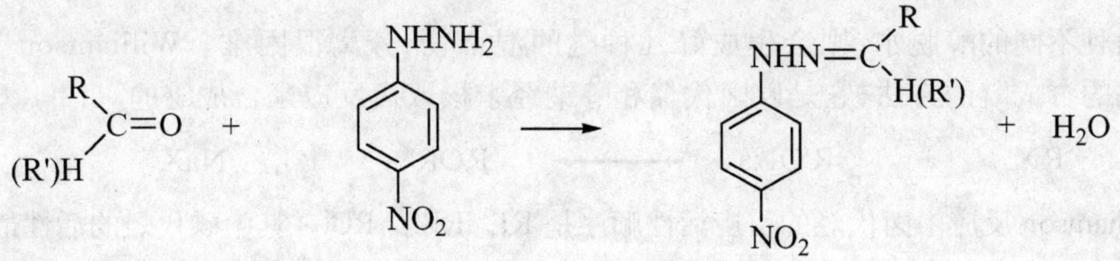

实验步骤

在 25 mL 锥形瓶中加入 0.2 g 对硝基苯肼、6 mL 乙醇和 6 滴乙酸,振摇使溶解后加入 0.2 g 醛或酮,加热回流 10 min。冷却后若有结晶析出则过滤,晶体用乙醇重结晶。若无晶体析出,重新加热后,滴加水直至溶液出现混浊,冷却结晶。析出的晶体用乙醇-水混合溶剂重结晶。表 3-3、表 3-4 分别列举了部分醛、酮衍生物 2,4-二硝基苯腙的熔点。

表 3-3　醛衍生物 2,4-二硝基苯腙的熔点表

醛	熔点/℃	醛	熔点/℃	醛	熔点/℃
甲醛	166	乙醛	168	丙醛	155
乙二醛	323	丙烯醛	165	异丁醛	187
正丁醛	123	三甲基乙醛	200	三氯乙醛	131
正戊醛	107	异戊醛	123	4-甲基戊醛	99
2-丁烯醛	100	正己醛	107	2-乙基己醛	120
(+)-香茅醛	78	柠檬醛	110	甘油醛	170
苯甲醛	237	水杨醛	252	对羟基苯甲醛	280
间羟基苯甲醛	259	香草醛	269	邻氯苯甲醛	209
间氯苯甲醛	243	邻硝基苯甲醛	235	对硝基苯甲醛	320

表 3-4　酮衍生物 2,4-二硝基苯腙的熔点表

酮	熔点/℃	酮	熔点/℃	酮	熔点/℃
丙酮	128	丁酮	115	丁二酮	315
异丙基甲基酮	120	二乙基酮	156	甲基丁基酮	203
环戊酮	146	环己酮	162	2-甲基环己酮	137
3-甲基环己酮	155	4-甲基环己酮	134	(+)-香芹酮	191
α-紫罗兰酮	151	β-紫罗兰酮	128	氯丙酮	125
苯乙酮	250	2-甲基苯乙酮	159	4-甲基苯乙酮	258
二苯酮	238	二苯基乙二酮	189	对羟基苯乙酮	251
二苯乙醇酮	245	邻氯苯乙酮	205	对氯苯乙酮	185
间硝基苯乙酮	228	对羟基苯乙酮	251	苄基苯基酮	203

六　Williamson 制醚法

醚的合成方法有多种,如醇脱水、硫酸二烷基酯和酚盐作用或 Williamson 反应等。醇脱水常用以合成单醚(也称对称醚),如二甲醚、乙醚等。

$$CH_3OH + CH_3OH \xrightarrow[\triangle]{H^{\oplus}} CH_3OCH_3 + H_2O$$

若用两种不同的醇脱水,则会生成好几种醚的混合物,分离很困难。Williamson 反应是最为常见的合成醚的方法,它是以卤代烃和醇钠经亲核取代反应来合成醚的。

$$RX + R'ONa \longrightarrow ROR' + NaX$$

在 Williamson 反应中卤代烃的反应活性顺序是 RI>RBr>RCl。其中碘代烃的活性最强,如果在丙酮或醇溶液中用 RBr 或 RCl 进行反应时,常加入卤代烃投料量 10%的碘化钾或碘化钠,能加快反应。另外卤代烃分子中的烃基大小对反应产物有明显的影响。通常随着烃基上的支链增多,生成烯烃的倾向就越大。如以叔卤代烃与醇钠作用,主要产物是烯烃而不是醚。

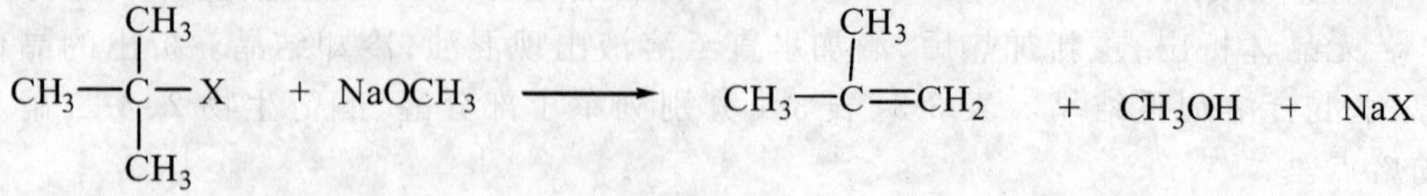

因此在合成仲或叔基混醚时，仲或叔基常以醇盐的形式引入而不是以卤代烃的形式。

$$RX + R'ONa \longrightarrow ROR' + NaX$$

Williamson 反应既可用于合成分子量较大的烃基类单醚和混醚，也可合成烃基芳香醚，在合成含有芳环的混醚中，由于卤代芳烃中的卤原子不活泼，不易发生取代反应，而酚的酸性比醇强，易生成盐，因此应采用酚钠和卤代烃反应来合成。

由于酚的酸性较强，在烃基芳基混合醚的合成中，可以用酚和苛性碱制成酚盐再进行 Williamson 反应。

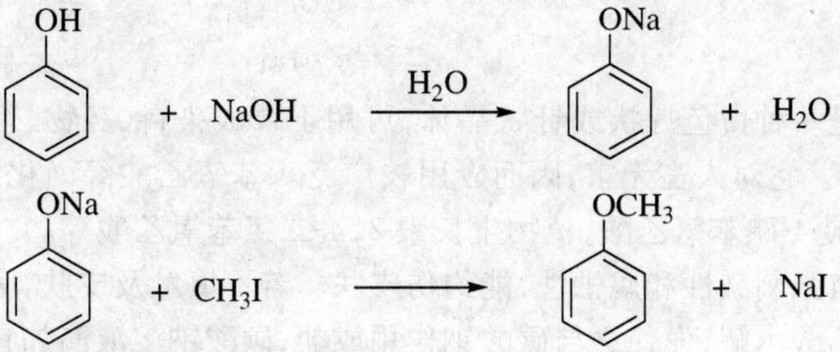

实验 17 苯氧乙酸的合成

反应式

$$2\,ClCH_2COOH + Na_2CO_3 \longrightarrow 2\,ClCH_2COONa + H_2O + CO_2$$

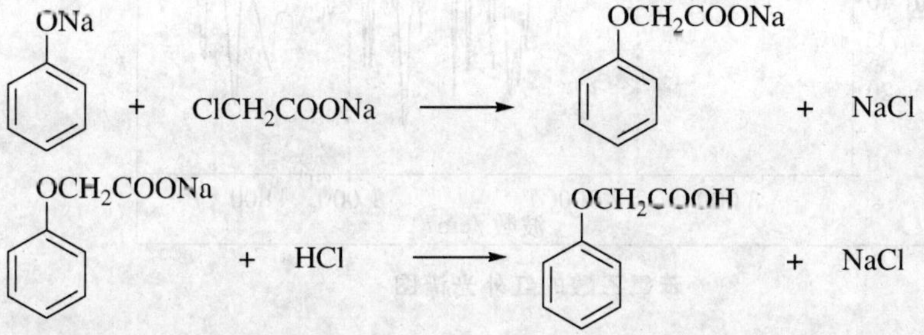

主要试剂和产物的物理常数

苯酚 C_6H_5OH FW 94.11 *mp* 41 ℃ *bp* 182 ℃ *d* 1.072
(Phenol)

氯乙酸 $ClCH_2COOH$ FW 94.50 *bp* 189 ℃ *d* 1.580
(2-Chloroacetic acid)

苯氧乙酸① FW 152.14 *mp* 99 ℃
(2-Phenoxy acetic acid)

化学物质蒸气极限和排放标准

化合物	TLV-TWA/ ppm($mg\cdot m^{-3}$)	TLV-STEL/ ppm($mg\cdot m^{-3}$)	10%泄漏或挥发/mg	需空气体积/ m^3	排风量/ $m^3\cdot min^{-1}$
C_6H_5OH	5(19)	10(38)	8128	428	1.2

实验步骤

将 100 mL 三口烧瓶装置在磁力搅拌器上，瓶口分别装上回流冷凝管和滴液漏斗。在瓶内加入 3.8 g(0.04 mol)氯乙酸② 和 5 mL 水，启动搅拌。自滴液漏斗慢慢滴加③ 约 7 mL 的饱和碳酸钠溶液至 pH 7～8，然后加入 2.6 g(2.4 mL, 0.027 mol)苯酚，再慢慢滴加 30% 氢氧化钠溶液至 pH 为 12。加热回流 0.5 h。

反应结束后，待反应混合物稍冷后倒入锥形瓶，边搅拌边滴加浓盐酸酸化至 pH 为 3～4，冰浴冷却结晶，结晶析出完全后抽滤，粗产物用冷水洗涤 2～3 次，干燥，产物重 3.7 g，产率 90%。

附注：

① 苯氧乙酸是一种白色片状或针状晶体，可用于合成染料、药物、杀虫剂，还可直接用作植物生长调节剂。它对人畜无害，因而应用较广泛。苯氧乙酸经卤化后能得到许多有用的衍生物，如增产灵 4-碘苯氧乙酸，植物生长素 2,4-二氯苯氧乙酸等。

② 氯乙酸具有强刺激性和腐蚀性，能灼伤皮肤。若不慎触及皮肤，应立即用水冲洗。

③ 为防止氯乙酸水解，先使之与碳酸钠作用成盐，碳酸钠溶液滴加宜慢。

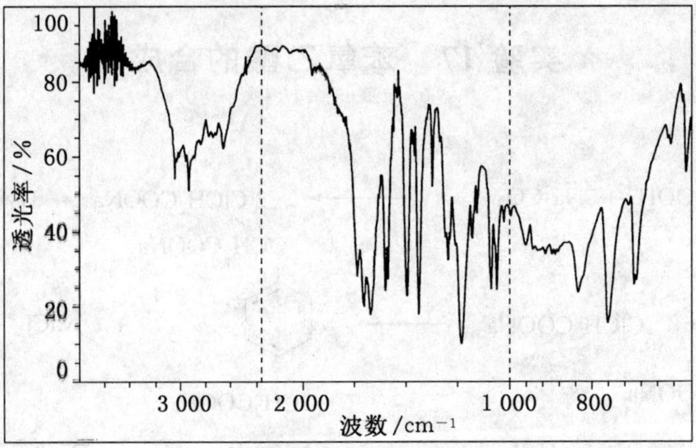

苯氧乙酸的红外光谱图

实验 18　甲基叔丁基醚（无铅汽油中的抗震剂）的合成

反应式

$$CH_3-\overset{\displaystyle CH_3}{\underset{\displaystyle CH_3}{C}}-OH \;+\; CH_3OH \xrightarrow{H_2SO_4} CH_3-\overset{\displaystyle CH_3}{\underset{\displaystyle CH_3}{C}}-OCH_3 \;+\; H_2O$$

主要试剂和产物的物理常数

叔丁醇 $(CH_3)_3COH$　　FW 74.12　　*bp* 82.8 ℃　　*d* 0.7887　　n_D^{20} 1.3879

(*tert*-Butyl alcohol)

甲醇 CH_3OH　　FW 32.04　　*bp* 64.65 ℃　　*d* 0.792
(Methanol)
甲基叔丁基醚①　　FW 88.15　　*bp* 55～56 ℃　　*d* 0.740　　n_D^{20} 1.3690
(*tert*-Butyl methyl ether)

化学物质蒸气极限和排放标准

化合物	TLV-TWA/ ppm(mg · m^{-3})	TLV-STEL/ ppm(mg · m^{-3})	10%泄漏或挥发/mg	需空气体积/ m^3	排风量/ m^3 · min^{-1}
CH_3OH	35(310)	250(310)	40960	819	2.3

实验步骤

在 250 mL 的圆底烧瓶中加入 70 mL 15%硫酸，16 mL(12.7 g，0.4 mol)甲醇和 19 mL (15.0 g，0.2 mol)叔丁醇②，振摇使混合均匀。在瓶口装上刺形分馏柱，柱的顶端装温度计，在其支管处依次装置直形冷凝管、接液管和接收器，将接收器置于冰浴中。加热蒸馏，收集 49～53 ℃的馏分。

将收集液转入分液漏斗，依次用水、10%亚硫酸钠水溶液、水洗涤，每次 15 mL，以除去醚中的醇和可能有的过氧化物。当醇洗净后，醚层呈澄清透明。然后用无水碳酸钠干燥，过滤至蒸馏瓶中，蒸馏收集 53～56 ℃的馏分。甲基叔丁基醚为无色透明的液体。

附注：

① 汽车排放的尾气中有大量的铅尘污染物，这种铅尘污染物，主要来源于汽油中用于增强汽车抗震性能的四乙基铅，由于其性能稳定，不易降解，一旦进入人体，就会积累滞留，破坏肌体组织。甲基叔丁基醚是一种优良的抗震剂，对环境无污染。无铅汽油就是用甲基叔丁基醚代替增强汽车抗震性能的四乙基铅。

② 叔丁醇熔点为 25.5 ℃，沸点为 82.5 ℃，有少量水存在时呈液体。如果室温较低，加料困难时，可以加入少量水，使之液化后再加料。

七　羟醛缩合反应

在稀碱催化下，两分子醛或酮进行加成生成 *β*-羟基醛或酮的反应称为羟醛缩合反应。*β*-羟基醛或酮可以进一步脱水生成 α，β-不饱和醛或酮。如：

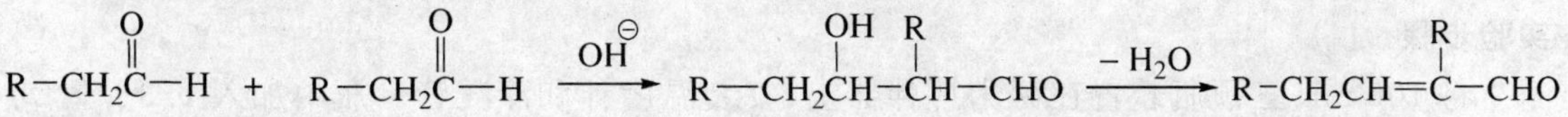

通过羟醛缩合反应增长了碳链，在有机合成上应用十分广泛，羟醛缩合的反应机理如下：

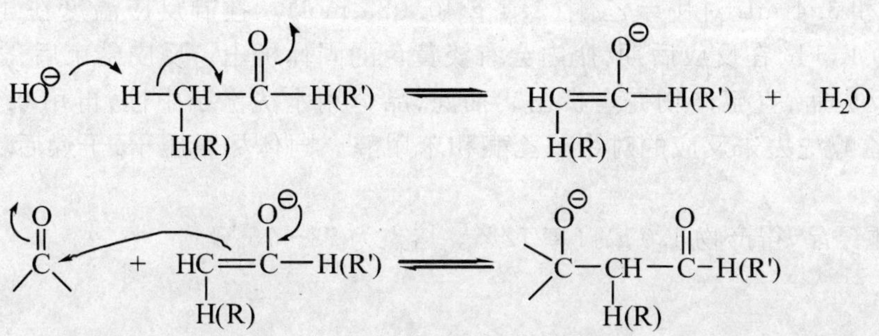

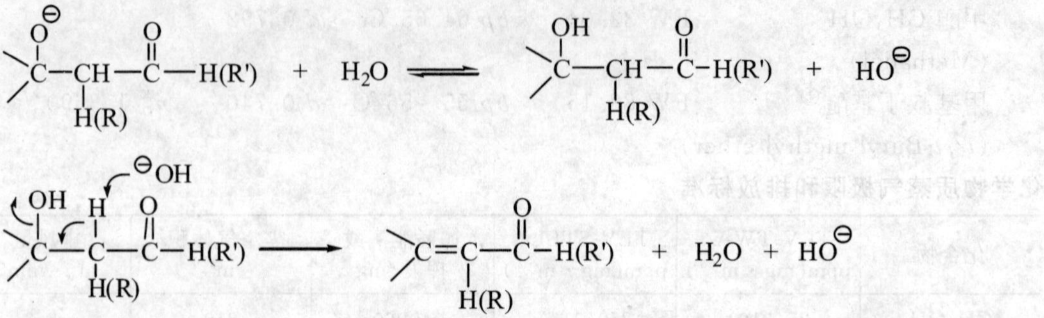

羟醛缩合反应可以在相同的醛或酮分子间进行缩合。这样会得到高产率的单一化合物。若在不同的醛或酮之间进行交叉羟醛缩合,会得到4种不同的产物,实用性不大。

若用无α-氢的醛和有α-氢的醛或酮进行缩合,它的产物比较简单。没有α-氢的醛,它只能被脱去α-质子的醛或酮进行亲核加成。

实验19 3-苯基-1-(4-甲基苯基)丙烯酮的合成

反应式

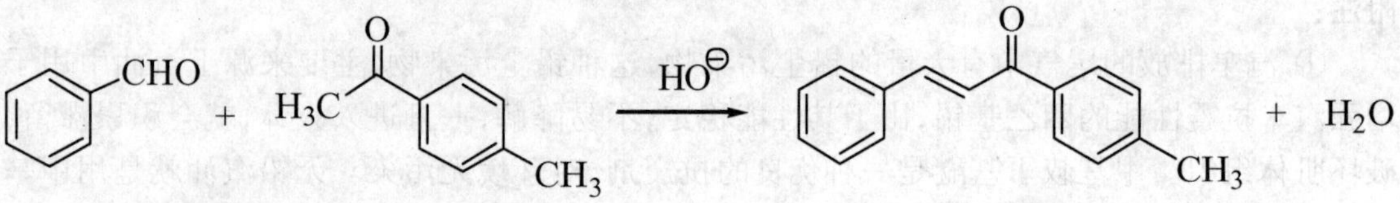

试剂与产物的物理常数

苯甲醛 C_6H_5CHO　　FW 106.12　　*bp* 178～179 ℃　　*d* 1.044　　n_D^{20} 1.5450
(Benzaldehyde)

对甲苯乙酮 p-$CH_3C_6H_4COCH_3$　　FW 134.18　　*bp* 226 ℃　　*d* 1.001　　n_D^{20} 1.5328
(*p*-Methylacetophenone)

3-苯基-1-(4-甲基苯基)丙烯酮 $C_{16}H_{14}O$　　FW 222.28　　*mp* 73～75 ℃　　*d* 1.071
(3-Phenyl-l-p-totyl propenone)

实验步骤

将100 mL三颈瓶装置在磁力搅拌器上,安装温度计和冷凝管。瓶中加入1.3 g氢氧化钠和11.5 mL水。启动搅拌使氢氧化钠溶解,再加入7.2 mL 95%乙醇2.6 mL苯甲醛(2.7 g、0.025 mol)和3.4 mL对甲苯乙酮(3.4 g、0.025 mol)。控制反应温度在45～50 ℃下,搅拌反应约1.5 h,在反应后期,瓶内会有淡黄色的固体析出。反应结束后,边搅拌边用冰水浴冷却反应瓶,直至产物完全析出。抽滤,晶体用水洗涤至中性,再用0.5～1 mL冰水冷却过的乙醇洗去未反应的对甲苯乙酮和苯甲醛。固体尽量压干,干燥后粗产物重4.8 g。

用95%的乙醇重结晶,得产物4.0 g,产率72%。熔点为73～75 ℃。

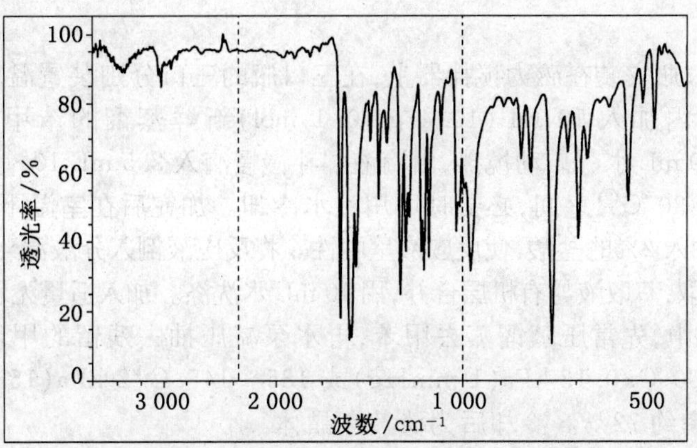

3-苯基-1-(4-甲基苯基)丙烯酮的红外光谱图

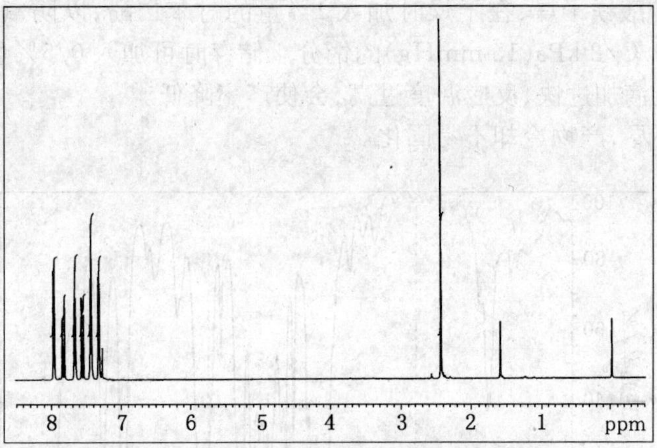

3-苯基-1-(4-甲基苯基)丙烯酮的核磁共振谱图

实验 20　4-苯-3-丁烯-2-酮的合成

反应式

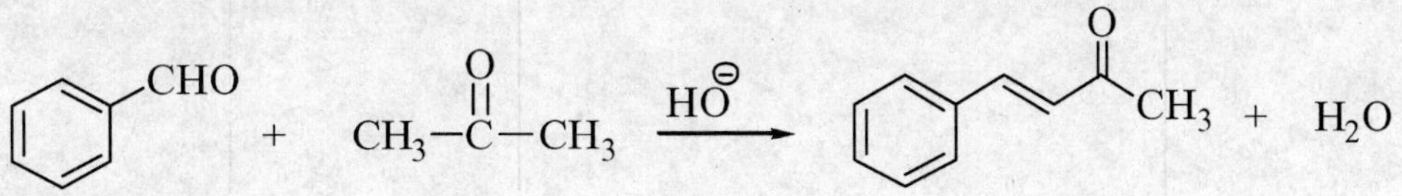

试剂与产物的物理常数

苯甲醛 C_6H_5CHO (Benzaldehyde)	FW 106.12	*bp* 178～179 ℃	*d* 1.044	n_D^{20} 1.5450
丙酮 CH_3COCH_3 (Acetone)	FW 58.08	*bp* 56.5 ℃	*d* 0.818	
苄叉丙酮 $C_{10}H_{10}O$ (4-Phenylbut-3-en-2-one)	FW 146.18	*bp* 260～262 ℃	*d* 1.038	

实验步骤

将 100 mL 三口瓶安装在磁力搅拌器上，在三口瓶的三口分别装置温度计、球形冷凝管和滴液漏斗。三口瓶内加入 10 mL(10.4 g, 0.1 mol)新鲜蒸馏的苯甲醛①，20 mL(16 g, 0.28 mol)丙酮和 10 mL 水。启动搅拌，由滴液漏斗慢慢滴入 2.5 mL 10%氢氧化钠水溶液，控制反应温度在 25～30 ℃②之间，必要时可用冷水冷却。加完后在室温下继续搅拌 2 h。

反应结束后，加入 2%的盐酸，使反应液呈中性。将反应液倒入分液漏斗中，分出有机层。水层用 10 mL 甲苯萃取，萃取液与有机层合并，用 10 mL 水洗涤。加入适量无水硫酸镁干燥。

过滤至蒸馏瓶中，先常压蒸馏蒸去甲苯，再水泵减压抽去残留的甲苯③，然后用油泵减压蒸馏收集 90～100 ℃/0.13 kPa(1 mmHg)或 135～145 ℃/2 kPa(15 mmHg)的馏分，得到产物 10.5 g，产率约 72%。冷却后为淡黄色晶体。

附注：

① 本实验使用的苯甲醛需事先用 10%的碳酸钠溶液洗至无二氧化碳气泡产生，再用水洗涤，然后用无水硫酸镁干燥，在干燥时加入 1%量的对苯二酚，以防氧化。过滤至蒸馏瓶中减压蒸馏收集 69 ℃/2 kPa(15 mmHg)的馏分。储存时可加入 0.5%量的对苯二酚。

② 若氢氧化钠滴加过快，反应温度过高，会使产率降低。

③ 甲苯蒸除不尽，产物冷却不易固化。

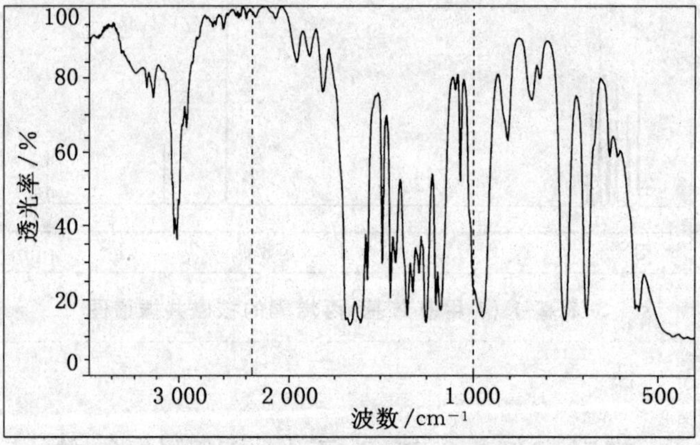

4-苯-3-丁烯-2-酮的红外光谱图

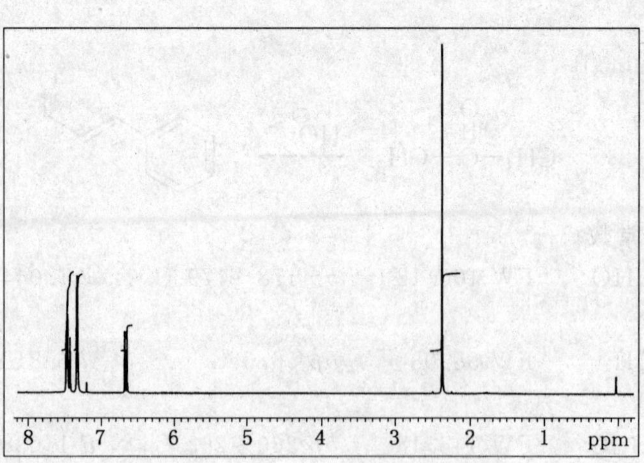

4-苯-3-丁烯-2-酮的核磁共振谱图

实验 21　4-甲基-4-羟基-2-戊酮的合成

反应式

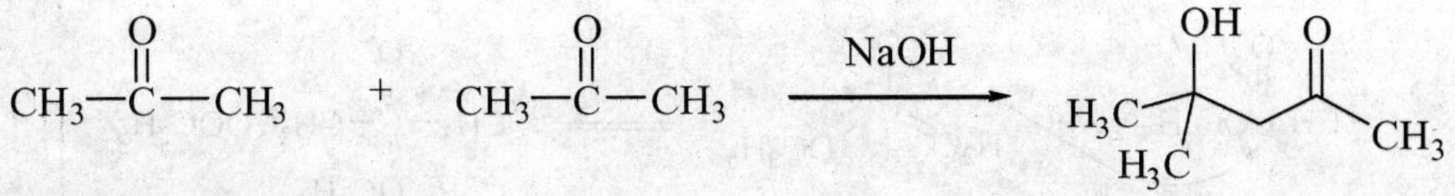

主要试剂与产物的物理常数

丙酮 CH_3COCH_3 (Acetone)	FW 58.08	*bp* 56.5 ℃	*d* 0.818
4-甲基-4-羟基-2-戊酮 $C_6H_{12}O_2$ (4-Hydroxy-4-methyl-2-pentanone)	FW 116.16	*bp* 164～166 ℃	*d* 0.931

实验装置如图 3-6 所示

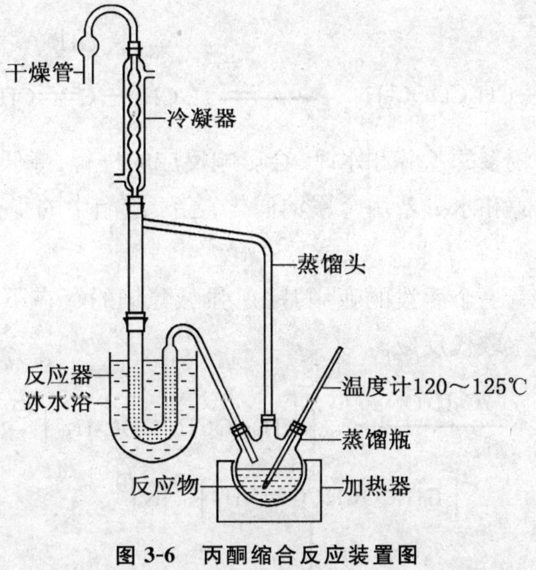

图 3-6　丙酮缩合反应装置图

实验步骤

在 U 形反应管中加入 25 g 颗粒状的氢氧化钠，两端塞上玻璃棉，并将 U 形管浸于盛有冰-水的保温瓶中。另在 250 mL 圆底烧瓶中加入 180 mL(147 g, 2.54 mol)丙酮和 2.5 g 邻苯二甲酸酐。加热三口烧瓶，使蒸出的丙酮逐滴流至 U 形反应管中的氢氧化钠在 0～5 ℃下进行反应，反应物又不断离开催化剂流回三口烧瓶中。当三口烧瓶中反应混合物温度约达 115 ℃时，停止反应，反应时间约 8 h。在常压下蒸出丙酮后再减压蒸馏收集产物馏分 71～74 ℃/4 kPa(30 mmHg)，产物称重并计算产率。

八　Claisen 酯缩合反应

在强碱性催化剂的作用下，含有 α-氢的酯可以与另一分子酯发生缩合反应，生成 β-羰基酯，这就是 Claisen 酯缩合。如在乙醇钠催化下合成乙酰乙酸乙酯即经过下列过程：

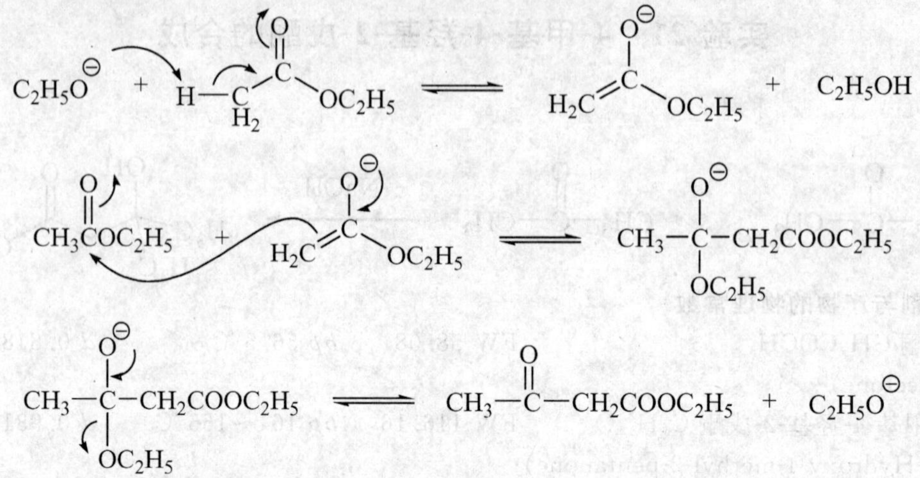

乙酰乙酸乙酯是一个酮式和烯醇式的混合物，在室温下含有 93％的酮式和 7％的烯醇式。

$$CH_3-\overset{O}{\overset{\|}{C}}-CH_2COOC_2H_5 \rightleftharpoons CH_3-\overset{OH}{\overset{|}{C}}=CHCOOC_2H_5$$

当乙酸乙酯中含有较多的乙醇和水时，会影响反应的进行，降低产率。因此乙酸乙酯必须干燥和除去过量的乙醇和水。若用金属钠催化，乙酸乙酯中的少量乙醇与金属钠作用生成乙醇钠后催化此反应。

乙酰乙酸乙酯中含有一个活泼的亚甲基，在强碱醇钠的存在下可与卤代烃、酰卤、α-卤代酮和α-卤代酸酯等发生取代反应。

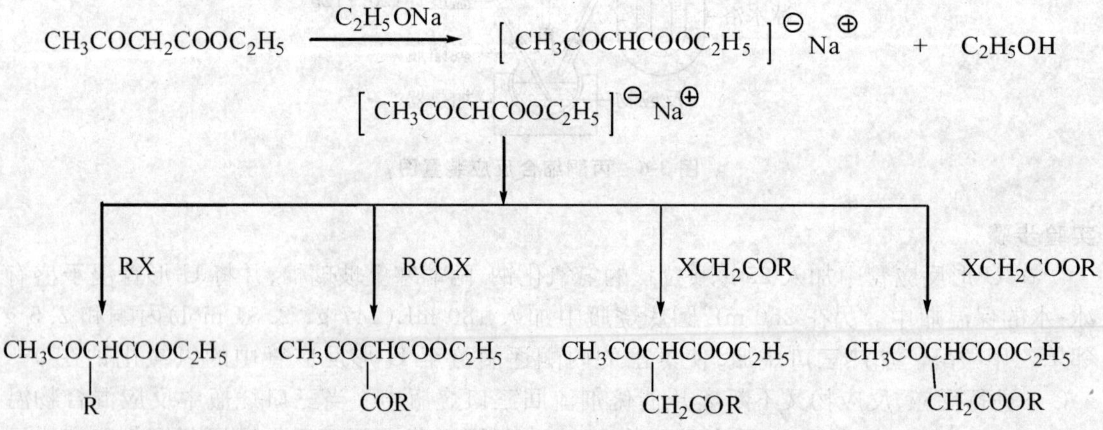

其活泼氢逐步被烷基、酰基等取代，生成的取代物在不同的条件下水解，得到酸、酮、二酮等化合物。丙二酸二乙酯也具有类似的反应。在合成羧酸时用丙二酸酯合成法比乙酰乙酸乙酯合成法好。乙酰乙酸乙酯还能与尿素、硫脲、苯肼等缩合合成环状化合物。

实验 22 乙酰乙酸乙酯的合成

反应式

$$2\,CH_3COOC_2H_5 \xrightarrow{NaOC_2H_5} [CH_3COCHCOOC_2H_5]^{\ominus} Na^{\oplus}$$

$$\xrightarrow{CH_3COOH} CH_3COCH_2COOC_2H_5 + CH_3COONa$$

主要试剂及产物的物理常数

乙酸乙酯 $CH_3CO_2C_2H_5$ FW 88.11 *bp* 76.5～77.5 ℃ *d* 0.902 n_D^{20} 1.3720
(Ethyl acetate)

乙酰乙酸乙酯 $CH_3COCH_2CO_2C_2H_5$ FW 130.14 *bp* 181 ℃ *d* 1.021 n_D^{20} 1.4190
(Ethyl acetoacetate)

化学物质极限浓度和排放标准

化合物	TLV-TWA/ ppm(mg · m^{-3})	TLV-STEL/ ppm(mg · m^{-3})	10％泄漏或挥发/mg	需空气体积/ m^3	排风量/ m^3 · min^{-1}
$CH_3COOC_2H_5$	76(300)		127 000	423	
CH_3COOH	10(25)	15(37)	38400	1536	4.3

实验步骤

将干燥的 250 mL 三口瓶① 配上三个空心塞后称重。再用压钠机压入 3～4 g 钠丝②，称重后装上球形冷凝管，在冷凝管的顶端装一氯化钙干燥管。从三口瓶的另一口迅速加入乙酸乙酯③(按 1 g 钠丝加入 11 mL 乙酸乙酯)。待反应缓和后，用石棉网小火加热，使溶液微沸，直至金属钠全部溶解完为止，此时反应液呈橙红色透明溶液。待稍冷后，振摇下加入 50％乙酸溶液，使溶液呈弱酸性④(1 g 钠约需 6 mL 乙酸)。将瓶内溶液倒入分液漏斗，加入等体积的饱和氯化钠溶液，用力振摇。静置后分出酯层。用无水硫酸镁干燥。将粗产物分批滤入蒸馏烧瓶中，干燥剂用少量乙酸乙酯洗涤。沸水浴上蒸去未反应的乙酸乙酯，然后用水泵减压，蒸去残留的乙酸乙酯(或用旋转蒸发仪蒸去乙酸乙酯)。粗产物减压蒸馏⑤，收集馏分。产率约 42％～49％⑥，表 3-5 为乙酰乙酸乙酯沸点与压力的关系表。

表 3-5 乙酰乙酸乙酯沸点与压力的关系表

压力/kPa	101.1	10.6	8.0	5.3	4.0	2.7	2.4	1.9	1.6
沸点/℃	180.4	100	97	92	88	82	78	74	71

附注：

① 本实验所用仪器都应干燥。

② 金属钠遇水即会燃烧爆炸，使用时应严防与水接触，压入钠丝动作要迅速，以免被空

气中的水汽侵蚀或被空气氧化。

③ 乙酸乙酯应干燥，但要含有 1%～2% 的乙醇，与金属钠反应生成乙醇钠，作为 Claisen 酯缩合的催化剂。其提纯的方法如下。

将普通的乙酸乙酯用饱和氯化钙溶液洗涤数次，再用无水碳酸钾干燥后，用水浴加热蒸馏，收集 76～78 馏分。

④ 用乙酸中和时，应在振摇下迅速加入 80% 左右的乙酸，再边摇边加入乙酸至刚呈弱酸性。若开始时加入乙酸较慢，会使乙酰乙酸乙酯钠盐成大块固体析出，使中和造成困难。若乙酸过量，会增加酯在水中的溶解度，也会使酯因溶解较多的乙酸，在加热蒸馏时分解而降低产量。

⑤ 乙酰乙酸乙酯在常压下蒸馏很易分解而降低产量，所以用减压蒸馏。由于乙酰乙酸乙酯的沸点不是很高，在抽真空减压时，不宜压力太低，一般调节在 1.3～2.6 kPa/(10～20 mmHg)之间，否则会因压力太低而沸点低，抽入泵中，损坏真空泵。

⑥ 产率以钠计算。反应应连续进行，间隔时间久会生成去水乙酸而降低产量。

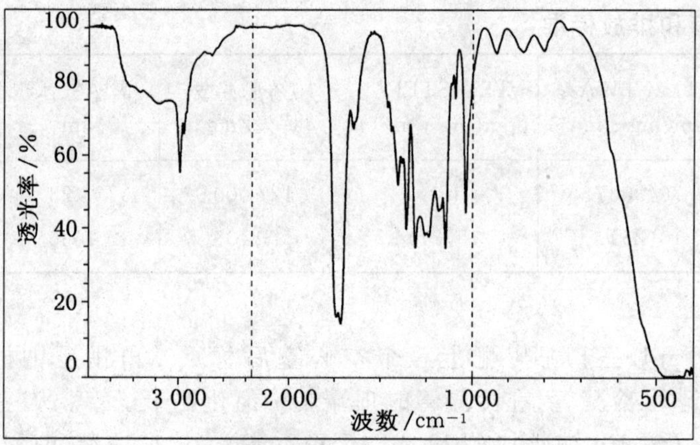

乙酰乙酸乙酯的红外光谱图

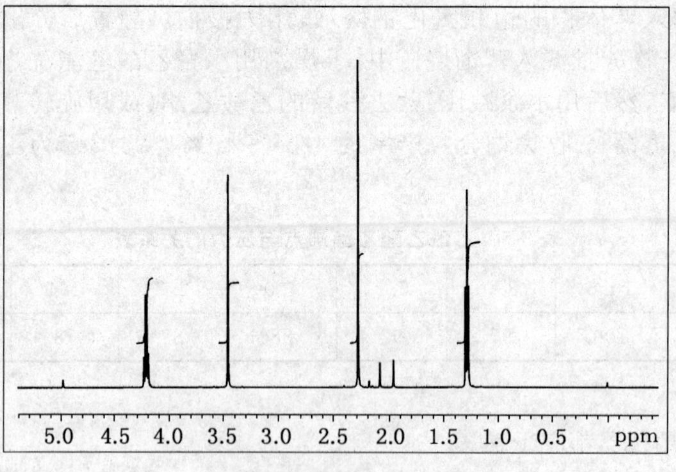

乙酰乙酸乙酯的核磁共振谱图

实验 23 2-乙基-2-己烯醛的合成

反应式

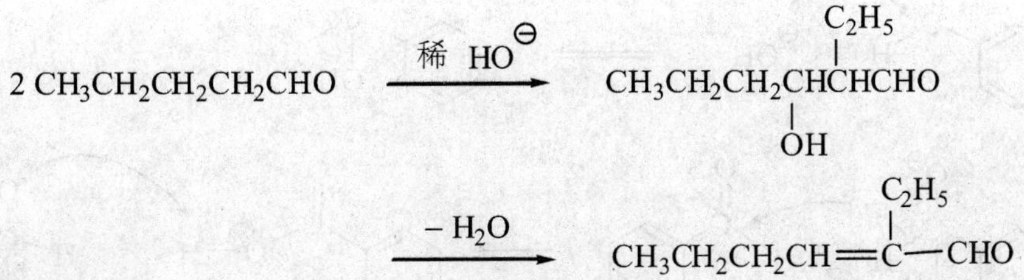

试剂与产物的物理常数

正丁醛 C_4H_8O FW 72.11 *bp* 75.7 *d* 0.817
(Butyric aldehyde)
2-乙基-2-己烯醛 $C_8H_{14}O$ FW 126.19 *bp* 175 ℃ *d* 0.848
(2-Ethyl-2-hexenal)

化学物质极限浓度和排放标准

化合物	TLV-TWA/ ppm(mg·m^{-3})	TLV-STEL/ ppm(mg·m^{-3})	10%泄漏或挥发/mg	需空气体积/ m^3	排风量/ $m^3\cdot min^{-1}$
n-C_3H_7CHO	03.(10)		51840	5184	14.4

实验步骤

在装置搅拌器,球形冷凝管和滴液漏斗的 100 mL 三颈瓶中加入 12.5 mL 2%氢氧化钠溶液。启动搅拌,自滴液漏斗滴入 13 mL(10.62 g, 0.147 mol)正丁醛,控制滴加速度,使温度慢慢上升,不超过 90 ℃,约 20 min 滴加完。加完后,在 85 ℃水浴上继续加热搅拌 1 h,使反应完全。此时反应液变成浅黄色或橙色,将反应液倒入分液漏斗中,分去碱液,油层用水洗涤两次,每次 10 mL。加适量无水硫酸钠干燥 0.5 h。过滤后,减压蒸馏,收集 60～75 ℃/1.3～4 kPa(10～30 mmHg)馏分,产量 6.0～7.1 g,产率约 65%～77%。

附注:

① 搅拌接口处要注意密封,防止正丁醛挥发。正丁醛沸点 75 ℃。

② 这是一个放热反应,滴加正丁醛的速度不宜太快。

③ 产物易引起皮肤过敏,处理时注意勿与皮肤接触。

九 Cannizzaro 反应

无 α-氢的醛(如芳香醛、甲醛等)在浓碱的作用下发生歧化反应,一分子醛失去氢被氧化为酸,而另一分子醛得到氢而被还原为醇,此反应即为 Cannizzaro 反应。

例如

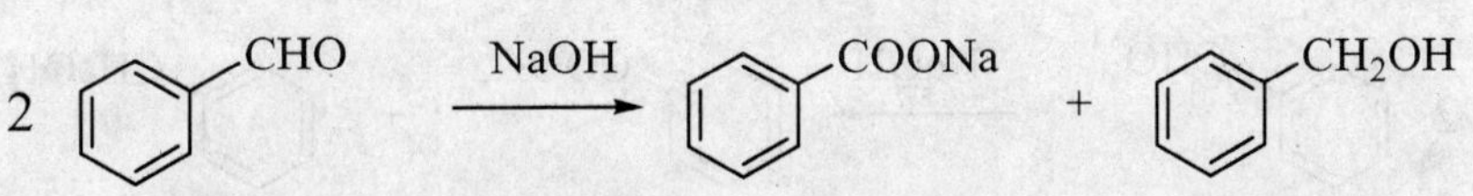

Cannizzaro 反应的实质是羰基的亲核加成。反应的机理是 $OH^{\ominus}$ 对一个醛分子的羰基进行亲核进攻生成负离子，此负离子使原来醛基上的氢带着一对电子对另一分子芳香醛进行亲核加成。

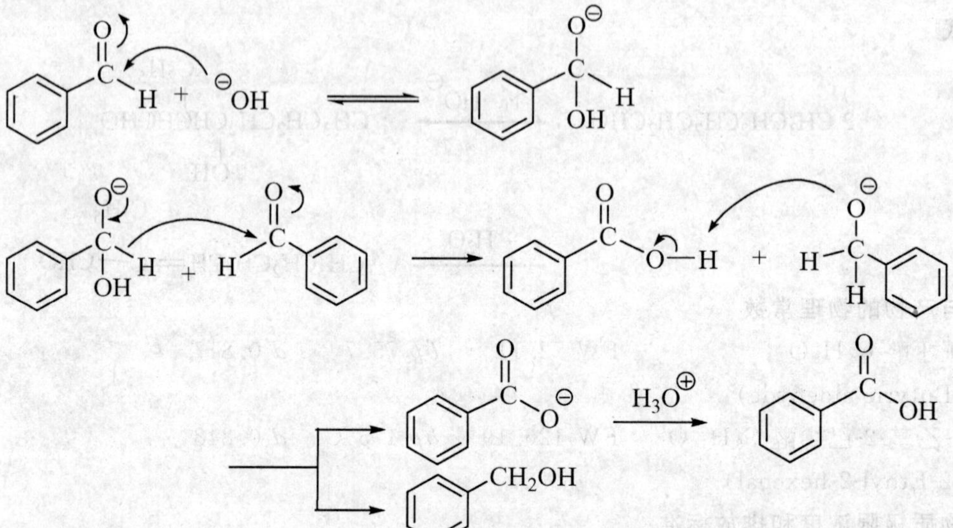

在过量碱存在下，产物中可分离出苯甲酸苄酯，这可能是由于苯甲醇在碱溶液中形成苄氧基负离子($C_6H_5CH_2O^{\ominus}$)代替了 $OH^{\ominus}$ 对苯甲醛发生亲核加成而造成的。

$$C_6H_5CH_2OH + HO^{\ominus} \rightleftharpoons C_6H_5CH_2O^{\ominus} + H_2O$$

在 Cannizzaro 反应中，通常使用过量一倍以上的浓度为 50%的强碱。若碱用量较少则反应不完全，未反应的醛与生成的醇混在一起，通过一般蒸馏很难分离。

上述 Cannizzaro 反应最多只能得到一半的醇。若用甲醛与芳醛在浓碱条件下发生交叉 Cannizzaro 反应，因甲醛无论从电子效应还是立体效应来看，都比其他的醛容易受 $OH^{\ominus}$ 的亲核进攻，因而它作为氢的给体而被氧化为易后处理的甲酸。当使用过量甲醛时，芳醛几乎全部转化为芳醇，具有较大的实用价值。如香料洋茉莉醇的合成：

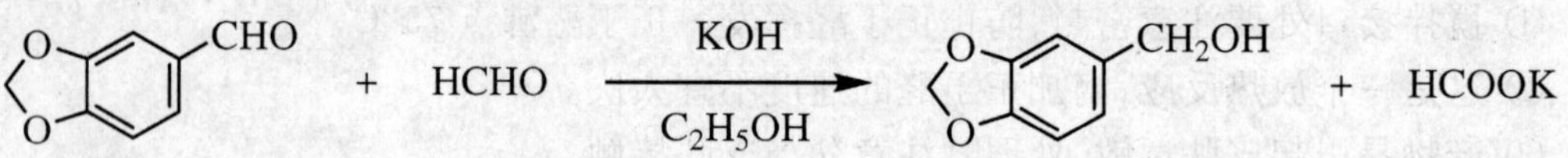

实验 24　苯甲酸和苯甲醇的合成

反应式

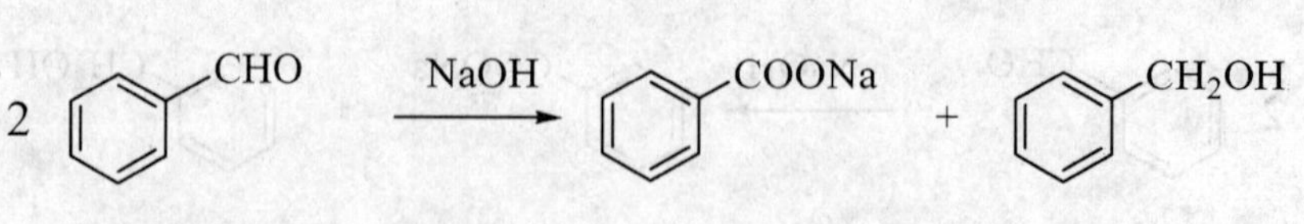

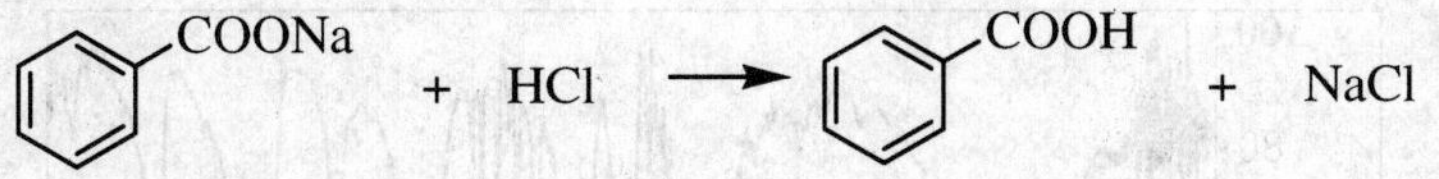

主要试剂及产物的物理常数

苯甲醛 C_6H_5CHO　FW 106.12　*bp* 178～179 ℃　*d* 1.044　n_D^{20} 1.5450
(Benzaldehyde)

苯甲酸 $C_6H_5CO_2H$　FW 122.12　*mp* 122～123 ℃
(Benzoic acid)

苯甲醇 $C_6H_5CH_2OH$　FW 108.14　*bp* 205 ℃　*d* 1.045　n_D^{20} 1.5400
(Benzyl alcohol)

化学物质极限浓度和排放标准

化合物	TLV-TWA/ppm ($mg \cdot m^{-3}$)	TLV-STEL/ppm ($mg \cdot m^{-3}$)	10%泄漏或挥发/mg	需空气体积/m^3	排风量/$m^3 \cdot min^{-1}$
$C_2H_5OC_2H_5$	400(1200)	500(1500)	171240	142.7	0.4

实验步骤

在 150 mL 锥形瓶内称取 10 g 氢氧化钠(0.25 mol)加入 10 mL 水,振摇使其溶解,冷却至室温。然后边摇边加入 10 mL 苯甲醛①(10.4 g, 0.1 mol)。加完后用橡皮塞塞紧瓶口,剧烈振摇(注意不要将溶液往上振摇至橡皮塞处),使其充分混合均匀后,放置过夜。次日,加入适量的水用玻棒搅拌使固体全部溶解,倒入分液漏斗中。用乙醚萃取 3 次,每次 25 mL。合并醚层,将醚层倒入分液漏斗中,分别依次用 10 mL 饱和亚硫酸氢钠溶液、20 mL 碳酸氢钠溶液和 10 mL 水洗涤。醚层盛放在干的锥形瓶中,边摇边加入适量的无水硫酸镁,放置干燥0.5 h以上。

醚液过滤至蒸馏瓶中,在无明火下用水浴蒸去乙醚,将蒸出的乙醚倒入回收瓶。然后加热温度上升至 140 ℃时,立即停止加热,将直形水冷凝管换成空气冷凝管,再继续加热收集 202～206 ℃的馏分,或减压蒸馏,收集 55～56 ℃/0.27 kPa(2 mmHg)的馏分。产量 3.9～4.2 g,产率约 72%～78%。

水层边搅拌边缓缓加入浓盐酸,酸化至刚果红试纸变蓝。冷却至室温使沉淀析出完全。抽滤,压干。粗产物逐步加入适量的水加热至沸腾使粗产物溶解,然后再加入过量水加热至沸,趁热过滤(若粗产物有颜色,则加入适量的活性炭进行脱色后热过滤),滤液盛放在烧杯中盖上表面皿,放置冷却结晶。抽滤,晶体用少量水洗涤后干燥,得到白色片状结晶,重量 4.5～5.0 g,产率约 74%～82%,熔点 121～122 ℃。

附注:

① 苯甲醛很容易氧化成苯甲酸,因此在配制溶液时应用新鲜蒸馏的苯甲醛。

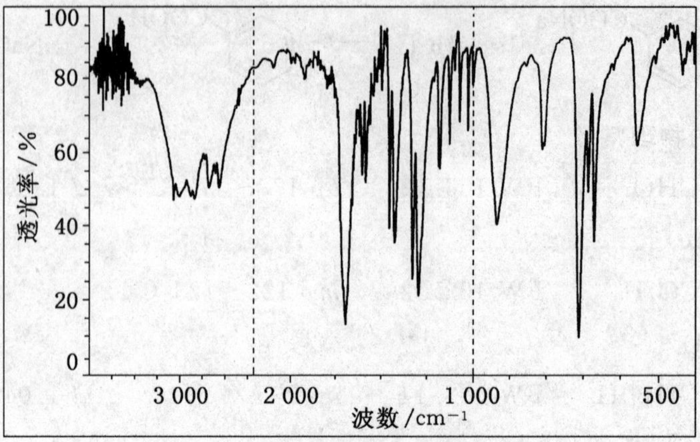

苯甲酸的红外光谱图

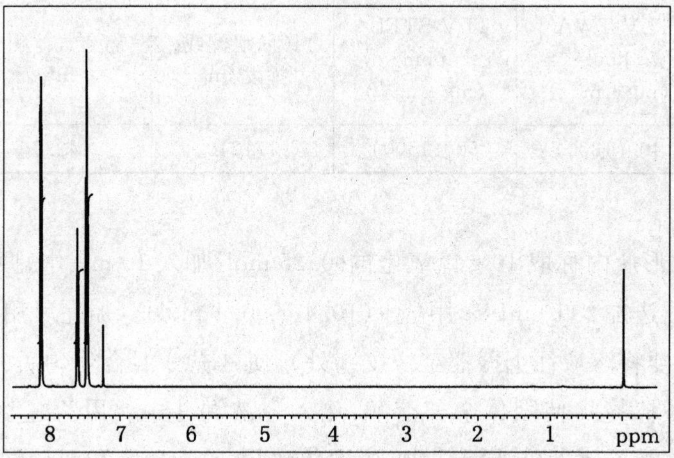

苯甲酸的核磁共振谱图

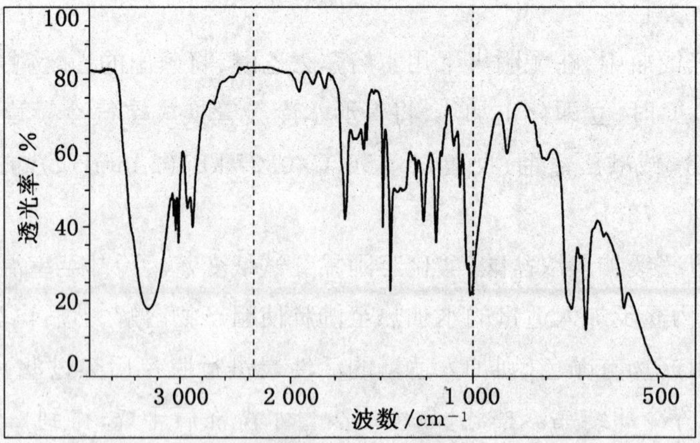

苯甲醇的红外光谱图

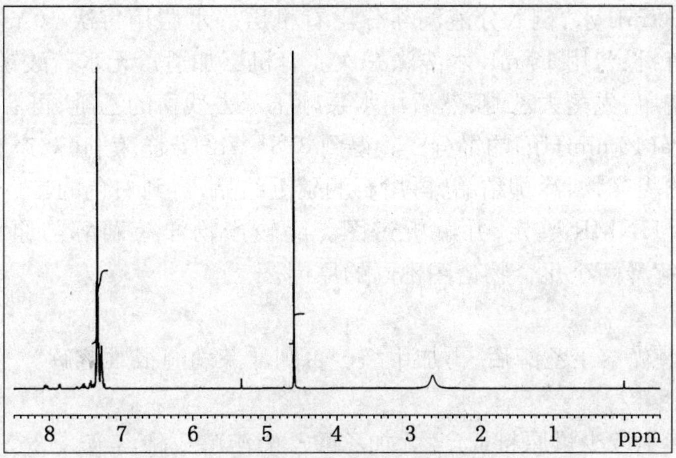

苯甲醇的核磁共振谱图

实验 25 香料洋茉莉醇的合成

反应式

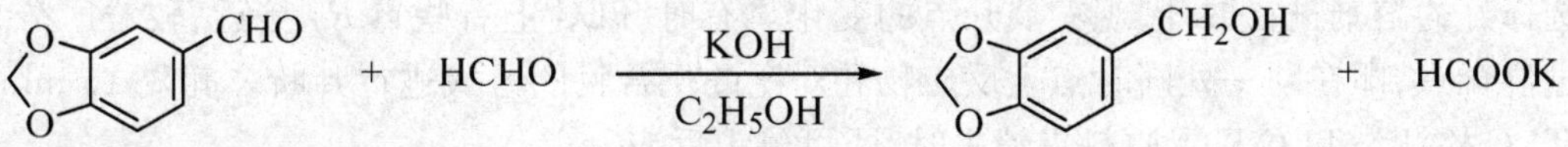

主要试剂及产物的物理常数

洋茉莉醛 $C_8H_6O_3$ (Piperonal)	FW 150.13	*mp* 35～37 ℃	*bp* 264 ℃
洋茉莉醇 $C_8H_8O_3$ (Piperonyl alcohol)	FW 152.15	*mp* 53～55 ℃	
甲醛(35wt.% solution) (Formaldehyde)	FW 30.03	*d* 1.083	n_D^{20} 1.3765

化学物质极限浓度和排放标准

化合物	TLV-TWA/ ppm(mg · m^{-3})	TLV-STEL/ ppm(mg · m^{-3})	10%泄漏或挥发/mg	需空气体积/ m^3	排风量/ m^3 · min^{-1}
HCHO	1(1.2)	2(2.5)	5600	4667	13

实验步骤

将 100 mL 三口瓶安装在磁力搅拌器上。在反应瓶内加入 7 g 氢氧化钾和 15 mL 乙醇，装上回流冷凝管，启动搅拌并加热使氢氧化钾溶解。

另在一小锥形瓶中称取 6.0 g(0.04 mol)洋茉莉醛，加入 10 mL 乙醇用水浴温热溶解后，再加入 5 mL(0.06 mol)35%甲醛①，温热溶解后倒入三口瓶中。控制水浴温度在 65～70 ℃，搅拌反应 0.5～1.5 h。在反应期间用 TLC 跟踪②，确定反应结束时间。

反应完后取下回流冷凝管，将装置改成蒸馏装置，用水浴加热回收乙醇约 15 mL。在瓶内反应物中加入 50 mL 水，倒入分液漏斗分出有机层。水层用每次 10 mL 乙醚萃取两次，乙醚萃取液并入有机层，用 15 mL 水洗涤一次。有机层加适量无水硫酸镁干燥 0.5 h。

过滤至蒸馏烧瓶，先蒸去乙醚，然后用水泵减压蒸去残留的乙醚，再油泵减压蒸馏，收集 160～165 ℃/2 kPa(15 mmHg)的馏分③。得到 3.8～4.2 g 洋茉莉醇，产率约 62%～69%。或将蒸去乙醇后的粗产物，冷却结晶，再用石油醚重结晶，得到白色的晶体。

产物经 IR 和 ^{1}HNMR 鉴定，并解析谱图。比较产物洋茉莉醇与原料洋茉莉醛的 IR 和 ^{1}HNMR 谱图，解释两个化合物谱图不同的原因。

附注：

① 将洋茉莉醛先溶于乙醇后，再加甲醛。否则洋茉莉醛很难溶解。

② TLC 跟踪反应：

分别在样品管中取少量原料或产物，加乙酸乙酯溶解成稀溶液。

在薄板上用毛细管点样(不要点得太浓，若样品在紫外光下显色，点样后可用紫外观察点样的浓度。吹干溶剂，用不同比例的乙酸乙酯与石油醚(60～90 ℃)的混合液展开(乙酸乙酯/石油醚(60～90 ℃)1/5、1/4、1/3 等)。在紫外灯下观察点的展开情况，用铅笔标出观察到的点的位置。以两点之间分离较好来选择合适比例的混合溶剂作展开剂。

在 65～70 ℃水浴下，搅拌反应 30 min 后，开始用毛细管从反应瓶中吸取少量反应液于样品管中，用滴管加入乙酸乙酯稀释后在薄板上点样，并同时点上原料和产物的标准溶液。用选择好的溶剂进行展开，观察展开点的变化。有时 TLC 上有些点 R_f 接近，较难区分，可通过混合点，即在同一处同时点上反应物和对比的化合物的方式进行判断。间隔 15 min 进行 TLC 检测。TLC 显示原料点消失时，即可停止反应。

③ 如用减压蒸馏方法纯化洋茉莉醇，应注意洋茉莉醇为熔点较低的固体，减压蒸馏时，容易在冷凝管中析出，需用电吹风加热空气冷凝管使洋茉莉醇熔化，确保减压蒸馏顺利进行。

十　氧化反应

有机化学中，氧化一般是指有机物得到氧或脱去氢的过程。通过氧化反应，可以制备许多含氧化合物，如醇、醛、酮、酸、酚、醌以及环氧化合物等。

在工业上常以空气或纯氧作氧化剂，但由于其氧化能力较弱，一般要在高温，高压和催化剂存在下才能发生氧化反应。在实验室中常用的氧化剂有铬酸、高锰酸钾、硝酸、过氧化氢、过氧乙酸等。这些氧化剂氧化能力强，可以氧化多种基团。在进行反应时，只要选择适宜的氧化剂就能达到各种氧化目的。

醇氧化成醛或酮过去常用铬酸或重铬酸为氧化剂。但 6 价铬有致癌作用，故现在在工业中已极少使用。现在采用次氯酸钠来氧化醇，其产率较高，且对环境污染较小。如：

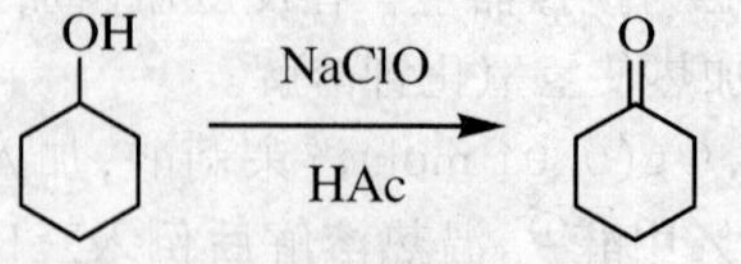

高锰酸钾或浓硝酸是常用的氧化剂，能氧化醇成醛或酮，氧化醛、酮成酸。高锰酸钾的碱性溶液常用于芳烃侧链的氧化以及碳—碳双键和羰基化合物氧化裂解成两个羰基碎片。

用高锰酸钾碱性溶液将环己酮氧化成己二酸的反应如下：

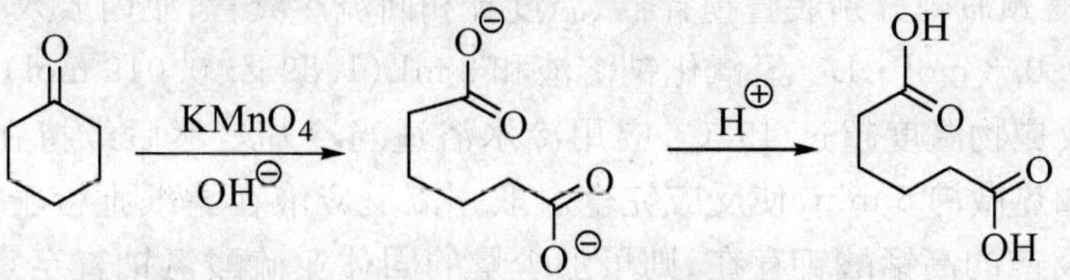

在中性或碱性介质中反应时高锰酸钾盐的还原产物是 MnO_2，在酸性介质中反应时是 Mn^{2+}。

用浓硝酸作氧化剂可直接将环己醇氧化成己二酸。

用高锰酸钾盐和浓硝酸作氧化剂，副产物 MnO_2 和 NO_2 等废渣、废气会严重污染环境。

1998 年，《Science》上报道了用过氧化氢作氧化剂，把环己烯、环己醇或环己酮氧化成己二酸，减少了"三废"的排放，优化了实验环境。

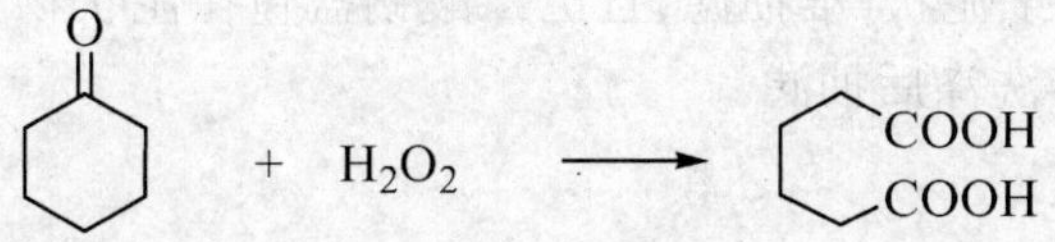

反应如下：

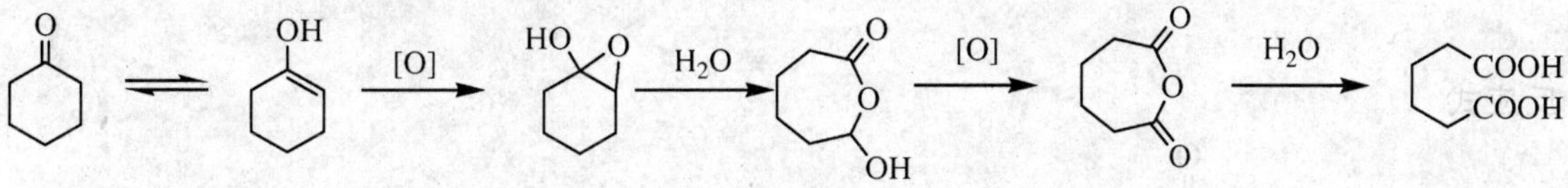

实验 26 环己酮氧化合成己二酸

反应式

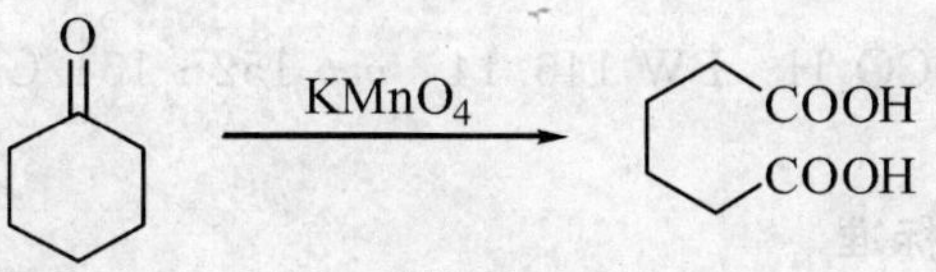

主要试剂及产物的物理常数

环己酮 $C_6H_{10}O$ FW 98.15 *bp* 155 ℃ *d* 0.947 n_D^{20} 1.4500
(Cyclohexanone)

己二酸 $HO_2C(CH_2)_4CO_2H$ FW 146.14 *mp* 152～154 ℃ n_D^{20} 1.3720
(Adipic acid)

化学物质蒸气极限和排放标准

化合物	TLV-TWA/ ppm(mg · m⁻³)	TLV-STEL/ ppm(mg · m⁻³)	10%泄漏或挥发/mg	需空气体积/ m³	排风量/ m³ · min⁻¹
$C_6H_{10}O$	12(50)		6400	128	0.36

实验步骤

在 100 mL 三颈瓶中分别装置搅拌器、温度计和回流冷凝管，瓶内放入 6. 3 g(0. 04 mol)离锰酸钾，50 mL 0. 3 mol · L^{-1}氢氧化钠溶液和 2 mL(1. 89 g，0. 019 mol)环己酮。注意反应物温度①，如反应物温度超过 45 ℃，应用冷水浴适当冷却。然后维持在 45 ℃搅拌反应 25 min，再继续加热微沸 5 min，使反应完全。取一滴反应液在滤纸上检验是否有紫红色环存在，假如有未反应的高锰酸钾存在，则可加少量的固体亚硫酸氢钠直至点滴试验呈负性。抽滤，滤饼②用水充分洗涤。滤液置于烧杯中，在石棉网上加热浓缩到 10 mL 左右，用浓盐酸酸化至溶液 pH＝1～2 后再多加 2 mL，使沉淀完全。冷却后抽滤。粗产物用水重结晶，得白色晶体 1. 5 克(产率约 54％)。熔点为 151～152 ℃。

附注：

① 本反应是放热反应，反应开始后温度会超过 45 ℃。假如反应开始 5 min 后，温度尚不能上升至 45 ℃，则可用水浴温热至 40 ℃，使反应开始。

② 二氧化锰滤饼呈细泥状，难抽滤，且已二酸钠盐包在泥状物里，难洗涤，最好是将滤饼移入烧杯中，加水搅拌洗涤后抽滤。

实验 27　环己酮绿色氧化合成己二酸

反应式

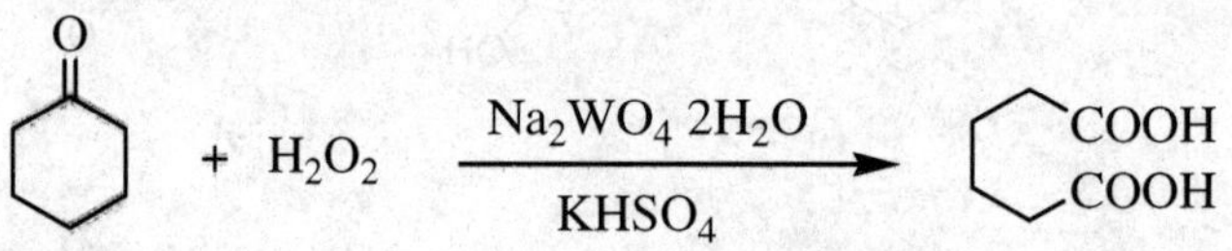

试剂与产物的物理常数

环己酮 $C_6H_{10}O$　　FW 98. 15　　*bp* 155 ℃　　*d* 0. 947　　n_D^{20} 1. 4507
(Cyclohexanone)

已二酸 $HO_2C(CH_2)_4CO_2H$　FW 146. 14　*mp* 152～154 ℃　n_D^{20} 1. 3720
(Adipic acid)

化学物质蒸气极限和排放标准

化合物	TLV-TWA/ppm(mg · m^{-3})	TLV-STEL/ppm(mg · m^{-3})	10％泄漏或挥发/mg	需空气体积/m^3	排风量/m^3 · min^{-1}
$C_6H_{10}O$	12(50)		15860	314	0. 87

实验步骤

将 100 mL 圆底烧瓶置于磁力搅拌器上，瓶中依次加入 0. 4 g(1. 213 mmol)钨酸钠($Na_2WO_4 \cdot 2H_2O$)、0. 2 g 硫酸氢钾①和 5 mL(4. 9 g，0. 048 mol)环己酮，最后加入 20 mL 30％ H_2O_2 溶液，用沸水浴加热搅拌反应 3～4 h。

然后趁热将反应物倒入 100 mL 烧杯中，用冰水浴冷却。待固体析出后，抽滤，用少量冰水洗涤白色晶体。产物干燥后称重，得 5. 0～6. 5 g(产率 71％～93％)。

附注：

① 加入硫酸氢钾用于调节 pH，使反应液呈酸性。

实验 28 3-吡啶羧酸(烟酸)的合成

反应式

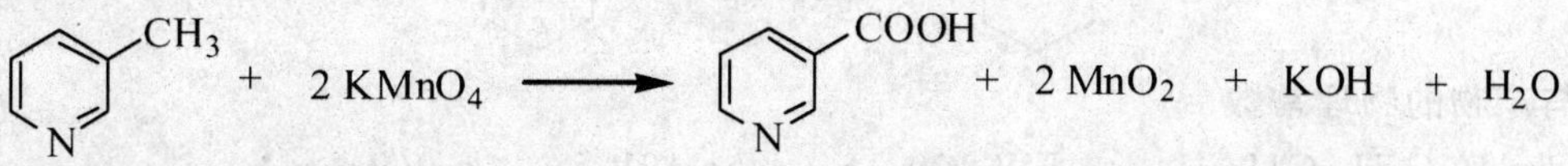

试剂与产物的物理常数

3-甲基吡啶 FW 93.12 *bp* 143.5 ℃ *d* 0.961
(3-Picoline)
3-吡啶羧酸(VB_5) FW 123.11 *mp* 137 ℃
(3-Pyridinecarboxylic acid)

化学物质蒸气极限和排放标准

化合物	TLV-TWA/ ppm($mg\cdot m^{-3}$)	TLV-STEL/ ppm($mg\cdot m^{-3}$)	10%泄漏或挥发/mg	需空气体积/ m^3	排风量/ $m^3\cdot min^{-1}$
$C_5H_{14}NCH_3$	12(50)		9600	192	0.53

实验步骤

将 250 mL 三口烧瓶安装在磁力搅拌器上，一口插入温度计。在瓶内加入 3 mL(3.0 g, 0.031 mol)3-甲基吡啶和 100 mL 水。用水浴加热至 70 ℃，启动搅拌。在搅拌下将 12 g 高锰酸钾分 10 次投入瓶中，每加入一批高锰酸钾待反应液紫红色褪去后再加入下一批。开始加时，反应液温度保持在 70 ℃，待高锰酸钾加入一半后，将反应温度提高到 85～90 ℃，再把剩余的高锰酸钾分批加入反应瓶。

投料完毕，在搅拌下用沸水浴加热至高锰酸钾紫红色褪尽。趁热过滤至烧杯中，二氧化锰滤饼用热水洗 3～4 次。烧杯中的滤液加热浓缩至 100 mL 左右，用滴管滴加约 4 mL 浓盐酸，使溶液的 pH 值调节到 3.4①(用精密 pH 试纸检测)。

将溶液静止放置，慢慢冷却结晶。抽滤，得到白色固体，用少量冷水洗涤，抽干。再将滤液蒸发浓缩至约 60 mL，然后慢慢冷却至 5 ℃，又析出第二批产物②。

粗产物用水重结晶③，得到白色针状结晶。熔点 236～239 ℃。

附注：

① 3.4 为烟酸的等当点。

② 慢慢冷却结晶可减少氯化钾的析出。

③ 烟酸在水中的溶解度($g\cdot mL^{-1}$)数据如下：

0.10(0 ℃) 0.26(40 ℃) 0.82(80 ℃) 1.27(100 ℃)

实验 29　环己醇氧化合成环己酮

反应式

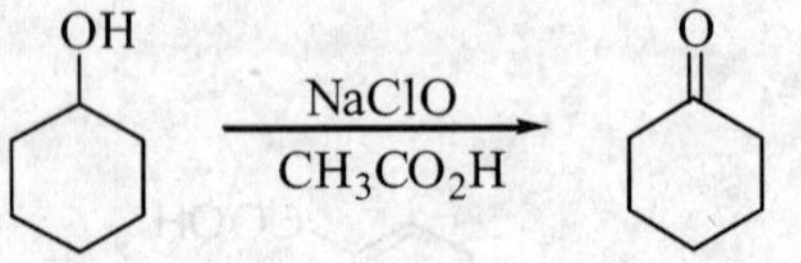

试剂与产物的物理常数

环己醇 $C_6H_{11}OH$　FW 100.16　*bp* 161.5　*d* 0.945
(Cyclohexanol)
环己酮 $C_6H_{10}O$　FW 98.15　*bp* 155 ℃　*d* 0.947　n_D^{20} 1.4507
(Cyclohexanone)

化学物质蒸气极限和排放标准

化合物	TLV-TWA/ ppm($mg \cdot m^{-3}$)	TLV-STEL/ ppm($mg \cdot m^{-3}$)	10%泄漏或挥发/mg	需空气体积/ m^3	排风量/ $m^3 \cdot min^{-1}$
$C_6H_{10}O$	12(50)		32000	64	0.18
$C_2H_5OC_2H_5$	400(1200)	500(1500)	56800	47	

实验步骤

在 250 mL 三口瓶中分别装置搅拌器、温度计及 Y 形管。Y 形管的一口装置滴液漏斗，另一口接回流冷凝管。在瓶内加入 10 mL(9.45 g, 0.094 mol)环己醇和 25 mL 冰乙酸。滴液漏斗内加入 75 mL 次氯酸钠水溶液(约 1.8 $mol \cdot L^{-1}$①)。用冰水浴冷却至 30～35 ℃，在搅拌下滴加次氯酸钠水溶液，在滴加过程中维持内温在 30～35 ℃之间。滴加完后，反应液从无色变成黄绿色，用碘化钾-淀粉试纸检验呈正性②。在室温下继续搅拌 15 min，然后加入 1～5 mL 饱和亚硫酸氢钠溶液，直至反应液变成无色和对碘化钾-淀粉试纸呈负反应。

在反应混合液中加入 60 mL 水，加热蒸馏收集 45～50 mL 馏出液，馏出液中含有环己酮和水。馏出液边搅拌边分批加入 6.5～7.0 g 碳酸钠中和乙酸，至反应液呈中性。然后加入 8 g 氯化钠，使成饱和溶液。将混合液倒入分液漏斗中，分出有机层，水层用 25 mL 乙醚萃取，合并醚层与有机层，加入适量的无水硫酸镁干燥 0.5 h。过滤至烧瓶中，加热蒸馏，收集 150～155 ℃馏分。产量 7.6～8.1 g，产率约 82%～88%。折射率 n_D^{20} 1.4507。

附注：

① 次氯酸钠的摩尔浓度用间接碘量法测定。用移液管吸取 10 mL 次氯酸钠溶液于 500 mL 容量瓶中，加入蒸馏水稀释至刻度，摇匀后用移液管吸取 25 mL 溶液于锥形瓶中，加入 50 mL 0.1 $mol \cdot L^{-1}$盐酸和 2 g 碘化钾，用 0.1 $mol \cdot L^{-1}$硫代硫酸钠溶液滴定到析出碘，0.2%淀粉溶液 5 mL 在滴定至近终点时加入，以防较多的碘被淀粉胶粒包住。通过下式计算次氯酸钠的浓度。

$$浓度 = [(0.1/2) \times V] \times 500/25/10$$

式中 V 为耗去的硫代硫酸钠的体积。

若混合液用碘化钾-淀粉试验未显正反应,可再加入 5 mL 次氯酸钠溶液,以保证有过量的次氯酸钠存在,使氧化反应完全。

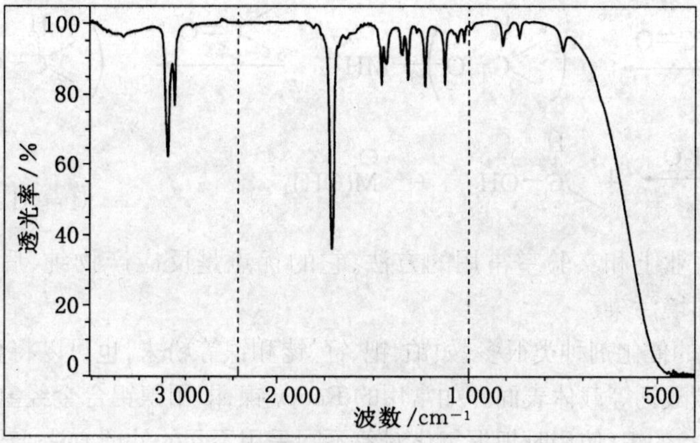

环己酮的红外光谱图

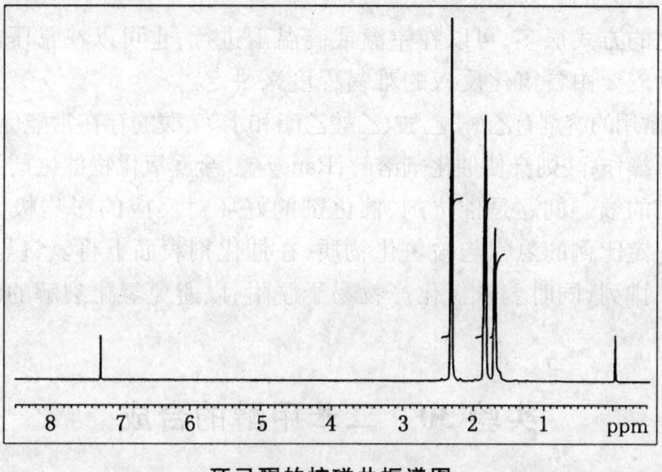

环己酮的核磁共振谱图

羧酸 pH 的测定

实验步骤

在试管中加入 1 mL 水,再加 1 滴液体试样或 10 mg 固体试样,溶解后用 pH 试纸测定酸性。若试样不溶于水,将试样溶于少量甲醇或乙醇,然后边摇边逐滴加入水,至溶液出现混浊,再逐滴加入甲醇或乙醇至溶液变清。用 pH 试纸测量醇-水溶液的酸性。

十一　还原反应

在有机合成化学中,能使有机分子增加氢原子或减少氧原子的一类反应称为还原反应,常用的还原方法有金属与供质子剂(如酸、醇等)还原,催化氢化,金属氢化物还原等。实验室常用还原剂有 Zn/HCl, Na/C_2H_5OH, Fe/HCl, $NaBH_4$, $LiAlH_4$ 等。

用 $LiAlH_4$ 或 $NaBH_4$ 还原醛,酮的历程如下:

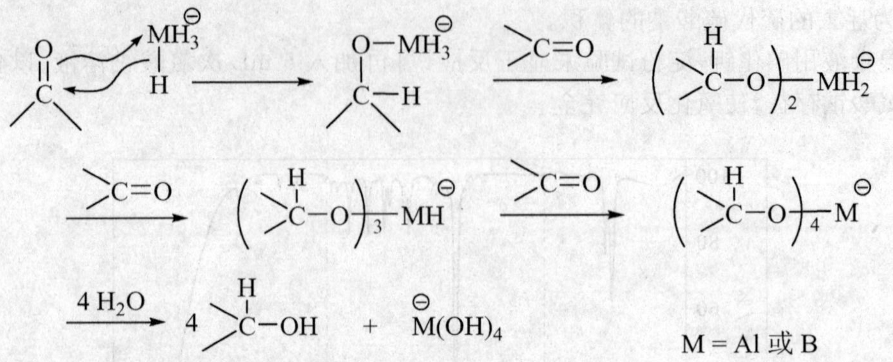

催化氢化是工业上和实验室常用的方法，它的优点是反应产物纯，后处理简单，催化剂能反复使用和无环境污染。

催化氢化所用的催化剂种类很多，如铂、钯、钌、铑和镍等粉末，也可以将金属沉积在活性炭、硅藻土、硫酸钡和碳酸钙等载体表面。如常用的 Raney 镍，即用镍铝合金经氢氧化钠溶液处理及洗涤后制得的海绵状的镍，使用时根据氢化对象不同采用不同的处理方法，产生不同的活性。

催化氢化一般是顺式加成，因为两个氢原子通常是从不饱和键的同一侧并且是从立体阻碍较小的一侧加上去的。

进行催化氢化的方式很多，可以在室温或高温下进行；也可以在常压或高压下进行。采取什么方式进行反应要由看氢化反应的难易程度来决定。

催化氢化反应常用的溶剂有乙醇、乙酸、乙酸乙酯和水等，酸的存在常能促进催化氢化反应进行，但在高温高压下操作，酸则会使催化剂溶解，Raney 镍、金属氧化物催化剂不能使用酸性溶剂。

催化氢化反应的核心问题是催化剂，催化剂的好坏对反应的影响极大。一个好的催化剂要求能够吸附一定比例的氢气与被氢化物质，在催化剂表面上将氢气与被氢化物质活化，并具有一定的空间排列，同时要求氢化产物易于脱附，以避免氢化裂解的副反应。

实验 30　二苯甲醇的合成

反应式

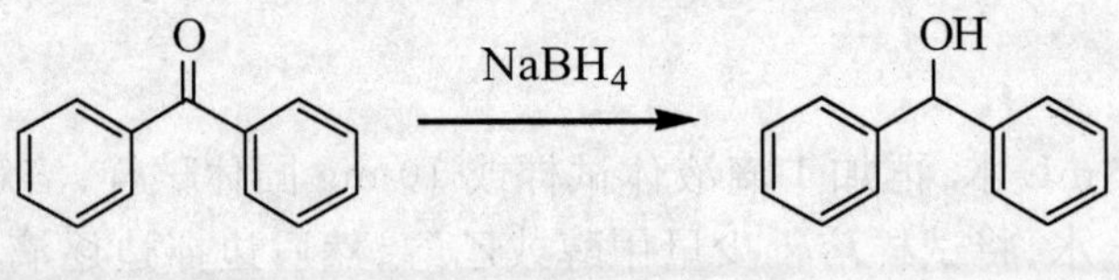

试剂与产物的物理常数

二苯酮 $(C_6H_5)_2CO$ (Benzophenone)	FW 182.21	*mp* 49 ℃	*d* 1.09
硼氢化钠 $NaBH_4$ (Sodium borohydride)	FW 37.85		
二苯甲醇 $(C_6H_5)_2CHOH$ (Diphenyl carbinol)	FW 184.23	*mp* 68～69 ℃	

实验步骤

在 100 mL 圆底烧瓶中,加入 1.8 g(9.88 mmol)二苯酮和 10 mL 95%的乙醇,水浴微热使固体溶解。将瓶内溶液冷至室温后,边搅拌边分批加入 0.2 g(5.29 mmol)硼氢化钠,此时溶液发热并有少量气泡产生,用水浴控制反应温度不超过 40 ℃。加完后在室温下继续搅拌 5 min。然后用水浴加热回流 15～20 min,其间溶液中不断有气泡放出。反应结束,将溶液冷却至室温,加入 35 mL 水,再小心滴加 10%的盐酸约 6 mL①,直至无大量气泡放出为止。此时有大量白色固体析出,冷却后抽滤,晶体用少量水洗涤,干燥后得到产物 1.80 g,产率约 89%,熔点 66～68 ℃。如需进一步纯化,可用石油醚或甲醇重结晶。

附注:

① 加入 10%盐酸时有大量气泡放出,因此滴加不宜过快。盐酸能分解过量的硼氢化钠,其作用如下:

$$NaBH_4 + HCl + 3H_2O \longrightarrow H_3BO_3 + NaCl + 4H_2\uparrow$$

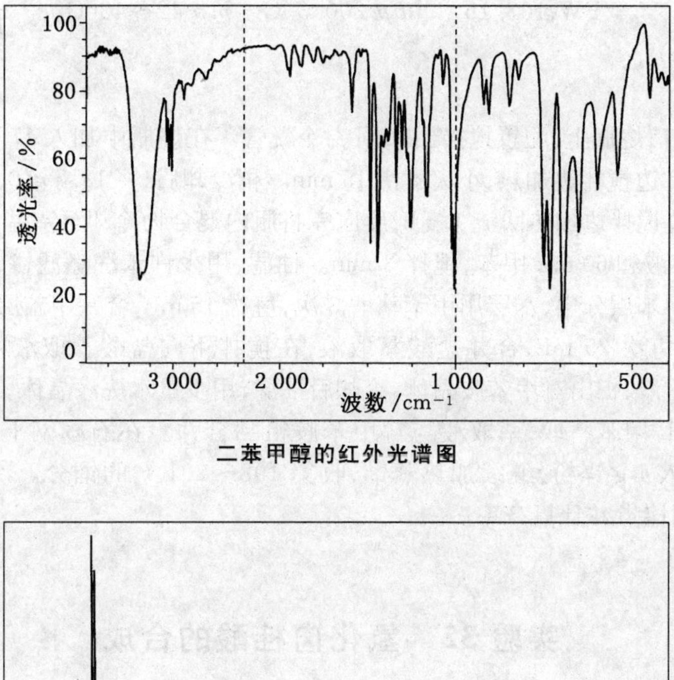

二苯甲醇的红外光谱图

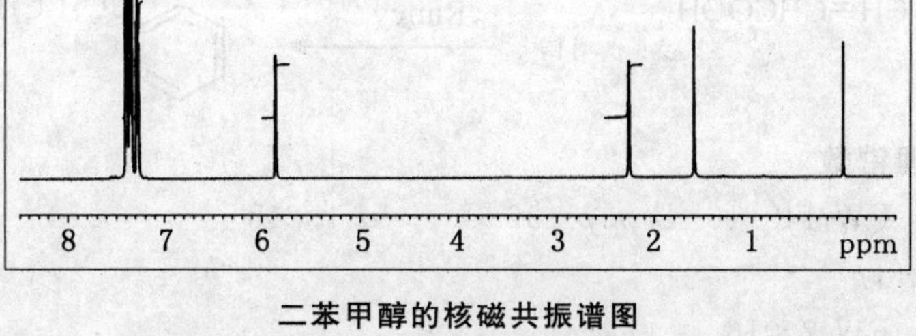

二苯甲醇的核磁共振谱图

实验 31　对甲基苯胺的合成

反应式

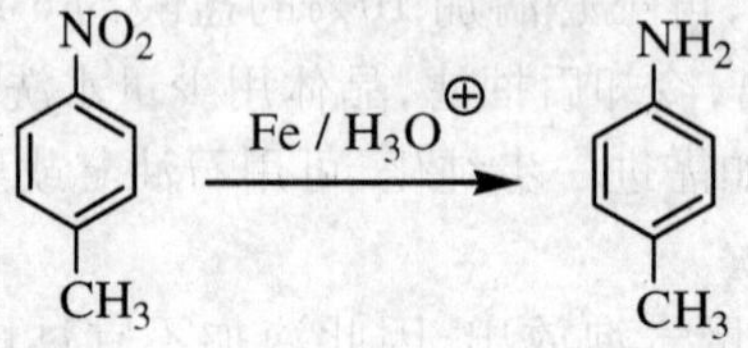

主要试剂与产物的物理常数

对硝基甲苯　　FW 137.13　　*bp* 238 ℃　　*d* 1.286
(*p*-Nitrotoluene)
对甲基苯胺　　FW 107.15　　*bp* 200.3 ℃　*mp* 42～43 ℃　　*d* 1.046
(*p*-Toluidine)

实验步骤

在 250 mL 三口烧瓶上,配置搅拌器和回流冷凝管。在烧瓶中加入 17.0 g 铁粉、2.0 g 氯化铵和 50 mL 水。边搅拌边加热,小火煮沸 15 min。稍冷却后,将 13.7 g(0.1 mol)对硝基甲苯投入三口瓶中。边搅拌边加热回流 1.5 h,反应完将瓶内混合物冷却至室温,慢慢加入 4 mL 左右 5%碳酸钠水溶液和 60 mL 甲苯,搅拌 3 min。抽滤,用少许苯洗涤滤饼,收集滤液,用分液漏斗将滤液中的甲苯层分出,水层用甲苯萃取 3 次,每次 15 mL,合并甲苯层。然后用 5%盐酸萃取甲苯层 3 次,每次 25 mL,合并盐酸萃取液,在搅拌下向盐酸萃取液中慢慢加入 20 mL 20%氢氧化钠水溶液,析出对甲苯胺晶体,冷却后抽滤,用少量水洗涤晶体。

滤液用 20 mL 甲苯萃取,萃取液与对甲苯胺粗品合并。在石棉网上加热蒸去甲苯,然后向残留物中加入 1 g 锌粉,继续加热蒸馏,收集 198～201 ℃的馏分。冷却后得到白色片状晶体。称重、测熔点并计算产率。

实验 32　氢化肉桂酸的合成

反应式

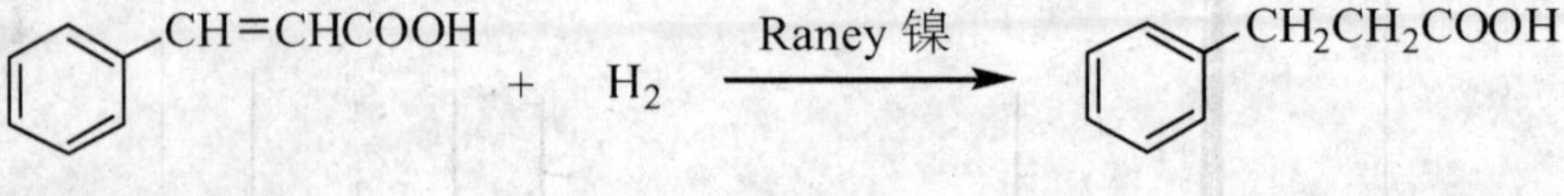

试剂与产物的物理常数

肉桂酸　　FW 148.16　　*mp* 133 ℃　　*d* 1.248
(Cinnamic acid)
氢气　　FW 2.016
(Hydrogen)

氢化肉桂酸 FW 150.17 *mp* 48.6 ℃ *bp* 279.8 ℃ *d* 1.071

(Hydrocinnamic acid)

实验步骤

(1) Raney 镍的制备

在 250 mL 烧杯中放置 3 g 镍铝合金(含镍 40%～50%)和 30 mL 蒸馏水。混合均匀后,在搅拌下分批加入 5 g 氢氧化钠,反应剧烈放热,并伴随大量氢气逸出①,因此需控制加碱速度,以泡沫不溢出为度。

待氢氧化钠加完后,在室温下继续搅拌 10 min,然后在 70 ℃的水浴中搅拌保温 0.5 h。停止搅拌,放置让 Raney 镍沉淀下来,倾去上层清液,用蒸馏水反复洗涤至中性,再用 95%的乙醇倾滗洗涤 3 次,最后用乙醇浸没备用②。使用时,倾去乙醇,取固体催化剂使用。剩下的催化剂再用乙醇浸没。

(2) 肉桂酸的氢化

简易常压氢化装置如图 3-7 所示。

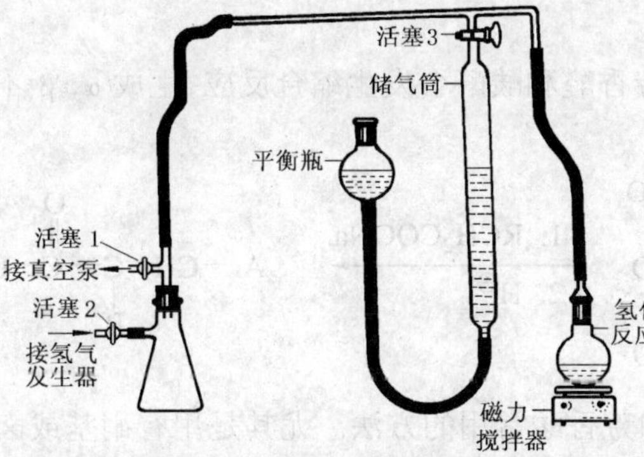

图 3-7 简易常压氢化装置

在 100 mL 氢化反应瓶中,将 1.5 g(0.01 mol)肉桂酸溶于 25 mL 95%的乙醇中,然后加入制备的 Raney 镍约 0.6 g,用少量乙醇冲洗瓶壁上的催化剂,放入搅拌子,塞紧与导气管相连的磨口塞。

氢化开始前,首先排除系统内的空气。打开活塞 3 和连接真空泵活塞 1,将盛有蒸馏水的平衡瓶位置提高,使储气筒内充满水。开启真空泵,小心赶走系统内的空气,关闭活塞 1,再打开活塞 2,并开启氢气发生器充氢气③,充氢气后关掉发生器。按上述顺序,抽真空和充氢气重复 2～3 次,然后关闭活塞 1 和真空泵。在活塞 3 打开的情况下,使储气筒充满氢气,关闭氢气发生器和活塞 2。取下平衡瓶,使平衡瓶内液面与储气筒内液面相平,记下储气筒内氢气的体积。将平衡瓶放在高位。

开动电磁搅拌器,氢化反应开始。每隔 10 min 记录一次吸收氢气的体积(必须将平衡瓶与储气筒液面相平时读取体积)。当储气筒内氢气体积没有明显减少时,说明氢化结束,反应时间约需 30～45 min。

打开活塞 1,放去系统内剩余的氢气。取下氢化瓶,滤去催化剂④。蒸馏除去乙醇,趁热将残留物倒至预先称重的表面皿中,冷却后析出氢化肉桂酸晶体,干燥后称重 1.3 g,产率约 87%。熔点 47～48 ℃。

附注：

① Raney 镍制备过程中有大量氢气逸出，反应按如下进行

$$NiAl_2 + 6\,NaOH \longrightarrow Ni + 3\,H_2 + 2\,Na_3AlO_3$$

因此切忌周围有明火。

② 催化剂的较长时间的储存会导致活性显著降低，因此制成的催化剂须尽快使用。

③ 氢气是易燃气体。当空气中混有 4%～74.2%体积氢时，遇火花即可引起爆炸，因此在氢化实验室中严禁有明火。

催化剂活性的检验，取少许制成的催化剂放在滤纸上，待溶剂挥发后，催化剂能立即自燃，表明其活性较好，否则须重新制备。

④ 催化剂中的乙醇不宜抽干，否则会引起催化剂燃烧。回收的催化剂应放入专门的回收瓶中。

十二　Perkin 反应

在碱性试剂作用下，芳香醛和酸酐会发生缩合反应，生成 α，β-不饱和芳香酸，此反应称为 Perkin 反应。

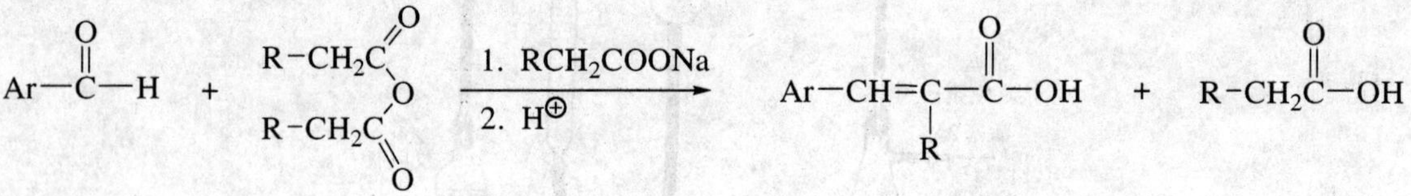

这是一个制备 α，β-不饱和芳香酸常用的方法。尤其是用有硝基或卤素取代的芳香醛时，产率更高，其反应机理如下：

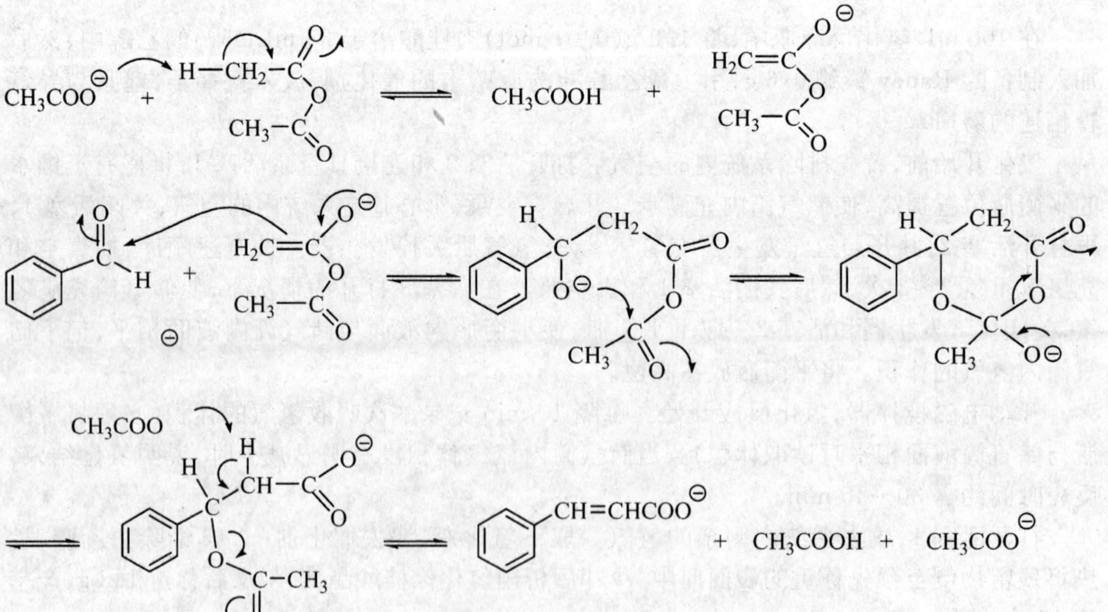

在 Perkin 反应中，负碳离子由酸酐产生，因而所用的碱性试剂必须不与酸酐发生反应。通常采用的碱是与酸酐结构相应的羧酸钠盐、钾盐或叔胺。因为催化剂碱性较弱，故反应时间较长，反应温度也比较高，由于缩合产物在高温下易发生脱羧反应，而导致收率不佳，故反应温度不宜太高。用碳酸钾代替醋酸钾，可缩短反应时间，收率亦有所提高。

实验 33 肉桂酸的合成

反应式

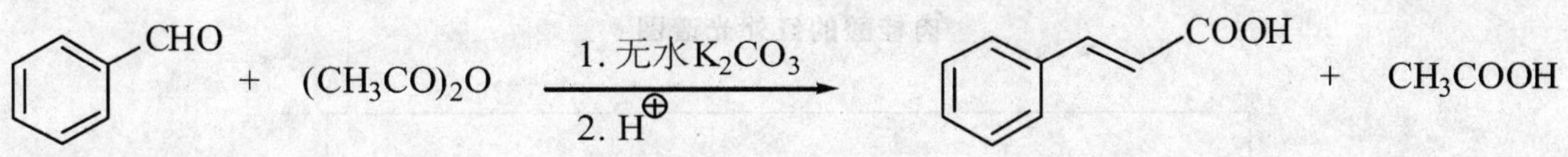

主要试剂及产物的物理常数

苯甲醛 C_6H_5CHO FW 106.12 *bp* 178～179 ℃ *d* 1.044 n_D^{20} 1.5450
(Benzaldehyde)

乙酸酐 $(CH_3CO)_2O$ FW 102.09 *bp* 138～140 ℃ *d* 1.082 n_D^{20} 1.3900
(Acetic anhydride)

肉桂酸 $C_6H_5CH{=}CHCOOH$ FW 148.16 *mp* 133～134 ℃ *d* 1.2475
(*trans*-Cinnamic acid)

化学物质极限浓度和排放标准

化合物	TLV-TWA/ ppm(mg · m^{-3})	TLV-STEL/ ppm(mg · m^{-3})	10％泄漏或挥发/mg	需空气体积/ m^3	排风量/ m^3 · min^{-1}
$(CH_3CO)_2O$	5(20)		27840	1392	3.9

实验步骤

在 250 mL 三口瓶上装置一带有氯化钙干燥管的空气冷凝管，三口瓶的另一口插入温度计。瓶中加入新鲜的苯甲醛 3 mL(3.13 g，0.029 mol)、乙酸酐 8 mL(8.7 g，0.085 mol)和 4.2 g 无水碳酸钾，慢慢加热至 160～170 ℃，回流 45 min。反应初期，由于二氧化碳的逸出，会出现泡沫。

稍冷后，加入 10 mL 水，用不锈钢刮刀将固体捣碎后进行水蒸气蒸馏，蒸至馏出液无油状物蒸出为止。待瓶内液稍冷后，加入 20 mL 10％氢氧化钠溶液，振摇使固体溶解，再加入 20 mL 水以保证钠盐全部溶解。加入适量活性炭，煮沸 10 min 后，趁热过滤。在热滤液中边搅拌边加入浓盐酸(约 10 mL)使呈酸性，pH 约 3，使大量白色晶体析出完全，用冰水浴冷却后抽滤。用少量冷水洗涤晶体。粗产物用乙醇与水(体积比为 1∶3)的稀乙醇或水重结晶。产量 2.4 g，产率约 56％。

肉桂酸有顺反异构体，常以反式形式存在，熔点为 133 ℃。

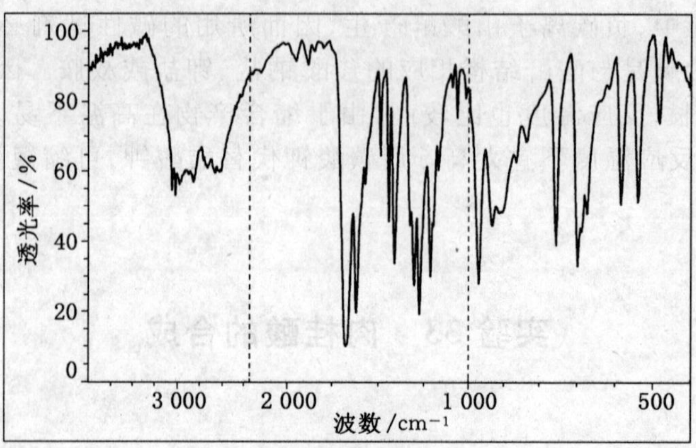

肉桂酸的红外光谱图

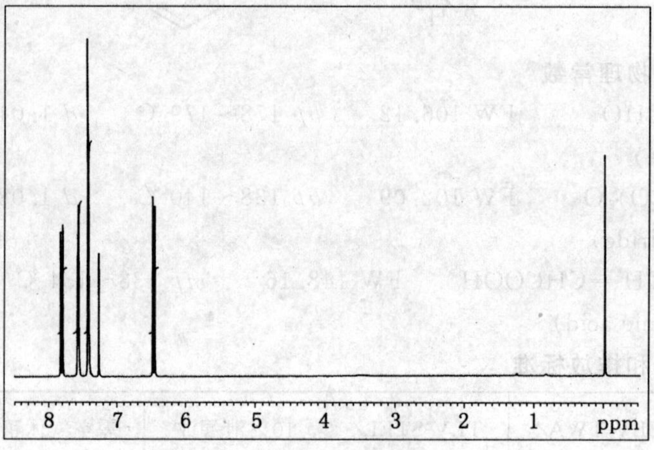

肉桂酸的核磁共振谱图

实验 34 2-呋喃基丙烯酸的合成

反应式

试剂与产物的物理常数

呋喃甲醛 C_4H_3OCHO　FW 96.08　*bp* 161.7 ℃　*d* 1.1598
(Furfural)

乙酸酐$(CH_3CO)_2O$　FW 102.09　*bp* 138～140 ℃　*d* 1.082　n_D^{20} 1.3900
(Acetic anhydride)

2-呋喃基丙烯酸 $C_4H_3OCH═CHCOOH$　FW 138.12　*mp* 141 ℃
(2-Furanacrylic acid)

化学物质极限浓度和排放标准

化合物	TLV-TWA/ppm($mg \cdot m^{-3}$)	TLV-STEL/ppm($mg \cdot m^{-3}$)	10%泄漏或挥发/mg	需空气体积/m^3	排风量/$m^3 \cdot min^{-1}$
C_4H_3OCHO	2(8)		18560	2320	
$(CH_3CO)_2O$	5(20)		48480	2424	6.7

实验步骤

在 100 mL 圆底烧瓶中，依次加入 5 mL(5.8 g, 0.060 mol)呋喃甲醛、14 mL(15.1 g, 0.148 mol)乙酸酐和 6 g 无水碳酸钾。装上空气冷凝管后加热回流 1.5 h。在反应开始时，由于逸出二氧化碳有大量泡沫产生，应控制加热温度。

反应结束后，边搅拌边趁热将反应物倒入盛有 100 mL 蒸馏水①的烧杯中，加入固体碳酸钠中和至弱碱性(pH 约 7～8)。加入活性炭煮沸 10 min，趁热过滤。滤液在冰水浴中边搅拌边滴加浓盐酸至 2-呋喃基丙烯酸完全析出，冷却，抽滤，用少量蒸馏水洗涤固体。粗产物用乙醇与水(体积比为 1∶3)的稀乙醇溶液重结晶。产物烘干后称重，产量 4.9～5.1 g，产率约 59%～62%。

产物可进行纯度测定②。

附注：

① 若不进行产品纯度测定可不用蒸馏水。

② 产品纯度测定：

(a) 0.1 mol · L^{-1} NaOH 标准溶液的标定：

分别于两个锥形瓶中用减量法准确称取 0.4～0.6 g 邻苯二甲酸氢钾基准物质，加入 40～50 mL 水使之溶解(必要时可加热)，加入 2～3 滴酚酞指示剂，用 0.1 mol · L^{-1} NaOH 标准溶液滴定至溶液呈微红色，保持在半分钟内不褪色，即为终点。计算每次标定的 NaOH 溶液的浓度、平均浓度及相对极差。

(b) 产品纯度的测定：

用增量法准确称取产品 0.27～0.35 g，用 20～30 mL 1∶1 乙醇水溶液溶解，加入 2～3 滴酚酞指示剂，用 NaOH 标准溶液滴定至溶液呈微红色，保持在半分钟内不褪色，即为终点。平行测定两次，计算每次所测样品中 2-呋喃基丙烯酸的百分含量、平均百分含量。

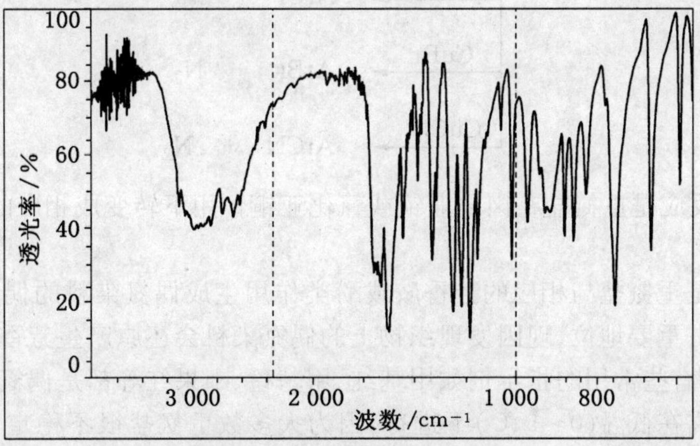

2-呋喃基丙烯酸的红外光谱图

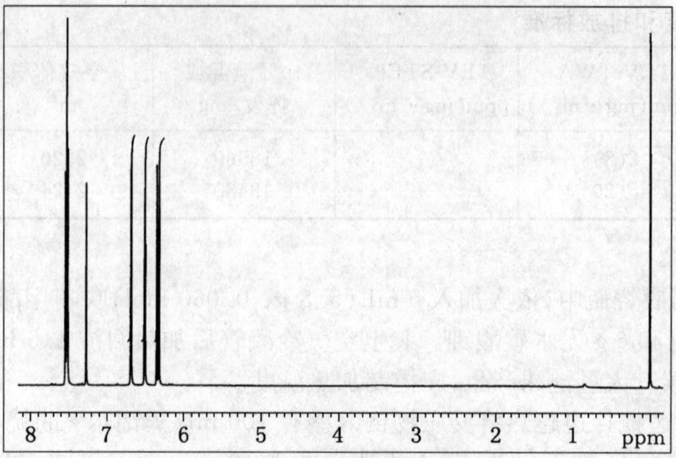

2-呋喃基丙烯酸的核磁共振谱图

十三 Sandmeyer 反应

芳香族伯胺在强酸介质中与亚硝酸作用生成重氮盐的反应,称为重氮化反应。

反应生成的重氮盐,作为中间体可用来合成许多有机化合物,因此被称为芳香族的"Grignard 试剂",无论在工业上或实验室制备中都有很重要的价值。

重氮盐的用途很广,它能起多种反应,其中最重要的是下面两类:一类反应是用适当的试剂处理后,重氮基被—H,—OH,—F,—Cl,—Br,—I,—CN,—NO_2 及—SH 等基团所取代,制备成相应的芳香族化合物。

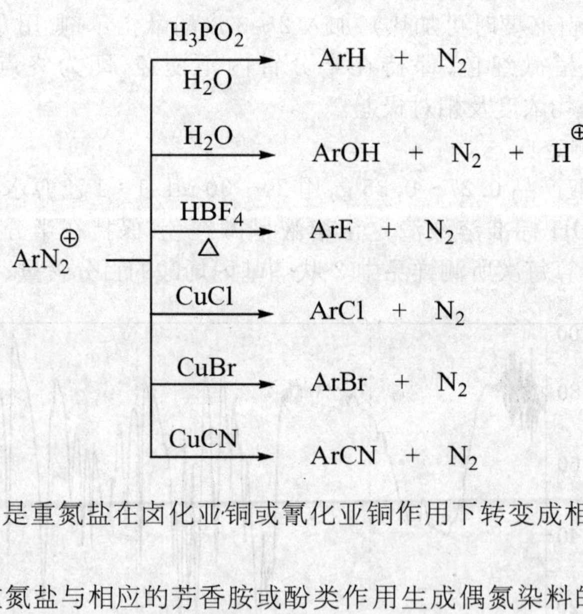

Sandmeyer 反应是重氮盐在卤化亚铜或氰化亚铜作用下转变成相应的芳香族卤代物或氰化物的反应。

另一类反应是重氮盐与相应的芳香胺或酚类作用生成偶氮染料的偶联反应,偶氮染料曾在染料工业上占重要地位,现因发现织物上的偶氮染料会还原产生芳香胺类,使用受到限制,已逐年减少。有些常用的指示剂如甲基红、甲基橙、刚果红等都是偶氮化合物。

重氮化反应需在低温(0~5 ℃)下进行,因为大多数重氮盐很不稳定,常温下即被分解放出氮气。制成的重氮盐溶液也不宜长时间存放,应尽快进行下一步反应。干燥的重氮盐极易爆炸。在溶液中制备好后不需分离直接用于下一步反应。

重氮盐生成的反应历程如下：

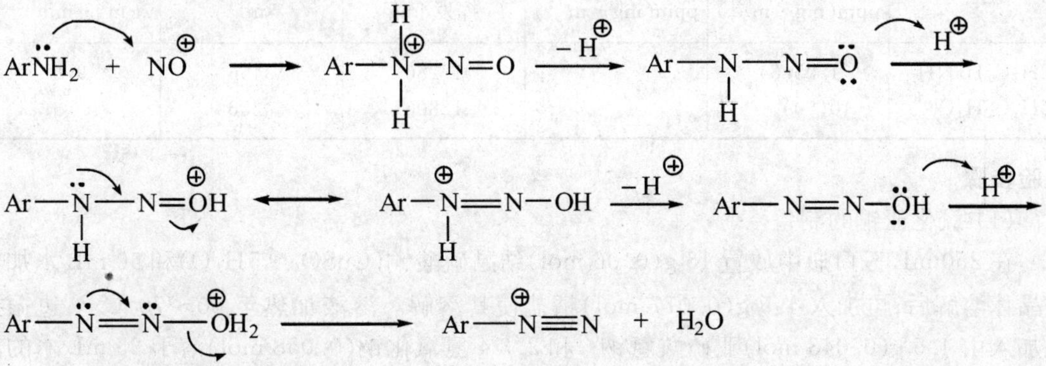

在制备重氮盐时必须注意：

① 要控制温度。一般都是在 0～5 ℃之间进行。当氨基的邻位或对位有强吸电子基团如—NO_2，—SO_3H时，它们的重氮盐比较稳定，温度可稍高一点。

② 要注意维持溶液的酸度。一般 1 mol 芳香胺要用 2.5～3 mol 的无机酸，其中 1 mol 酸与 1 mol 亚硝酸钠产生亚硝酸，1 mol 酸生成重氮盐，余下的 0.5～1 mol 酸维持溶液呈酸性，若酸性不够，生成的重氮盐会和未反应的芳香胺偶联。

③ 要控制亚硝酸钠的用量，若亚硝酸钠过量，会氧化重氮盐而降低产率。在亚硝酸钠水溶液滴加后期反应趋缓，滴加要慢，并经常用碘化钾-淀粉试纸检验至立即变蓝为止，避免过量。

实验 35　对氯甲苯的合成

反应式

$$2CuSO_4 + 2NaCl + NaHSO_3 + 2NaOH \longrightarrow 2CuCl + 2Na_2SO_4 + NaHSO_4 + H_2O$$

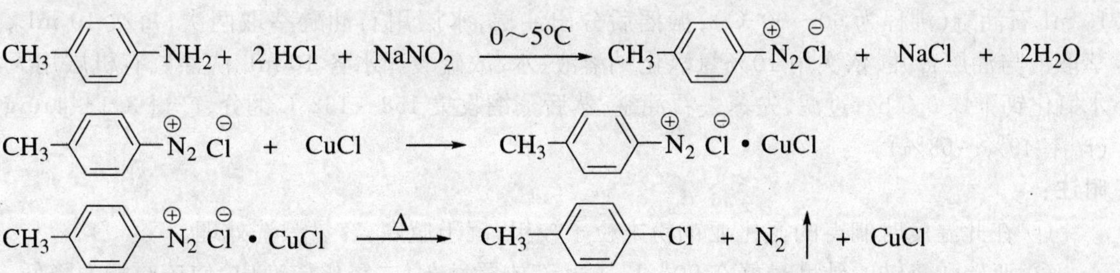

试剂与产物的物理常数

对甲苯胺 $CH_3C_6H_4NH_2$　　FW 107.16　　*bp* 200 ℃　　*d* 0.973
(*p*-Toluidine)

对氯甲苯 $CH_3C_6H_4Cl$　　FW 126.59　　*bp* 162 ℃　　*d* 1.070　　n_D^{20} 1.5200
(4-Chlorotoluene)

化学物质极限浓度和排放标准

化合物	TLV-TWA/ ppm(mg · m^{-3})	TLV-STEL/ ppm(mg · m^{-3})	10%泄漏或挥发/mg	需空气体积/ m^3	排风量/ $m^3 \cdot min^{-1}$
$CH_3C_6H_4NH_2$	1.05(5)		17280	3456	9.6
$CH_3C_6H_5Cl$	10(50)		12800	256	

实验步骤

(1) 氯化亚铜的制备

在 250 mL 三口瓶中放置 15 g(0.06 mol)结晶硫酸铜($CuSO_4 \cdot 5H_2O$)和 50 mL 水加热使晶体溶解后,再加入 4.5 g(0.077 mol)精盐使其溶解。溶液加热至 60~70 ℃①,边振摇边加入由 4.5 g(0.043 mol)亚硫酸氢钠②和 2.3 g 氢氧化钠(0.058 mol)溶于 25 mL 水的溶液。溶液由原来的蓝绿色变成浅绿色或无色③,并析出白色粉末状的氯化亚铜。将烧瓶置于冰水浴中冷却。待冷却后,倾去上层液体,白色粉末尽快用冰水洗涤两次,④每次尽可能倾干上层液体。将 25 mL 冷的浓盐酸倒入瓶内,摇匀使沉淀溶解成棕色的溶液。塞紧瓶塞,将瓶置入冰水浴中冷却备用⑤。

(2) 重氮盐溶液的制备

在 100 mL 烧杯中放置 15 mL 浓盐酸、15 mL 水及 5.4 g(0.055 mol)对甲苯胺,搅拌加热使对甲苯胺溶解。稍冷后将烧杯置于冰盐浴中不断搅拌,使溶液成糊状⑥。用冰盐浴冷却控制液温在 0~5 ℃⑦,边搅拌边滴加由 3.8 g(0.05 mol)亚硝酸钠溶于 10 mL 水中的溶液,控制滴加速度使反应温度始终维持在 0~5 ℃,当 90%的亚硝酸钠溶液加入后,将接近反应终点,此时每加入一滴亚硝酸钠溶液,需搅拌 1~2 min,用碘化钾-淀粉试纸检验,若立即出现深蓝色,则停止加入亚硝酸钠溶液。

(3) 对氯甲苯的制备

将已制好的重氮盐溶液慢慢倒入冷却的氯化亚铜溶液中,边加边振摇烧瓶,瓶内反应液逐渐变黏稠,并有橙红色的复合物析出。加完后在室温下放置 20 min,复合物慢慢分解,然后用水浴慢慢加热到 50~60 ℃⑧,使复合物分解完全,直至无氮气逸出为止。

将上述溶液进行水蒸气蒸馏,蒸出对氯甲苯粗产物⑨。粗产物倒入分液漏斗加入 10 mL石油醚(沸程为 60~90 ℃),振摇后分出油层,水层用石油醚萃取两次,每次 10 mL,萃取液与油层合并,依次用 10%氢氧化钠溶液、水、浓硫酸和水各 10 mL 洗涤。有机层用无水氯化钙干燥 0.5 h。过滤,先蒸去石油醚,然后蒸馏收集 158~162 ℃馏分,产量 3.1~4.0 g(产率 49%~63%)。

附注:

① 在此温度时制得的氯化亚铜粉末粒子较粗,沉于瓶底,容易漂洗处理。

② 亚硫酸氢钠的纯度最好在 90%以上。若放置过久,二氧化硫逸出,使还原能力降低,碱性增大。用相同量的纯度不高的亚硫酸氢钠配制的溶液,就不能使二价铜都还原成一价铜而降低了氯化亚铜的产率。同时由于碱性偏高,还会产生黄褐色的氢氧化铜,使沉淀呈黄色。此时可根据具体情况酌情增加亚硫酸氢钠的用量。

③ 如实验中发现溶液颜色仍呈蓝绿色,则表示还原不完全,应酌情多加些亚硫酸氢钠溶液。若发现沉淀呈黄褐色,应立即滴入几滴盐酸并稍加振摇,使其中的氢氧化铜转化为氯

化亚铜。氯化亚铜会溶解于酸，故盐酸不易多加。

④ 加入水后应轻轻振摇瓶后静止，小心倾去水层。不宜剧烈振摇，否则因氯化亚铜粉末细粒子沉降速度较慢，在倾去水层时会导致氯化亚铜的损失。

⑤ 氯化亚铜在空气中遇热或光易被氧化，重氮盐久置也会分解，两者制好后应立即反应。

⑥ 对甲苯胺有毒、加热溶解时必须在通风橱中进行。对甲苯胺盐酸盐稍溶于冷水，搅拌下快速冷却使析出的晶体很细，有利于重氮化反应进行。

⑦ 反应温度超过 5 ℃，温度过高重氮盐会分解使产率降低。

⑧ 重氮盐-氯化亚铜复合物不稳定，15 ℃即会分解出对氯甲苯，稍加热可使分解加速。但若升温过快，温度过高会产生焦油状物与对甲苯酚，使产率降低。若时间许可，在室温放置过夜，再加热分解。加热分解时可见氮气逸出，应不断搅拌，以免反应液外溢。

⑨ 蒸至冷凝管管口无橙红色油状蒸出即可停止。

实验 36 甲基红的合成

反应式

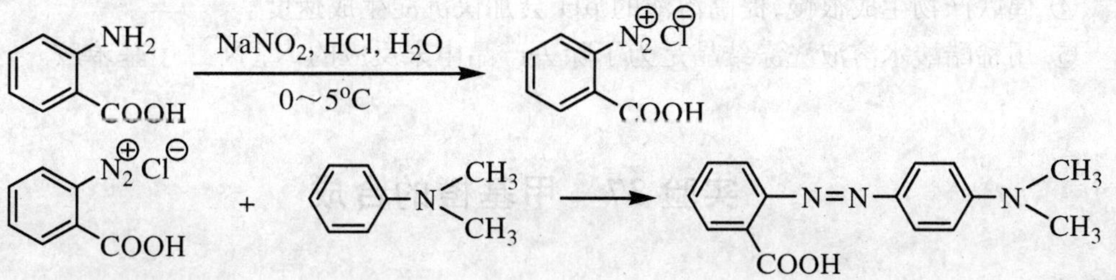

试剂与产物的物理常数

邻氨基苯甲酸 $C_7H_7NO_2$　FW 137.13　*mp* 187 ℃
(2-Amino benzoic acid)
N, N-二甲基苯胺 $C_8H_{11}N$　FW 121.18　*bp* 192.5 ℃　*d* 0.956
(N, N-Dimethyl aniline)
甲基红 $C_{15}H_{15}N_3O_2$　FW 269.30
(Methyl red)

化学物质极限浓度和排放标准

化合物	TLV-TWA/ ppm(mg · m^{-3})	TLV-STEL/ ppm(mg · m^{-3})	10%泄漏或挥发/mg	需空气体积/ m^3	排风量/ m^3 · min^{-1}
$C_6H_5N(CH_3)_2$	1(5)		2752	550	1.5

实验步骤

在 50 mL 锥形瓶中加入 0.7 g(0.0051 mol)邻氨基苯甲酸，将 1.5 mL 浓盐酸溶于4 mL

水倒入锥形瓶中，加热溶解，然后放入冰水浴中冷却。

另在一小锥形瓶中加入 0.4 g 亚硝酸钠和 2 mL 水搅拌溶解后，放在冰水浴中冷却。

将上述两溶液冷却到 0～5 ℃时，将亚硝酸钠溶液在搅拌下慢慢滴加到邻氨基苯甲酸溶液中，反应液温度维持在 0～5 ℃①，充分搅拌后用碘化钾-淀粉试纸检验重氮盐溶液，立即变蓝即可停止滴加。

将 1 mL(0.96 g，0.008 mol)N，N-二甲基苯胺②迅速加入到制备好的重氮盐溶液③中，反应温度维持在 5 ℃，继续搅拌 15 min。

将 0.7 g 醋酸钠溶于 2 mL 水中的溶液加到上面反应瓶内，使瓶内溶液温度仍维持在 5±1 ℃搅拌 20 min，再在室温下搅拌 10 min。然后加入 1 mL 10% NaOH 溶液，在室温下放置 30 min④，粗产物甲基红呈细粒沉淀析出。抽滤，沉淀用水洗，然后用 5 mL 稀醋酸水溶液洗涤结晶⑤，再用水洗涤一次。

粗产物用甲苯重结晶。干燥后称重，产量 0.4 g，产率约 29%。

附注：

① 重氮盐多数不稳定，温度高时容易分解，本实验维持在低于 5 ℃，以防止重氮盐水解生成相应的酚。

② N，N-二甲基苯胺久置易被氧化，在投料前需新蒸馏。N，N-二甲基苯胺有毒，必须在通风柜中操作。

③ 干燥的邻氯化重氮苯甲酸遇刮擦或受热会爆炸，需存放在溶液里。

④ 偶联产物生成很慢，提高溶液的 pH 会加快沉淀生成速度。

⑤ 用稀醋酸水溶液洗涤结晶是为了除去产品中未反应的 N，N-二甲基苯胺。

实验 37 甲基橙的合成

反应式

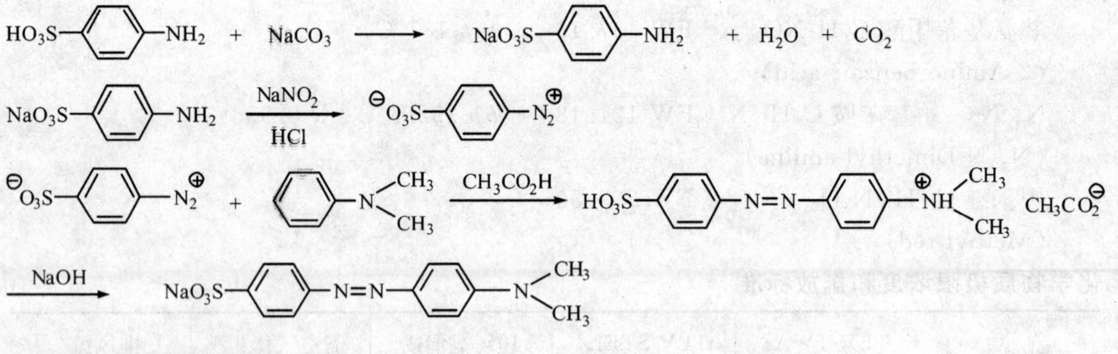

试剂与产物的物理常数

对氨基苯磺酸 $C_6H_7NO_3S$ FW 173.19

(*p*-Amino benzenesulfonic acid)

N，N-二甲基苯胺 $C_8H_{11}N$ FW 121.18 *bp* 192.5 ℃ *d* 0.956

(N，N-Dimethyl aniline)

甲基橙 $C_{14}H_{14}N_3NaO_3S$ FW 327.33

(Methyl orange)

化学物质极限浓度和排放标准

化合物	TLV-TWA/ ppm($mg \cdot m^{-3}$)	TLV-STEL/ ppm($mg \cdot m^{-3}$)	10%泄漏或挥发/mg	需空气体积/ m^3	排风量/ $m^3 \cdot min^{-1}$
$C_6H_5N(CH_3)_2$	1(5)		8320	1664	4.6

实验步骤

(1) 重氮盐的制备

将 100 mL 锥形瓶置于磁力搅拌器上。在瓶中加入 1.1 g(0.01 mol)碳酸钠和 50 mL 水搅拌使其溶解,再加入 3.6 g(0.02 mol)对氨基苯磺酸①用热水浴加热搅拌直至溶解。将反应瓶置于冰水浴中冷却。冷却后,在搅拌下加入 1.5 g(0.02 mol)亚硝酸钠使其溶解。

将 250 mL 三口瓶安置在磁力搅拌器上,一口插入温度计。在瓶内加入 25 mL 冰水和 5 mL浓盐酸,并放于冰水浴中冷却。将锥形瓶内的溶液边搅拌边滴加入三口瓶的稀盐酸溶液中②,维持温度在 5～10 ℃。在滴加过程中,对氨基苯磺酸的重氮盐呈粉状白色沉淀析出。滴完后用淀粉-碘化钾试纸检验③。然后在冰水浴中放置 15 min 以使反应完全④。

(2) 偶联

将 3.0 mL(2.9 g, 0.02 mol)N, N-二甲苯胺和 2 mL 冰乙酸放在试管里混合均匀。将此溶液边搅拌边滴入冷却的重氮盐溶液中,橙红色的甲基橙立即生成。加完后在冰水浴中放置 10 min,并不断搅拌,以使偶联反应完全。

在冷却下边搅拌边滴入 30～35 mL 10%氢氧化钠溶液,直至 pH 试纸呈碱性⑤。将反应物加热⑥使甲基橙基本溶解。再加入 10 g 氯化钠,搅匀后在冰水浴下冷却,使甲基橙析出完全。抽滤,晶体分别用少量水、乙醇洗涤。

粗产物用水重结晶(每克粗产物约需水 30 mL)⑦,可得到橙红色片状晶体,产量 5.5 g,产率约 84%。

附注:

① 对氨基苯磺酸是两性化合物,酸性比碱性强,以酸性内盐存在,所以它能与碱作用成盐,而不能与酸成盐。它与碳酸钠作用时有二氧化碳气体放出,因此须慢慢加入。加热溶解时仍有极少量固体未溶,使其留在溶液里。

② 重氮化反应一般应控制在 0～5 ℃,若温度高易分解,制备好的重氮盐仍要存放在冰水浴中备用。本实验制备的对氨基苯磺酸重氮盐,由于在重氮基的对位有强吸电子的磺酸基,因而比较稳定。重氮化可控制在 10 ℃以下。此重氮盐在水中可以电离,形成中性内盐甲基橙在低温时难溶于水而析出细小晶体。

③ 若试纸不显蓝色,尚需补加亚硝酸钠溶液。

④ 重氮盐自始至终应放在冰水浴中,在放置过程中应经常搅拌。

⑤ 在滴加碱时反应物变为橙色,反应液黏稠性减低。滴加到碱接触到混合物表面不再产生黄色为止。在滴加碱期间反应混合物的温度始终维持在 0～5 ℃。一定要保证反应液呈碱性,否则粗甲基橙的色泽不佳。

⑥ 加热温度不宜过高,一般约在 60 ℃,否则颜色变深影响质量。

⑦ 重结晶时可根据粗产物的颜色加 10～20 mL 10%氢氧化钠溶液。

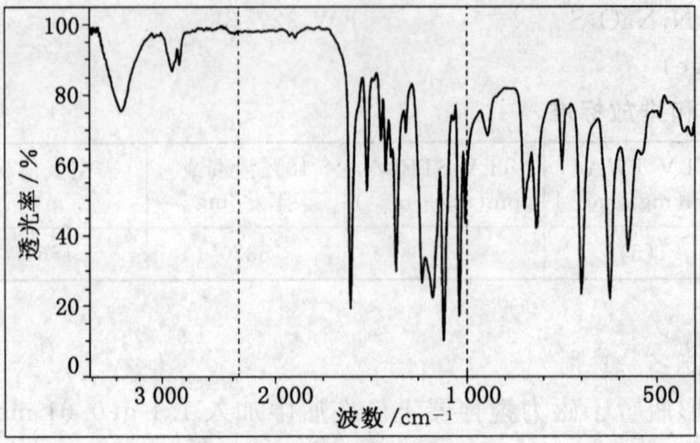

甲基橙的红外光谱图

十四　Skraup 反应

芳香伯胺和甘油、浓硫酸及芳香硝基化合物发生反应生成喹啉或其衍生物，这个反应就是 Skraup 反应。例如，苯胺和甘油、浓硫酸及硝基苯一起共热可制得喹啉。

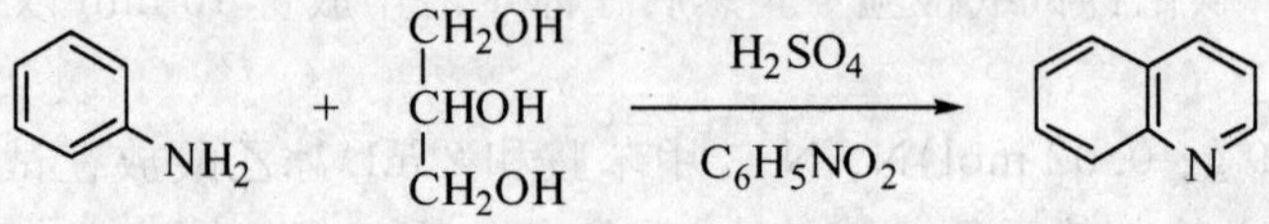

在反应过程中，浓硫酸使甘油脱水生成丙烯醛，然后丙烯醛与苯胺发生加成，生成 3-苯胺基丙醛，醛基在苯胺的邻位起亲电取代反应，生成二氢喹啉，受到弱氧化剂硝基苯的氧化作用，脱去两个氢成为喹啉。

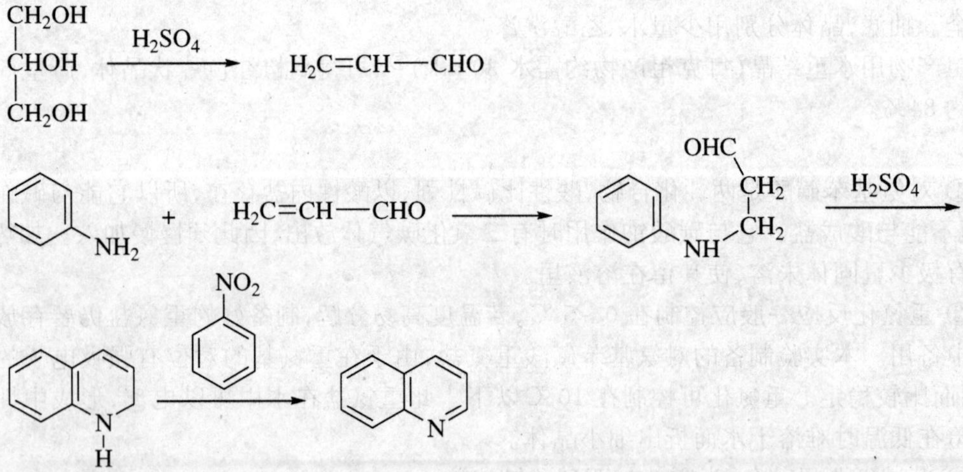

许多芳胺都可以发生 Skraup 反应，例如用邻氨基苯酚可以合成 8-羟基喹啉。

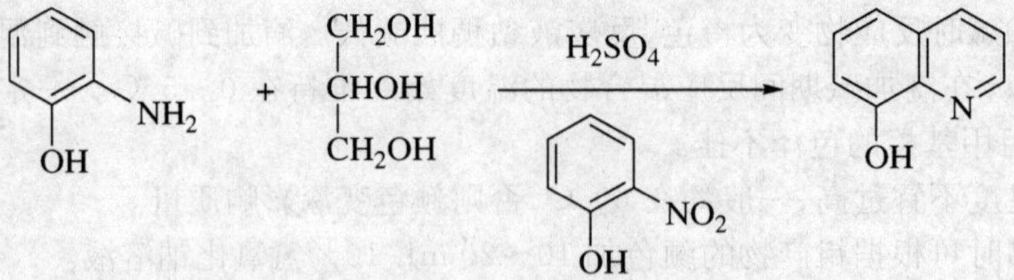

8-羟基喹啉在分析化学和萃取化学上是一个很有用的有机试剂，它能与多种金属络合，也是重要的工业原料。

许多芳胺都可以发生 Skraup 反应，在选择氧化剂时应注意采用的硝基芳烃结构要和参加反应的芳胺结构保持一致。因为在反应过程中硝基芳烃被还原成芳胺，它也会参与成环反应，如果结构不一致，就会形成副产物，给分离纯化带来麻烦。Skraup 反应开始时会很激烈，在反应混合物中加入一些硫酸亚铁就会使反应缓和。

实验 38　喹啉的合成

反应式

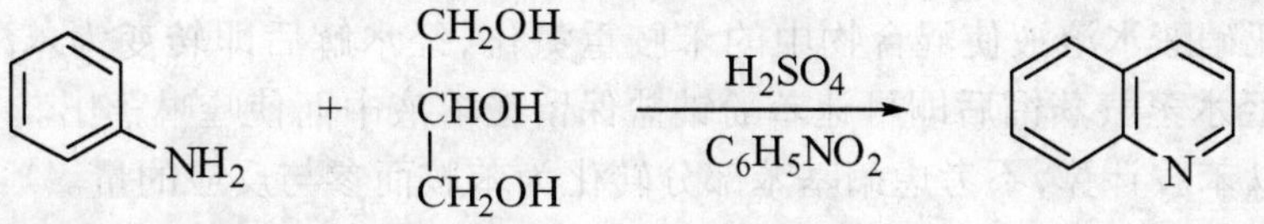

主要试剂和产物的物理常数

苯胺 $C_6H_5NH_2$ (Aniline)	FW 93.12	*bp* 184.04 ℃	*d* 1.022
无水甘油 $C_3H_5(OH)_3$ (Glycerol)	FW 92.09	*bp* 290.0 ℃	*d* 1.260
硝基苯 $C_6H_5NO_2$ (Nitrobenzene)	FW 123.11	*bp* 210.9 ℃	*d* 1.199
喹啉 C_9H_7N (Quinoline)	FW 129.15	*bp* 237.7 ℃	*d* 1.095

化学物质极限浓度和排放标准

化合物	TLV-TWA/ ppm($mg \cdot m^{-3}$)	TLV-STEL/ ppm($mg \cdot m^{-3}$)	10%泄漏或挥发/mg	需空气体积/ m^3	排风量/ $m^3 \cdot min^{-1}$
$C_6H_5NH_2$	1(5)		15040	3008	8.4

实验步骤

在 250 mL 三口瓶中，称取 19 g 无水甘油①(0.206 mol)，再依次加入 2 g 结晶硫酸亚铁②、4.7 mL(4.8 g, 0.05 mol)苯胺及 3.8 mL(4.6 g, 0.037 mol)硝基苯。充分混合后，在摇动下缓缓加入 8.2 mL(15.1 g, 0.154 mol)浓硫酸③。装上回流冷凝管，在石棉网上用小火加热。当溶液开始微沸时，立即移去火源④，反应大量放热，待作用缓和后，继续加热，保持反应物微沸 2 h。

稍冷后，进行水蒸气蒸馏，除去未反应的硝基苯，直至馏出液澄清为止，收集馏出液约50 mL。瓶中残留液稍冷后，加入 30%氢氧化钠溶液，中和反应混合物中的硫酸，使溶液呈碱性，再进行水蒸气蒸馏，蒸出喹啉及未反应的苯胺，直至馏出液变清为止⑤，收集馏出液约 250 mL。

馏出液用浓硫酸酸化，待油状物全部溶解后，置于冰水浴中冷却至 5 ℃，慢慢加入由 3 g 亚硝酸钠和 10 mL 水配成的溶液，加至取一滴反应液使淀粉-碘化钾试纸立即变蓝为止。由于重氮化反应在接近完成时，反应很慢，故应在加入亚硝酸钠溶液 2～3 min 后再检验是否有亚硝酸存在。然后将混合物在沸水浴上加热 15 min，至无气体放出为止。冷却后，加入 30%氢氧化钠溶液碱化,再进行水蒸气蒸馏。将馏出液倒入分液漏斗,分出油层,水层用乙醚萃取两次,每次 25 mL。合并油层和乙醚萃取液,加入氢氧化钠干燥过夜。先蒸去乙醚,再减压蒸馏,收集 110～114 ℃/0.1 kPa(14 mmHg)馏分。产量 4.0～5.0 g,产率约 62%～77%⑥。

纯粹喹啉沸点为 238.05 ℃。

附注:

① 所用甘油的含水量较大时,则喹啉的产量不好。无水甘油的制备:将甘油在通风橱内置于蒸发皿中加热至 180 ℃,冷至 100 ℃左右,放入盛有硫酸的干燥器中备用。

② 硫酸亚铁的作用是防止反应物迅速氧化,减缓反应的剧烈程度。

③ 浓硫酸必须最后加,如果浓硫酸先加,则反应往往很剧烈,不易控制。

④ 此反应是放热反应,溶液呈微沸,表示反应已经开始。此时如继续加热,则反应过于激烈,会使溶液冲出容器。

⑤ 加入亚硝酸水溶液使混合物中的苯胺重氮化,经水解后即转变为苯酚,苯酚在碱作用下成盐,再经水蒸气蒸馏后即可让苯酚钠盐保留在溶液中而使喹啉蒸出。

⑥ 产率以苯胺计算,不考虑硝基苯部分转化为苯胺而参与反应的量。

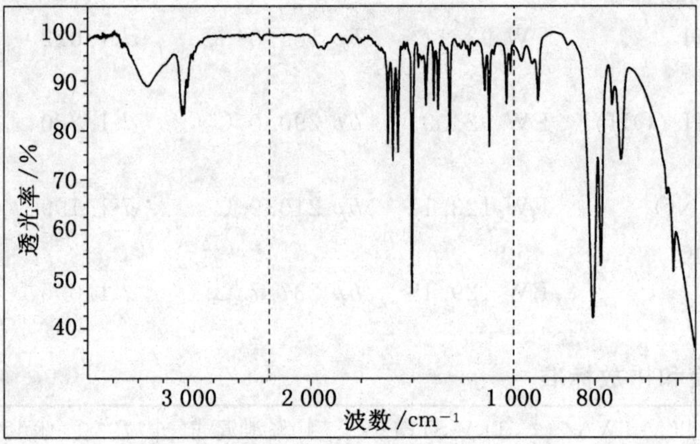

喹啉的红外光谱图

喹啉的核磁共振谱图

实验 39 8-羟基喹啉的合成

反应式

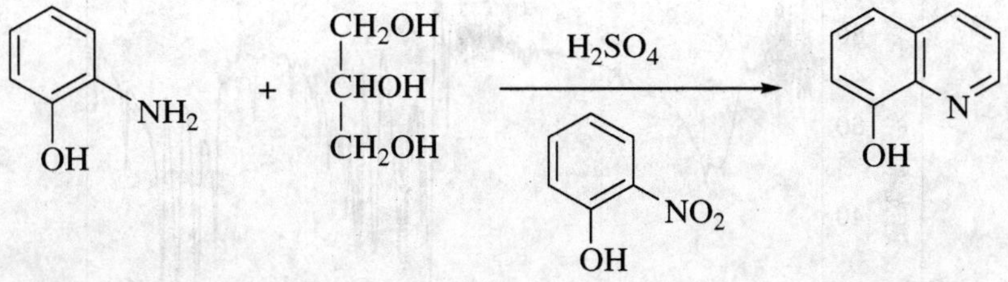

主要试剂和产物的物理常数

邻硝基苯酚 o-$NO_2C_6H_4OH$ (o-Nitro phenol)	FW 139.11	*mp* 45 ℃	*d* 1.657
无水甘油 $C_3H_5(OH)_3$ (Glycerol)	FW 92.09	*bp* 290 ℃	*d* 1.260
邻氨基苯酚 o-$NH_2C_6H_4OH$ (o-Amino phenol)	FW 109.12	*bp* 170 ℃	
8-羟基喹啉 C_9H_7NO (8-Quinolinol)	FW 145.15	*mp* 76 ℃	

实验步骤

在三口烧瓶中称取 10.5 g 无水甘油①(约 0.11 mol),并加入 1.8 g 邻硝基苯酚(0.013 mol),2.8 g 邻氨基苯酚(0.26 mol),使混合均匀,然后慢慢加入 4.5 mL 浓硫酸②,摇匀后装上回流冷凝管,在石棉网上用小火加热。当溶液微沸时,立即移去火源③,此时反应大量放热,待作用缓和后继续加热,保持反应物微沸 2 h。

稍冷后,进行水蒸气蒸馏,除去未作用的邻硝基苯酚。瓶内液体冷却后,加入 6 g 氢氧化钠溶于 6 mL 的溶液,再小心滴入饱和碳酸钠溶液,使呈中性④。进行水蒸气蒸馏,蒸出 8-羟基喹啉,收集馏液约 300 mL⑤。馏出液充分冷却后,抽滤收集析出物,洗涤,干燥后得到粗产物 3.0 g。

粗产物用乙醇-水混合溶剂重结晶,得到纯 8-羟基喹啉 2.5 g,产率 66%⑥。

纯粹的 8-羟基喹啉的熔点为 75～76 ℃。

附注:

① 无水甘油的制备:将甘油在通风橱内置于蒸发皿中加热至 180 ℃,冷至 100 ℃左右,放入盛有硫酸的干燥器中备用。

② 试剂必须按所述的次序加入,如果浓硫酸先加入,则反应往往很激烈,不易控制。

③ 此反应为放热反应,溶液呈微沸,表示反应已开始,如果继续加热,则反应过于激烈,会使溶液冲出容器。

④ 8-羟基喹啉既溶于酸又溶于碱而成盐,成盐后不被水蒸气蒸馏蒸出,故必须小心中和,控制 pH 在 7～8 之间。中和恰当时,瓶内析出沉淀最多。

⑤ 为确保产物蒸出，在水蒸气蒸馏后，对残液 pH 值再进行一次检验，必要时中和后再行水蒸气蒸馏。

⑥ 产率以邻氨基苯酚计算，不考虑邻硝基苯酚部分转化后参与反应的量。

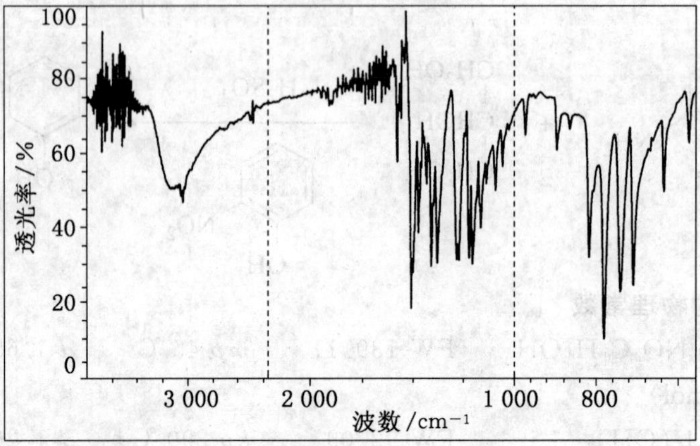

8-羟基喹啉的红外光谱图

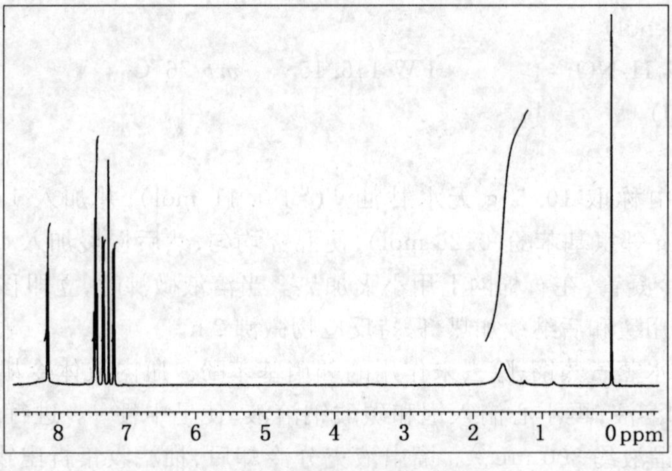

8-羟基喹啉的核磁共振谱图

十五　Witting 反应

三烷基或三苯基膦和卤代烃反应生成鏻盐，在非质子溶剂(THF、DMF)中经强碱作用脱去卤化氢，生成一种负碳离子，这个负碳离子的负电荷为相邻的磷上的空 d 轨道所稳定，这种负碳离子称为 Ylide。Ylide 是一种亲核试剂，它与醛酮作用，生成烯烃的反应称为 Wittig 反应。

$$(C_6H_5)_3P + R_2CHX \longrightarrow R_2CH\overset{\oplus}{P}(C_6H_5)_3\overset{\ominus}{X} \xrightarrow{n\text{-}C_4H_9Li} R_2\overset{\ominus}{C}-\overset{\oplus}{P}(C_6H_5)_3 \xrightarrow{O=CR'_2} R'_2C=CR_2$$

在 Wittig 反应中，Ylide 中带负电子的碳进攻羰基碳原子，生成不稳定的环状化合物，后者迅速分解成烯烃和氧化三苯膦。

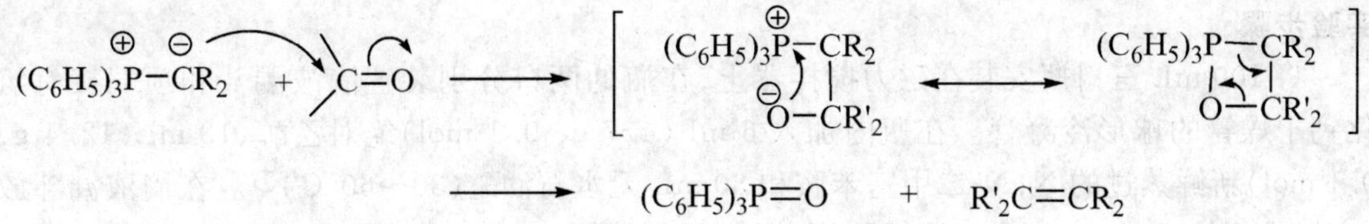

当 Ylide 中带负电的碳上连接氢原子或烷基时，这时的 Ylide 十分活泼，能与水、氧及酸反应。

当连接的是吸电子基团时，则形成的 Ylide 反应活性降低，比较稳定。其中如有一个苯基，则该 Ylide 就不能与芳酮反应，但还能与苯甲醛起正常的 Wittig 反应。若其中一个是对硝基苯基时，则反应活性更低，与水不起反应，甚至可以在水中制备，但还能与醛反应。若两个全部都是苯基时，就不能与水、醇和酸等反应，也不能和羰基化合物起 Wittig 反应。

Wittig 反应可用各种卤代物和醛酮，从而合成不同的烯烃。Wittig 反应是在分子内导入烯键的重要方法，也可以用来合成许多用其他方法难以得到的烯类化合物。它反应条件温和，时间短，产率高，尤其适合于实验室合成。在形成烯键时不产生烯烃的位置异构体，可以用来合成一些对酸敏感的烯烃和共轭烯烃。

Wittig 反应使用的强碱是不容易处理的有机锂化合物，比较危险，不适宜作为学生实验。但在反应时采用较活泼的卤代烷，如 $CH_2=CHCH_2Cl$、$ClCH_2COOC_2H_5$、$C_6H_5CH_2Cl$ 等，则可用较便宜的亚磷酸酯与醇钠来代替三苯基膦和有机锂化合物，生成的磷酸二乙酯溶于水，容易与烯烃分离。

实验 40　亚磷酸三乙酯的合成

反应式

$$PCl_3 + 3\,C_2H_5OH + 3\,C_6H_5N(CH_3)_2 \longrightarrow P(OC_2H_5)_3 + 3\,C_6H_5N(CH_3)_2\cdot HCl$$

主要试剂和产物的物理常数

N, N-二甲基苯胺 $C_6H_5N(CH_3)_2$　FW 121.18　*bp* 192.5～193.5 ℃　*d* 0.956
(N, N-Dimethyl anillne)

三氯化磷 PCl_3　FW 137.35　*bp* 75.5 ℃　*d* 1.574
(Phosphorus trichloride)

亚磷酸三乙酯 $(C_2H_5O)_3P$　FW 166.16　*bp* 156.5 ℃　*d* 0.969
(Triethyl phosphite)

化学物质极限浓度和排放标准

化合物	TLV-TWA/ ppm(mg·m^{-3})	TLV-STEL/ ppm(mg·m^{-3})	10%泄漏或挥发/mg	需空气体积/ m^3	排风量/ m^3·min^{-1}
$C_6H_5N(CH_3)_2$	1(5)		38720	7744	21

实验步骤

将 100 mL 三口瓶安装在磁力搅拌器上，在瓶的两口分别装置滴液漏斗和顶端接有氯化钙干燥管的球形冷凝管。在瓶内加入 6 mL(4.7 g, 0.1 mol)绝对乙醇、13 mL(12.4 g, 0.1 mol)新鲜蒸过的 N, N-二甲基苯胺和 30 mL 无水石油醚(30～60 ℃)①。在滴液漏斗放入 3.0 mL(4.7 g, 0.034 mol)新蒸馏过的三氯化磷②和 15 mL 无水石油醚(30～60 ℃)。在搅拌下，将三氯化磷石油醚溶液逐滴滴入三口瓶中。控制滴加速度使反应保持微沸，反应放热，必要时用冷水浴冷却。随着三氯化磷溶液的加入，三口瓶内出现白色沉淀。加完后，在室温下继续搅拌 0.5 h，再用热水浴加热回流 1 h。待反应物冷至室温后，用干燥的漏斗和吸滤瓶抽滤，沉淀用无水石油醚洗涤，抽干③滤液倒入蒸馏瓶，先用旋转蒸发仪蒸去石油醚，然后进行减压蒸馏，收集 51～52 ℃/2 kPa(15 mmHg)的馏分。产物重 4.5 g，产率 80%。

附注：

① 所用仪器、药品都应干燥、无水。因三氯化磷遇水会分解而影响产率。

② 本实验应尽量防止 N, N-二甲基苯胺和三氯化磷在转移时泄漏。滤纸上的沉淀是 N, N-二甲基苯胺盐酸盐，滤液应尽量抽干，否则吸附在沉淀上会降低产率。

③ 三氯化磷有毒且有刺激性，实验应在通风柜中进行，防止吸入其蒸气，若沾上皮肤，即用肥皂和水洗涤。

实验 41　反-1, 2-二苯乙烯的合成

反应式

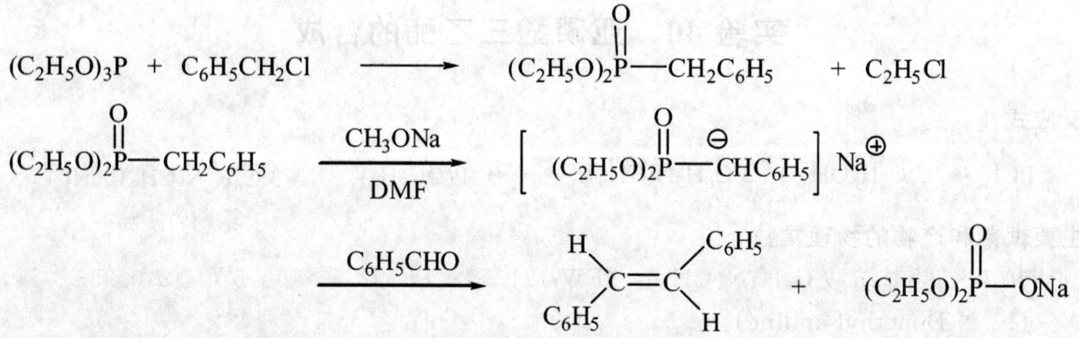

主要试剂和产物的物理常数

氯苄 $C_6H_5CH_2Cl$ (Benzyl chloride)	FW 126.59	*bp* 177～181 ℃	*d* 1.100	n_D^{20} 1.5380
亚磷酸三乙酯 $P(OC_2H_5)_3$ (Triethyl phosphite)	FW 166.16	*bp* 156.5 ℃	*d* 0.969	
苯甲醛 C_6H_5CHO (Benzaldehyde)	FW 106.12	*bp* 178～179 ℃	*d* 1.044	n_D^{20} 1.5450
反-1, 2-二苯乙烯 ((*E*)-1, 2-diphenylethylene)	FW 180.24	*mp* 124～125 ℃	*d* 0.970	

化学物质极限浓度和排放标准

化合物	TLV-TWA/ ppm($mg\cdot m^{-3}$)	TLV-STEL/ ppm($mg\cdot m^{-3}$)	10%泄漏或挥发/mg	需空气体积/ m^3	排风量/ $m^3\cdot min^{-1}$
$C_6H_5CH_2Cl$	1.8(100)		19800	1980	5.5

实验步骤

(1) 苄基膦酸二乙酯

在 50 mL 圆底烧瓶中，加入 6 mL(6.6 g，0.052 mol)氯苄和 9 mL(8.7 g，0.052 mol)亚磷酸三乙酯①，装上回流冷凝管，加热微沸 1 h②。反应完后冷却混合物至室温待用。

(2) 反-1,2-二苯乙烯

在干燥的 100 mL 三口瓶上装置滴液漏斗、温度计和氯化钙干燥管。瓶中加入 3.0 g (0.056 mol)甲醇钠③和 25 mL 干燥的 N,N-二甲基苯胺(DMF)。将三口瓶置于冰-水浴中冷却，然后将上面制得的苄基膦酸二乙酯加入此反应瓶中。

在滴液漏斗中放置 5 mL(5.2 g，0.049 mol)新鲜蒸馏的苯甲醛，在反应混合物温度低于 20 ℃时，开始滴加苯甲醛，滴加速度使反应物温度维持在 30～40 ℃之间。滴加完后，移去冰-水浴，在室温下放置 10 min，使反应完全。

在搅拌下，加入 10 mL 水至三口瓶中，这时有晶体析出，将三口瓶置于冰-水浴中冷却片刻，使结晶完全。抽滤收集产物，用少量等体积的冷甲醇-水混合溶剂洗涤晶体。产物干燥后重 8.0 g，产率 91%。

附注：

① 氯苄和亚磷酸三乙酯都应新蒸馏过。

② 130 ℃时开始消除氯乙烷，1 h 后液体温度可达 200 ℃左右。

③ 甲醇钠吸湿性强，尽可能少暴露在空气中，应迅速称量并盖好瓶塞。

甲醇钠的制备：在装有回流冷凝管和氯化钙干燥管的圆底烧瓶中加入无水甲醇和除去外皮的小块金属钠(用量比为 10 mL 甲醇：1 g 钠)。反应开始时较激烈，可用冷水浴冷却。大部分钠反应完后，用水浴加热，使钠全部反应完。用旋转蒸发仪蒸去甲醇，再用油泵在 150 ℃油浴中减压抽 2 h。制得的甲醇钠置于干燥器中备用。

十六　相转移催化反应和卡宾反应

相转移催化反应是 20 世纪 70 年代以来在有机合成中应用日趋广泛的一种新合成方法。在有机合成中，均相反应通常容易进行。而水溶性的无机负离子和不溶于水的有机化合物之间的非均相反应，速度慢，产率低，甚至难以进行。但如果用水溶解无机盐，用极性小的有机溶剂溶解有机物，并加入少量的(通常为 0.05 mol 以下)季铵盐或季鏻盐，则反应很容易进行。这些能促使反应加快并在两相之间转移负离子的化合物，称为相转移催化剂。

常用的相转移催化剂有三类，盐类、冠醚类和非环多醚类。

以季铵盐为代表的鎓盐如：

$C_6H_5CH_2\overset{\oplus}{N}(CH_2CH_3)_3\ \overset{\ominus}{Cl}$	$(CH_3CH_2CH_2CH_2)_4\overset{\oplus}{N}\ \overset{\ominus}{Br}$	$[CH_3(CH_2)_6CH_2]_3\overset{\oplus}{N}H_2CH_3\ \overset{\ominus}{Cl}$
三乙基苄基氯化铵 (TEBA)	四丁基溴化铵 (TBAB)	三辛基甲基氯化铵 (TOMA)

这些鎓盐价廉无毒，是上述 3 类相转移催化剂中应用最广泛的一种。这些化合物具有同时在水相和有机相溶解的能力。其中烃基是油溶性基团，碳原子总数一般不少于 13，以保证具有足够的油溶性，带正电荷的氮是水溶性基团。

季铵盐中的正与负离子在水相形成离子对，可以将负离子从水相转移到有机相中。而在有机相中，负离子无溶剂化作用。由于正离子体积大，正负离子之间的距离也大，彼此间的作用弱，负离子可看作是裸露的。因而反应活性大大增加。

除鎓盐外，冠醚如 18-冠-6、二苯并-18-冠-6 等也可以作为相转移催化剂。它对金属离子具有配合作用，同时自身又具有亲油性，可以使无机化合物溶解在有机溶剂中，因而增强其阴离子在非极性溶剂中的反应活性。但冠醚价贵，有毒，在工业中不宜使用。价廉的聚乙二醇（属非环多醚类）在不少反应中可成功用作相转移催化剂。

相转移催化剂能够使水相中的反应物转移到有机相中，而加速反应。这些反应与非催化反应相比操作简便，时间缩短，提高收率，而且避免了使用价格较贵的非质子性溶剂。相转移催化被广泛应用于 Williamson 反应，腈化反应，Wittig 反应及卡宾成环反应等许多反应。

卡宾或称碳烯是一类具有 6 个价电子的两价碳活性中间体，通式 $:CR_2$，其中碳原子与两个原子或基团以键相连，另外还有一对没有参与成键的非键电子，最简单的卡宾是亚甲基 $:CH_2$，最常见的取代卡宾是二卤卡宾 $:CX_2$。由于碳原子周围只有 6 个价电子，它是缺电子的，因此卡宾具有很强的亲电性。可以和碳-碳双键加成形成环丙烷衍生物。

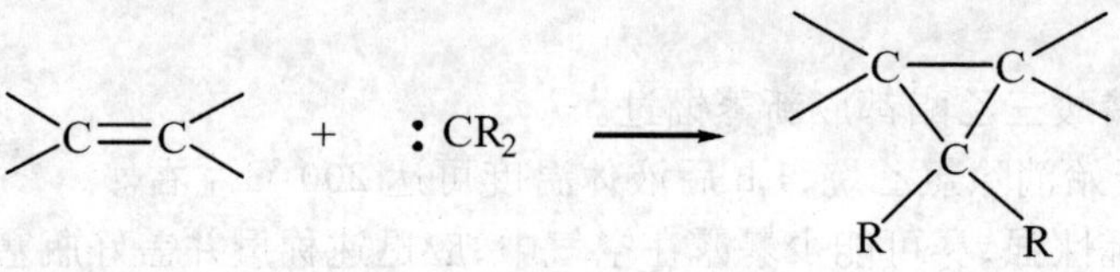

也可以与碳—氢键进行插入反应。

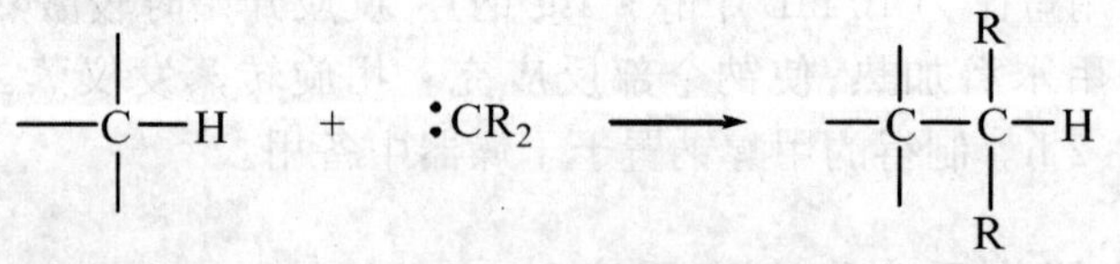

但二氯卡宾一般不能发生插入反应。

制备卡宾的方法很多，实验室常用的方法有两种：一种是由重氮化合物经光解或热解而产生卡宾。

另一种是通过 α-消除反应，此法最初生成负碳离子，随后分解成卡宾：

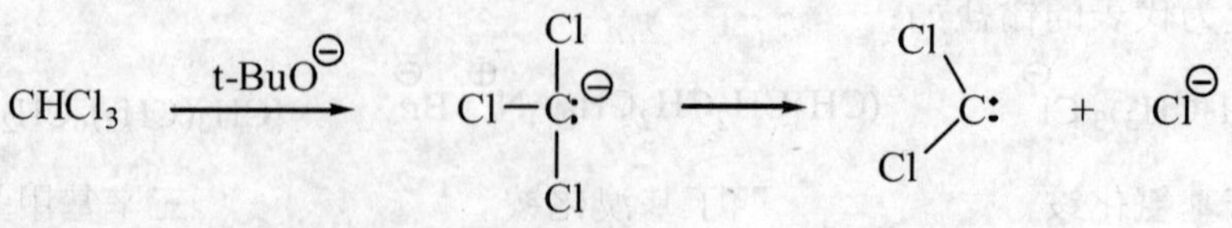

由于第一种生成的重氮物极不稳定，有爆炸危险，所产生的卡宾易进行插入反应，相比之下

α-消除反应既安全又方便,更适合有机实验室制备卡宾。如:

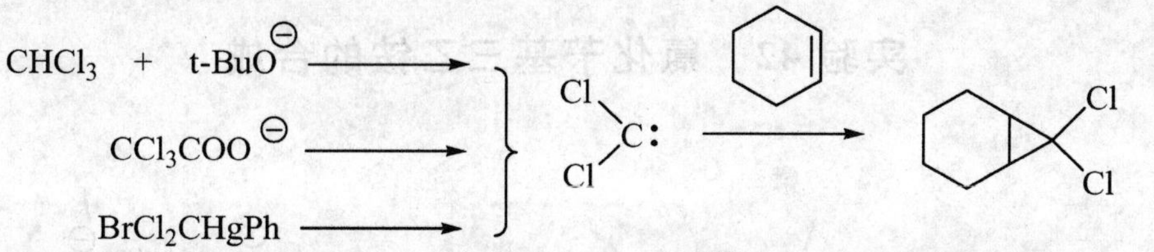

上面的反应操作条件要求比较严格,常需在无水条件下使用强碱,生成的$:CCl_2$停留在水相中就会与水作用生成如下副产物:

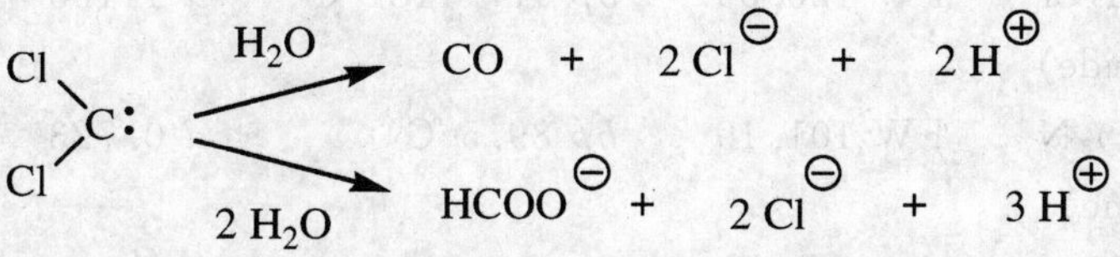

这种在水溶液中产生的$:CCl_2$不能有效地被烯烃捕获,最后得到的加成物得率很低。在催化量的相转移催化剂季铵盐 $R_4N^+X^-$ 存在下,将氢氧负离子自水相转移到由氯仿和烯烃组成的有机相中。在高浓度的氯仿和烯烃中,氢氧负离子与氯仿作用进行α-消除生成卡宾,并立即与烯烃进行加成,从而抑止了二氯卡宾水解的副反应,使二氯卡宾的制备和反应可以用氢氧化钠在有水存在的体系中进行。反应机理如下:

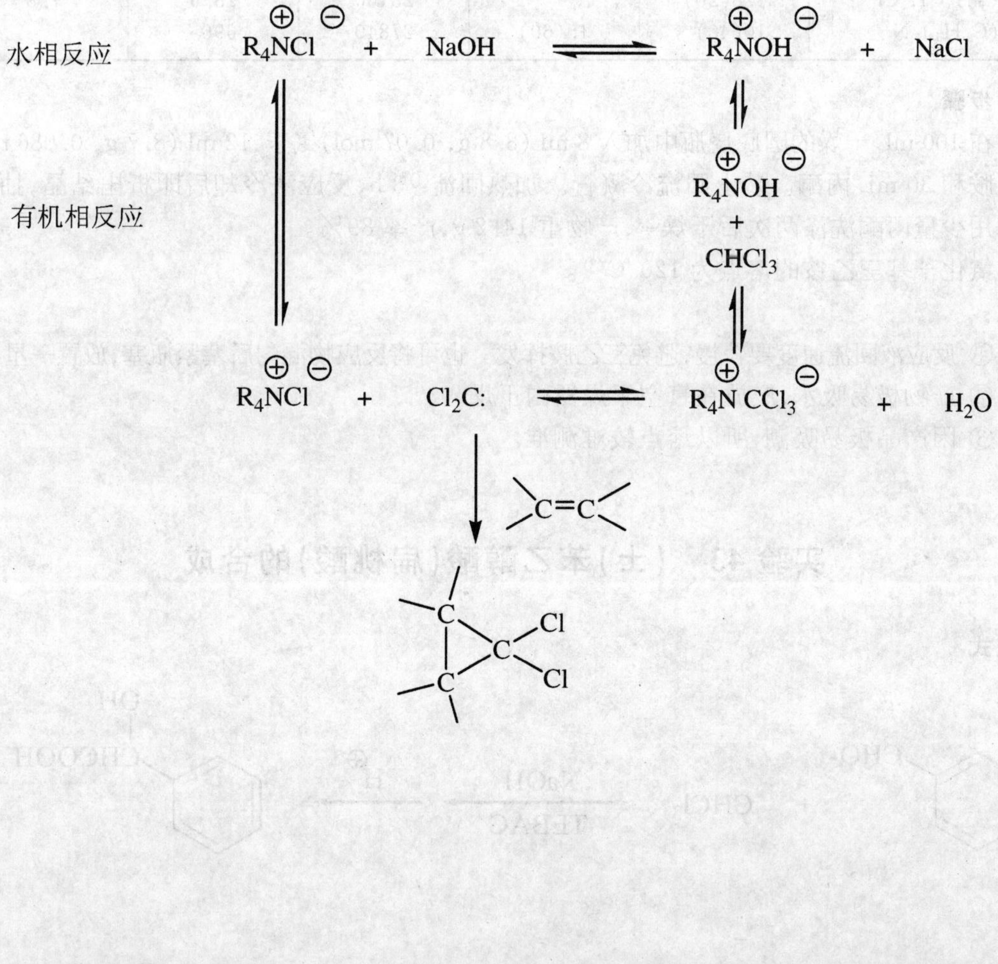

实验 42 氯化苄基三乙铵的合成

反应式

$$C_6H_5CH_2Cl + (C_2H_5)_3N \longrightarrow C_6H_5CH_2\overset{\oplus}{N}(C_2H_5)_3Cl^{\ominus}$$

试剂与产物的物理常数

氯苄 $C_6H_5CH_2Cl$　FW 126.59　*bp* 177～181 ℃　*d* 1.100　n_D^{20} 1.5380
(Benzyl chloride)

三乙胺 $(C_2H_5)_3N$　FW 101.19　*bp* 89.5 ℃　*d* 0.723
(Triethylamine)

氯化苄基三乙铵 $C_6H_5CH_2N(C_2H_5)_3Cl$　FW 227.77　*mp* 120 ℃
(N-Benzyl-N, N-diethylethanaminium chloride)

化学物质极限浓度和排放标准

化合物	TLV-TWA/ ppm(mg · m^{-3})	TLV-STEL/ ppm(mg · m^{-3})	10%泄漏或挥发/mg	需空气体积/ m^3	排风量/ m^3 · min^{-1}
$C_6H_5CH_2Cl$	1.8(20)		28160	28.6	7.8
$(C_2H_5)_3N$	10(40)	15(60)	27840	696	

实验步骤

在 100 mL 干燥的圆底烧瓶中加入 8 mL(8.8 g, 0.07 mol)氯苄、12 mL(8.7 g, 0.086 mol)三乙胺和 30 mL 丙酮。装上回流冷凝管。加热回流① 3 h,反应液冷却后即析出结晶,抽滤。晶体用少量丙酮洗涤两次后干燥②,产物重 14.2 g,产率 89%。

氯化苄基三乙铵的熔点为 120 ℃③。

附注:

① 反应液回流速度要较慢,避免三乙胺挥发。也可将反应物混匀后塞紧瓶塞,放置一星期。

② 产物极易吸水,应放在真空干燥器内干燥。

③ 因产品极易吸潮,所以熔点较难测准。

实验 43 (±)苯乙醇酸(扁桃酸)的合成

反应式

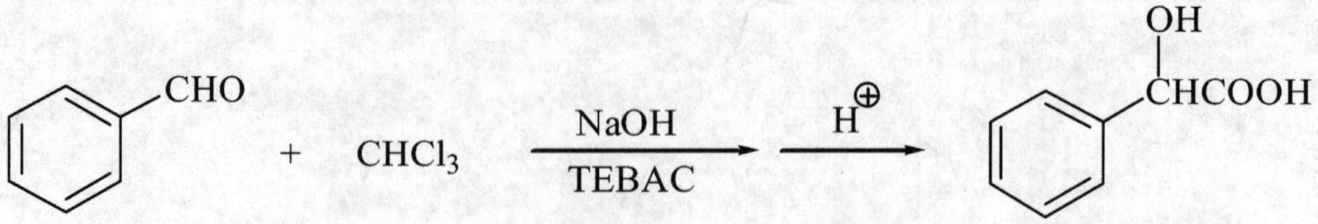

主要试剂和产物的物理常数

苯甲醛 C_6H_5CHO FW 106.12 *bp* 178～179 ℃ *d* 1.044 n_D^{20} 1.5450
(Benzaldehyde)

氯仿 $CHCl_3$ FW 119.39 *bp* 61.26 *d* 1.499
(Chloroform)

(±)苯乙醇酸 $C_8H_8O_3$ FW 152.14 *mp* 118.1 ℃ *d* 1.300
(*dl*-2-hydroxy-2-phenylacetic acid)

化学物质极限浓度和排放标准

化合物	TLV-TWA/ ppm($mg \cdot m^{-3}$)	TLV-STEL/ ppm($mg \cdot m^{-3}$)	10%泄漏或挥发/mg	需空气体积/ m^3	排风量/ $m^3 \cdot min^{-1}$
$CHCl_3$	10(50)		76576	1532	4.3

实验步骤

将 250 mL 三口瓶安装在磁力搅拌器上，三口分别装置回流冷凝管、滴液漏斗和温度计。在瓶中依次加入 10 mL(10.4 g, 0.098 mol)新鲜蒸馏的苯甲醛、16 mL(23.98 g, 0.20 mol)氯仿和 1.3 g 氯化苄基三乙铵。启动搅拌，用水浴加热至 55 ℃，移去热源，自滴液漏斗慢慢滴加 25 mL 50%的氢氧化钠水溶液。在滴加碱液过程中维持反应温度在 60～65 ℃，约 20 min 滴完。滴加完后，维持反应温度在 65～70 ℃ 继续搅拌40 min。

反应完，加入 200 mL 水将反应物稀释，然后用乙醚萃取两次，每次 30 mL，除去未反应的氯仿等有机物，将乙醚萃取液倒入回收瓶。水层用 50%硫酸溶液酸化至 pH = 1 ～ 2，再用乙酸乙酯萃取两次，每次40 mL。乙酸乙酯层合并后加入无水硫酸镁干燥。过滤后蒸去乙酸乙酯，得到外消旋苯乙醇酸粗产物，约重 10 g。

粗产物用乙酸乙酯：正己烷(体积比 1：1)重结晶。将粗产物置于 100 mL 圆底烧瓶中，再加入乙酸乙酯：正己烷(体积比 1：1)，装上回流冷凝管。加热直至溶剂微沸时粗产物溶解，若未溶，可适当补加乙酸乙酯：正己烷(体积比 1：1)。趁热过滤，滤液于室温下静置冷却，使结晶慢慢析出。抽滤，得到白色片状晶体。并用冷溶剂洗涤晶体。产物重 8.1 g，产率 54%。

纯粹的(±)苯乙醇酸熔点为 118.0～119.0 ℃。

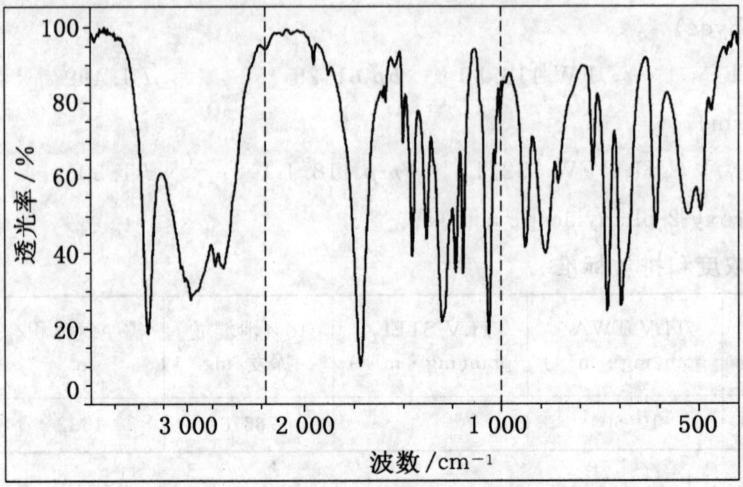

(±)苯乙醇酸(扁桃酸)的红外光谱图

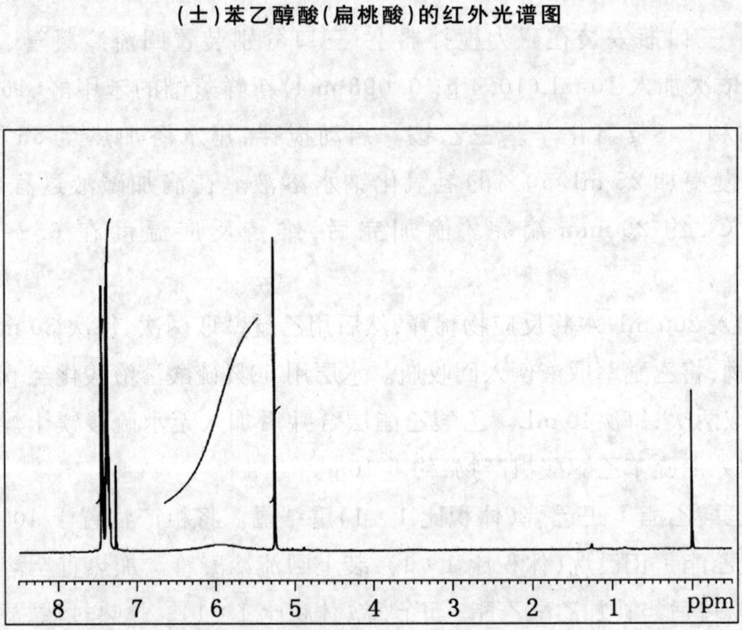

(±)苯乙醇酸(扁桃酸)的核磁共振谱图

实验 44　7,7-二氯二环[4.1.0]庚烷的合成

反应式

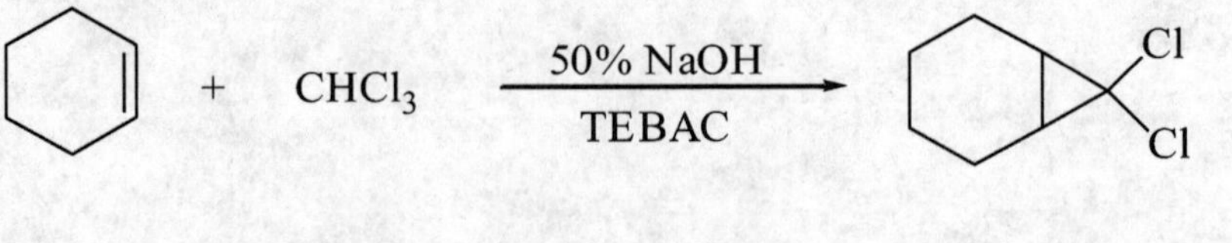

主要试剂和产物的物理常数

环己烯 C_6H_{10} (Cyclohexene)	FW 82.14	*bp* 83 ℃	*d* 0.811
氯仿 $CHCl_3$ (Chloroform)	FW 119.39	*bp* 61.26 ℃	*d* 1.499
7,7-二氯二环[4.1.0]庚烷 (7,7-dichlorobicyclo[4.1.0]heptane)	FW 165.05	*bp* 195～200 ℃	

化学物质极限浓度和排放标准

化合物	TLV-TWA/ ppm(mg·m^{-3})	TLV-STEL/ ppm(mg·m^{-3})	10%泄漏或挥发/mg	需空气体积/ m^3	排风量/ m^3·min^{-1}
$CHCl_3$	10(50)		152960	3059	8.5
C_6H_{10}	20(100)		19840	198	
CH_2Cl_2	50(175)		106280	606	

实验步骤

在 250 mL 的三口瓶上分别装置搅拌器、冷凝管和滴液漏斗。瓶中加入 10 mL(8.1 g, 0.1 mol)环己烯，30 mL(45.0 g, 0.38 mol)氯仿和 0.5 g 氯化苄基三乙铵。在激烈搅拌①下，将 25 mL 50%的氢氧化钠溶液自滴液漏斗以较快的速度加至三口瓶中。加完后加热回流，并继续激烈搅拌 1 h。

冷却反应液，慢慢加入 50 mL 水，使大部分乳状物溶解。将混合物倒入分液漏斗中，分出有机层②，水层用 25 mL 二氯甲烷萃取一次，萃取液与有机层合并。有机层倒入分液漏斗，用水洗涤两次，每次 25 mL。有机层用无水硫酸镁干燥。过滤后，先用水泵减压除去低沸点溶剂，然后油泵减压蒸馏，收集 61～62 ℃/0.4 kPa(3 mmHg)的馏分。产量 12.0～13.5 g，产率 73～82%。

附注：

① 此反应是在两相中进行，因此必须激烈搅拌反应混合物，否则将影响产率。

② 反应液在分层时，若两层之间有絮状物，可用漏斗过滤处理。

实验 45　2,4-二硝基苯磺酸钠的合成

反应式

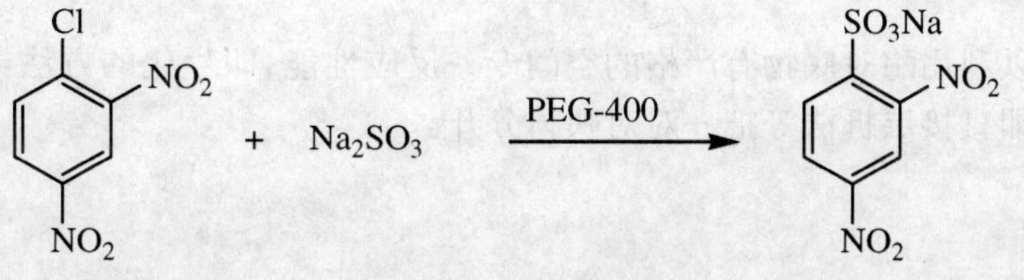

主要试剂和产物的物理常数

2,4-二硝基氯苯　FW 202.56　*mp* 53.4 ℃　*bp* 315 ℃　*d* 1.697
(1-chloro-2,4-dinitrobenzene)
亚硫酸钠　FW 126.04
(Sodium sulfite)
2,4-二硝基苯磺酸钠①　FW 270.14
(Sodium 2,4-dinitrobenzenesulfonate)

实验步骤

在 250 mL 三口瓶上装置机械搅拌器、冷凝管、滴液漏斗和温度计。瓶中加入 3.5 g (0.017 mol)2,4-二硝基氯苯、25 mL 水、0.2 g PEG-400(一种聚乙二醇)② 和 0.8 g 碳酸氢钠。启动搅拌,加热至 60 ℃搅拌 10 min。在滴液漏斗中放入 17.5 mL(0.02 mol)16% 的亚硫酸钠溶液,自滴液漏斗滴加入反应瓶中,约 20 min 滴完。维持温度在 60～65 ℃下搅拌反应 1.5 h。

将反应液倒入烧杯,加入 7 g 精盐,搅拌至盐全部溶解。静置,冷却至室温。溶液中析出黄色晶体,抽滤,干燥。粗产物中含有少量氯化钠,用乙醇重结晶除去。得到黄色的 2,4-二硝基苯磺酸钠固体,干燥后称重,计算产率。

产物用红外光谱表征。

附注:

① 2,4-二硝基苯磺酸钠是制备酸性染料和活性染料的中间体。

② 可以用 PEG-400 来代替 TEBAC 作相转移催化剂,催化效能差不多。用 PEG-400 更经济合理些。

十七　外消旋体的拆分

在非手性条件下用一般的合成法合成手性化合物,得到的都是外消旋体,因此要获得旋光纯的化合物就要把外消旋体拆分。由于对映体除旋光性外的物理性质和除在手性外的化学性质基本相同,因此一般的蒸馏、萃取、重结晶等方法不能把对映体分开。

常用的化学拆分方法是将外消旋体与一个光学纯的拆分试剂作用,使之变成非对映体的混合物,然后利用非对映异构体物理性质(如沸点、溶解度、结晶性等)不同,利用结晶等方法将它们分离、精制,最后除去拆分试剂就可得到纯粹的左旋体和右旋体。实际工作中要得到纯旋光的单个对映体并不容易,往往需要较长时间拆分操作和多次重结晶才能完成。

拆分试剂既要容易和外消旋体作用,又要易于除去。符合这种要求的拆分试剂常常是能和被拆分物质生成盐的化合物。拆分外消旋有机碱的试剂常用酒石酸、樟脑磺酸等旋光纯的有机酸。拆分外消旋有机酸的试剂常用马钱子碱、奎宁、麻黄碱等旋光纯的有机碱。

此外还可以利用酶对底物有严格的空间专一反应性能,即生化的方法或利用具有光学活性的吸附剂即直接层析法等把一对对映体分开。

实验 46 外消旋 α-苯乙胺的拆分

反应式

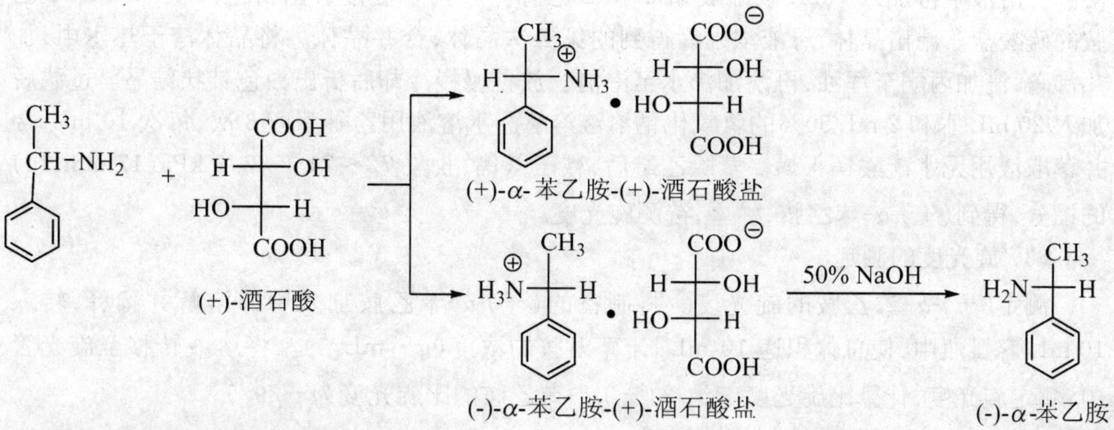

主要试剂和产物的物理常数

(±)-α-苯乙胺 $C_8H_{11}N$ FW 121.18 *bp* 195 ℃

((±)-1-Phenylethanamine)

(+)-酒石酸 $C_4H_6O_6$ FW 150.09

(+)-dihydroxysuccinic acid

化学物质极限浓度和排放标准

化合物	TLV-TWA/ ppm(mg·m^{-3})	TLV-STEL/ ppm(mg·m^{-3})	10%泄漏或挥发/mg	需空气体积/ m^3	排风量/ m^3·min^{-1}
CH_3OH	35(50)	250(310)	160000	3200	8.9
$C_6H_5CH(NH_2)CH_3$	1.1(5)		9740	1 549	

实验步骤

(1) (−)-α-苯乙胺的分离

在 100 mL 的锥形瓶中加入 50 mL 甲醇和 3.0 g(0.02 mol)(+)-酒石酸,用水浴加热使酒石酸全部溶解,稍冷后用滴管将 2.4 g(0.02 mol)(±)-α-苯乙胺慢慢滴入酒石酸热溶液中①。滴完后,稍稍振摇,用塞子塞紧瓶口,放置过夜。析出白色棱状结晶。若同时有针状结晶②析出,可用水浴加热并不断振摇使针状结晶全部溶解,少量棱形结晶留在溶液中作为晶种,再塞紧瓶塞,使慢慢冷却析出晶体③。待结晶完全后,抽滤,晶体用少量冷甲醇洗涤,干燥后得(−)-α-苯乙胺(+)酒石酸盐晶体。滤液留作分离(+)-α-苯乙胺。

将(−)-α-苯乙胺(+)-酒石酸盐放在锥形瓶中,加入 10 mL 水和 1.5 mL 50%氢氧化钠溶液,激烈振摇使固体溶解。转入分液漏斗,用乙醚萃取 3 次,每次 10 mL。乙醚层用无水硫酸镁干燥,水层并入上面的滤液中。将干燥后的乙醚溶液过滤至蒸馏瓶中,用旋转蒸发仪蒸去乙醚,得到(−)-α-苯乙胺。称重,待测旋光度。

(2) (+)-α-苯乙胺的分离

将保留的滤液加热浓缩，残渣加入 20 mL 水和 3 mL 50%氢氧化钠溶液溶解后，转入分液漏斗，用乙醚萃取 3 次，每次 10 mL。乙醚层用无水硫酸镁干燥。将干燥后的滤液过滤至蒸馏瓶中，用旋转蒸发仪蒸去乙醚，得到(+)-α-苯乙胺粗品。将粗品加入 12 mL 乙醇加热溶解。溶液中再加入 1 mL 浓硫酸和 20 mL 乙醇。放置后慢慢析出白色片状(+)-α-苯乙胺的硫酸盐。滤出晶体，母液浓缩后得到的第二次晶体，合并晶体。将晶体溶于热水中，加热沸腾，滴加丙酮至浑浊，再滴加沸水至澄清。放置慢慢冷却后析出白色针状结晶。过滤后加入 20 mL 水和 2 mL 50%的氢氧化钠溶液溶解。水溶液用乙醚萃取 3 次，每次 10 mL，合并萃取液用无水硫酸镁干燥。蒸除乙醚后，减压蒸馏，收集 72～74 ℃/2.3 kPa(17 mmHg)的馏分，得到(+)-α-苯乙胺，称重，待测旋光度。

(3) 旋光度的测定

测定(−)-α-苯乙胺的旋光度。将制备的(−)-α-苯乙胺加入甲醇溶解并稀释，转入 10 mL 容量瓶中，使总体积达 10 mL，计算出胺的浓度(g · mL^{-1})。将溶液转移至旋光管中，测定旋光度，计算比旋光度。纯粹(−)-α-苯乙胺的比旋光度为−39.5 ℃。

附注：

① 有时混合物会起泡而溢出，故需小心操作。

② 针状晶体存在使对映异构体拆分达不到足够的光学纯度。

③ 因结晶生成速度较慢，常需放置较长时间。

实验 47　苯乙醇酸外消旋体的拆分

按图 3-8 的实验流程图进行苯乙醇酸外消旋体的拆分。

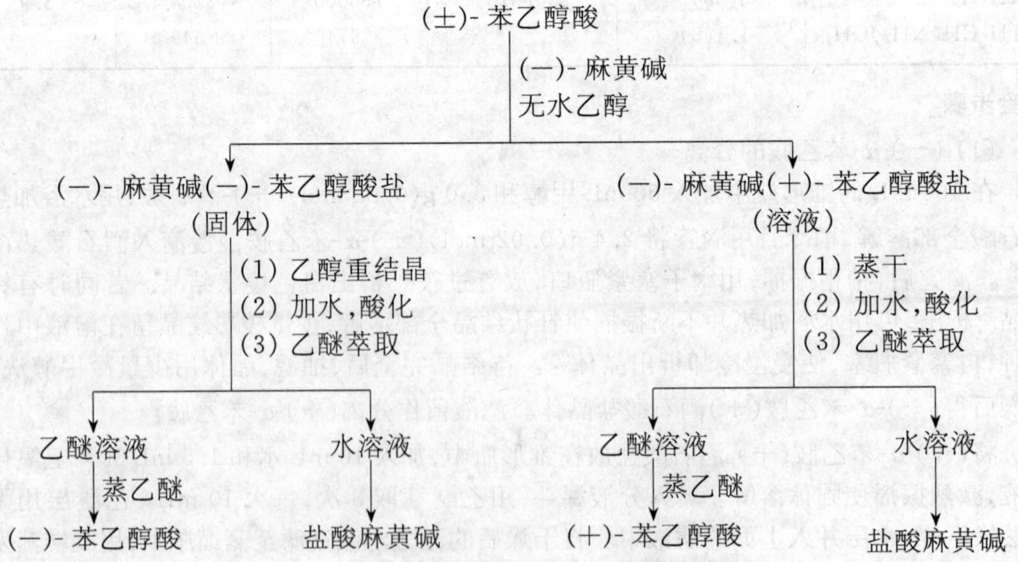

图 3-8　苯乙醇酸外消旋体的拆分实验流程图

主要试剂和产物的物理常数

(±)-苯乙醇酸 $C_8H_8O_3$　　FW 152.14　　*mp* 118.1℃　　*d* 1.300

(*dl*-2-hydroxy-2-phenylacetic acid)

盐酸麻黄素 $C_{10}H_{16}ClNO$　　FW 201.69

(Ephedrine hydrochloride)

实验步骤

(1) (－)-麻黄碱

在 50 mL 锥形瓶中称取 4.0 g(0.02 mol)盐酸麻黄素,加入 10 mL 水和 1 g 氢氧化钠,充分混合。用乙醚萃取两次,每次 10 mL。乙醚萃取液用无水硫酸镁干燥。过滤至蒸馏瓶中,用旋转蒸发仪蒸去乙醚。瓶内剩余物加入 30 mL 无水乙醇,摇匀后备用。

(2) 拆分

在 100 mL 圆底烧瓶中称取 3.0 g(0.02 mol)(±)-苯乙醇酸,加入 10 mL 无水乙醇,使之溶解。慢慢加入上面制备的(－)-麻黄素乙醇溶液,混合均匀后,装上回流冷凝管,用水浴加热回流 1.5 h。回流结束后,让反应物自然冷却析出晶体,然后用冰水浴进一步冷却,使结晶完全。抽滤,得到白色晶体,滤液保存。将粗产物用约 4 mL 无水乙醇重结晶,冷却结晶,得到(－)-麻黄碱-(－)-苯乙醇酸盐白色粒状晶体。

将得到的(－)-麻黄碱(－)-苯乙醇酸盐放入锥形瓶中,加入 20 mL 水使之溶解,然后滴加浓盐酸,使溶液呈酸性(刚果红试纸变蓝,约 1 mL)。用乙醚萃取 3 次,每次 10 mL。萃取后的水溶液倒入指定的容器内,以便回收麻黄素①。乙醚萃取液用无水硫酸钠干燥,过滤至蒸馏瓶,用旋转蒸发仪蒸去乙醚②。将瓶内残留物倒在表面皿里,干燥后得到(－)-苯乙醇酸,重 0.5 g。

将保存的滤液用旋转蒸发仪蒸去乙醇。瓶内残留物加入 20 mL 温水,搅拌使其溶解,然后滴加浓盐酸,使溶液呈酸性(刚果红试纸变蓝)。此时若有油状黏稠物,可用滤纸滤去。滤液用乙醚萃取 3 次,每次 10 mL。萃取后的水溶液倒入指定的容器内,以便回收麻黄素①。乙醚萃取液用无水硫酸钠干燥后过滤至蒸馏瓶,用旋转蒸发仪蒸去乙醚。将瓶内残留物倒在表面皿中,干燥后得到(＋)-苯乙醇酸③。

(3) 比旋光度的测定

将上面制得的(＋)-苯乙醇酸和(－)-苯乙醇酸准确称量后,用蒸馏水配成 2%的溶液,测定比旋光度,并计算拆分后单个对映体的光学纯度。

纯(＋)-苯乙醇酸的 *mp* 131～134 ℃, $[\alpha]_D^{25}$ ＋156°。

纯(－)-苯乙醇酸的 *mp* 131～133 ℃, $[\alpha]_D^{25}$ －156°。

附注:

① 将萃取后的水溶液倒入蒸馏瓶中蒸去水,浓缩到一定体积,冷却结晶,抽滤,干燥,回收得到(－)-麻黄碱。

② 蒸出的乙醚可作为下一步的萃取液。

③ (＋)-苯乙醇酸的分离较为困难,一般难以得到纯品。

十八　金属有机化合物的合成

金属有机化合物是金属元素直接与碳原子相结合所形成的化合物。许多过渡金属有机化合物是重要的催化剂，它们能使反应条件变得温和，收率高，选择性好，能用以合成许多用普通合成方法不能得到的化合物。金属有机化合物被广泛应用于有机合成中。人们早已熟知的 Grignard 试剂、有机锂以及有机铝等已被广泛应用于实验室和工业生产中。二茂铁的合成更促进了金属有机化学发展。

二茂铁是一种橙色针状晶体。它是亚铁离子与两个环戊二烯负离子的配合物，具有类似三明治的夹心结构。亚铁离子在两个环中间，与两个环中的 π 电子成键，10 个碳原子与铁离子等同键合，形成的分子有一个对称中心。二茂铁是一个很稳定的化合物，它耐酸、耐碱，加热到 470 ℃以上才开始分解。

二茂铁具有典型的芳香性，比苯更容易发生亲电取代反应，如能磺化、烷基化、酰基化等，但不能用硝酸硝化，因硝酸能将二茂铁氧化为三价铁的盐。

二茂铁可由二氯化铁与环戊二烯负离子作用制得，也可由三氯化铁与过量的环戊二烯负离子作用制得。有多种制备环戊二烯负离子的方法。

实验 48　二茂铁的合成

反应式

试剂及产物的物理常数

环戊二烯　　FW 66.10　　*bp* 44.2 ℃　　*d* 0.803
(1,3-Cyclopentadiene)
四水合氯化亚铁　　FW 198.81
(Iron(Ⅱ) chloride tetrahydrate)

实验步骤

将 100 mL 三口瓶装置在磁力搅拌器上，瓶口分别装冷凝管、滴液漏斗和氮气导管。在瓶中加入 11.5 g 研成粉状的氢氧化钠①，30 mL 二甲亚砜和 1 mL 聚乙二醇②。启动搅拌，通入氮气以驱尽瓶内空气②，在室温下搅拌 15 min。加入 4 mL(3.2 g, 0.048 mol)新鲜解聚蒸出的环戊二烯③。称取 5.0 g(0.025 mol)四水合氯化亚铁④溶于 25 mL 二甲亚砜，自滴液漏斗滴加入反应瓶中，控制滴加速度，约 45 min 滴完。滴完后在室温下搅拌 1 h。

反应结束后，将瓶内棕色反应混合液边搅拌边倒入盛有 80 mL 18%盐酸和 80 g 碎冰的容器中，立即有黄色固体析出，结晶完全后抽滤，晶体用水充分洗涤，晾干后得到橙黄色晶体，重 3.6 g。

粗产物可用氧化铝层析柱，乙醚与石油醚(60～90 ℃)(体积比 1∶1)混合液作洗脱剂过柱后纯化，或用石油醚重结晶，得到橙黄色晶体。

纯粹二茂铁熔点为 175～176 ℃。

附注：

① 氢氧化钠是强碱，腐蚀性很强，研磨时刺激性很强，操作时要小心。

② 聚乙二醇作为相转移催化剂，文献报道使用的是分子量为 600 的聚乙二醇，但此实验用三缩四乙二醇，也可达到相同的结果。

③ 环戊二烯在室温下会聚合成二聚环戊二烯，使用前必须解聚。当加热二聚环戊二烯到 170 ℃沸腾时，环戊二烯单体与二聚体之间建立平衡，可用分馏的方法得到纯的环戊二烯。在圆底瓶内放入环戊二烯二聚体，加 1～2 粒沸石，装上分馏柱，用油浴加热到 180 ℃左右，使二聚体沸腾解聚，蒸馏收集 40～44 ℃的馏分，在接收瓶中放少量无水氯化钙，以吸收少量水分。收集的环戊二烯应立即使用。环戊二烯有恶臭，应在通风橱中进行有关反应，使用过环戊二烯的容器应在高锰酸钾溶液中浸泡，再清洗。

④ 若四水合氯化亚铁中含有较多的褐色三价铁，则会降低产率。

十九　天然产物的提取和分离

天然产物是指从自然界的动、植物体内衍生出来的有机化合物。人类对存在于自然界的有机化合物一直有着浓厚的兴趣。许多形形色色的天然产物有惊人的生理效能，可以作为药物，如中药黄连可以治疗痢疾和肠炎，麻黄可以抗哮喘；植物罂粟提取的吗啡碱是一种镇痛剂；珙桐科乔木喜树种子或根皮中提取得到的一种生物碱——喜树碱，具有抗白血病和其他恶性肿瘤的功效。有些植物中的天然产物可用作染料、香料、调味品等。

天然产物的提取、分离、纯化以及如何人工合成，这些问题是近来有机化学家所关注的焦点。

天然产物的分离、提纯和鉴定是一项颇为复杂的工作，常用溶剂萃取、水蒸气蒸馏、重结晶或蒸馏等提纯方法。

溶剂萃取方法主要是依照“相似相溶”的原则，采用适当的溶剂进行提取。通常油脂、挥发性油等弱极性成分可用石油醚或四氯化碳提取，生物碱、氨基酸等极性较强的成分可用乙醇提取。一般情况下用乙醇、甲醇或丙酮就能将大部分天然产物提取出来。对于多糖和蛋白质等成分则可用稀酸水溶液浸泡提取。所得提取液是多组分混合物，可用其他方法进行分离、纯化。

水蒸气蒸馏主要用于那些不溶于水且具有一定挥发性的天然产物的提取，如萜类、酚类及挥发性油类化合物。

现在各种色谱手段如薄层层析、柱层析、气相色谱及高压液相色谱等运用于天然产物的分离。

在提取过程中，人们十分关注如何提高提取效率，并保证被提取组分的分子结构不受破坏。最近发展起来的超临界流体萃取技术，解决了上面的问题。例如，超临界二氧化碳在室温下对许多天然产物具有良好的溶解性，当对组分萃取后，二氧化碳易于除去。从而使被提取物免受高温处理，特别适合处理那些易氧化而不耐热的天然产物。

分离纯化后的天然产物可用红外、紫外、质谱、核磁共振等波谱技术进行结构剖析，然后通过各种合成方法人工合成天然产物。

实验 49　茶叶中提取咖啡因

茶叶中含有多种生物碱，其中咖啡因约含 1%～5%，丹宁酸（鞣酸）约含 11%～12%，还含有纤维素、类黄酮色素、蛋白质等。

咖啡因是一种嘌呤的衍生物，它的化学名称是 1，3，7-三甲基-2，6-二氧嘌呤，其结构式见图 3-9。

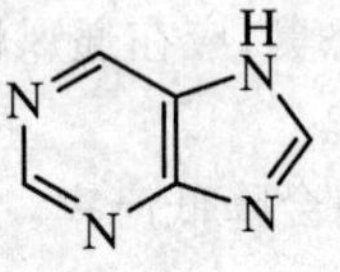

嘌呤

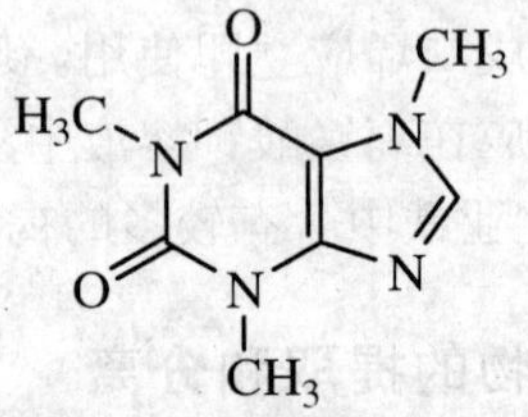

图 3-9　咖啡因（1，3，7-三甲基-2，6-二氧嘌呤）的结构式

咖啡因具有刺激心脏，兴奋大脑神经和利尿的作用。曾是医药上用作中枢神经兴奋剂和感冒药 APC（阿司匹林-非那西丁-咖啡因）的组分之一，现 APC 已禁用。过度使用咖啡因会增加抗药性和产生轻度上瘾。

咖啡因为白色针状晶体，熔点为 238 ℃，味苦，能溶于水、乙醇、二氯甲烷等。含结晶水的咖啡因加热到 100 ℃时，失去结晶水，开始升华，120 ℃时升华显著，178 ℃以上很快升华。

试剂和产物的物理常数

咖啡因 $C_8H_{10}N_4O_2$　　FW 194.19　*mp* 234～236.5 ℃

Caffeine(3,7-Dihydro-1,3,7-trimethyl-1-H-purine-2,6-dione)

实验步骤

称取 10 g 茶叶末，放入折叠好的滤纸套筒[①]内，再将套筒装入脂肪提取器里，在圆底烧瓶内加入 80 mL 95%乙醇按图 3-10 搭好装置。用水浴加热连续提取，直至提取器的虹吸管内的提取液颜色变得很浅为止，约 1.5 h。

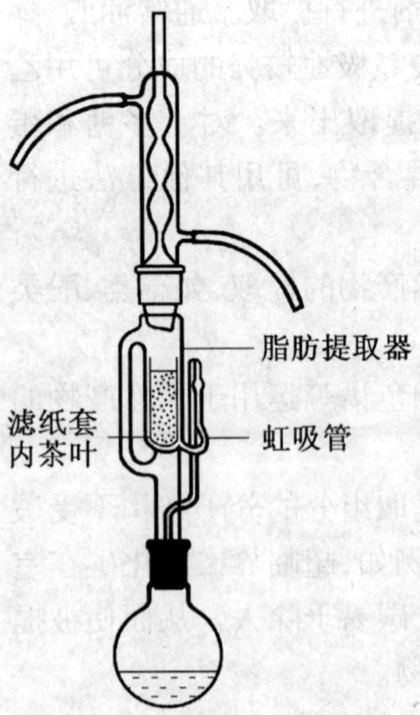

图 3-10　脂肪提取器装置

提取完后停止加热，稍冷却后拆去提取装置，改成蒸馏装置，蒸去大部分乙醇[②]，趁热将瓶内浓缩液倒入蒸发皿中，加入 5～6 g 研细的生石灰拌和，在蒸气浴上拌炒至干[③]。

将一张刺有许多小孔的滤纸盖在蒸发皿上，上面罩一个合适的漏斗，按图 4-18 搭好升华装置，用空气浴小火[④]加热升华。当漏斗内出现白色烟雾，在滤纸上有白色毛状结晶产生时，停止加热，抽去石棉网，自然冷却至 100 ℃左右，取下漏斗，轻轻揭开滤纸，用刮刀轻轻刮下滤纸上的结晶。残渣拌和后用较大的火再升华一次。合并两次收集的咖啡因。

附注：

① 滤纸套筒大小要适中，既要紧贴器壁，又能方便取放，套筒内茶叶高度不得超过虹吸管。

② 瓶中乙醇不可蒸得太干，否则残液太黏不易倒出，造成损失。

③ 尽可能炒干，否则将影响产物的质量。

④ 升华操作火的大小是关键，若火太小则无产物升华出来，加热火太大则产物会焦化，直接影响产物的产量和质量。

实验 50 蔬菜叶中色素的提取和分离

绿色植物中的叶绿体色素在把光能转化为化学能的光合作用过程中起着重要的作用。叶绿体色素有叶绿素和类胡萝卜素两类，主要包括橙黄色的β-胡萝卜素、黄色的叶黄素、蓝绿色的叶绿素 a 和黄绿色的叶绿素 b 四种色素。它们在叶绿体中的含量比约为2∶1∶3∶1。

叶绿素是植物进行光合作用所必需的催化剂。在绿色植物中叶绿素主要以叶绿素 a（$C_{55}H_{72}O_5N_4Mg$）和叶绿素 b（$C_{55}H_{70}O_6N_4Mg$）两种结构相似的形式存在。

它们的结构式如图 3-11。

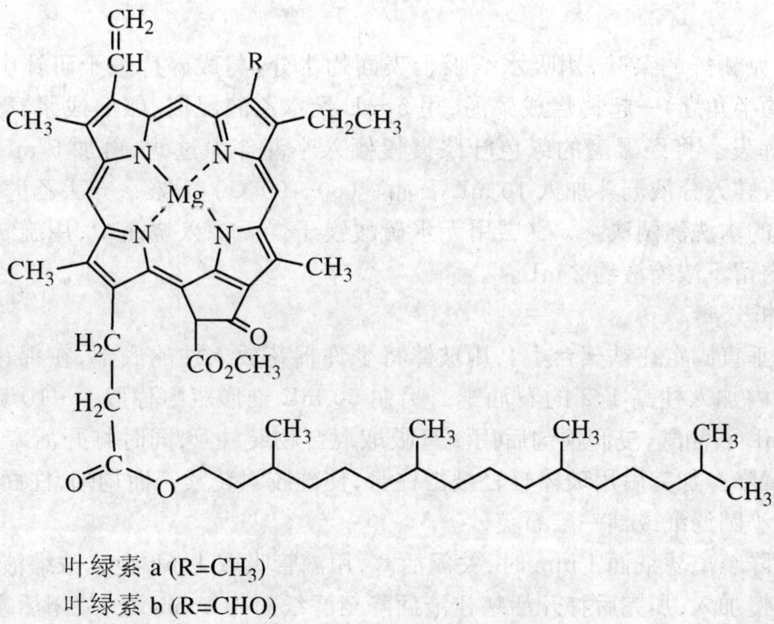

叶绿素 a (R=CH_3)
叶绿素 b (R=CHO)

图 3-11 叶绿素 a，b 的结构式

叶绿素 a 和叶绿素 b 都是吡咯衍生物与金属镁的配合物，尽管它们分子中含有一些极性基团，但分子中大的烷基结构使它们很易溶于丙酮、乙醇、乙醚、石油醚等有机溶剂。

类胡萝卜素是一类不饱和的萜类碳氢化合物（如胡萝卜素）和它们的氧化衍生物（如叶

黄素)。结构式如图 3-12。

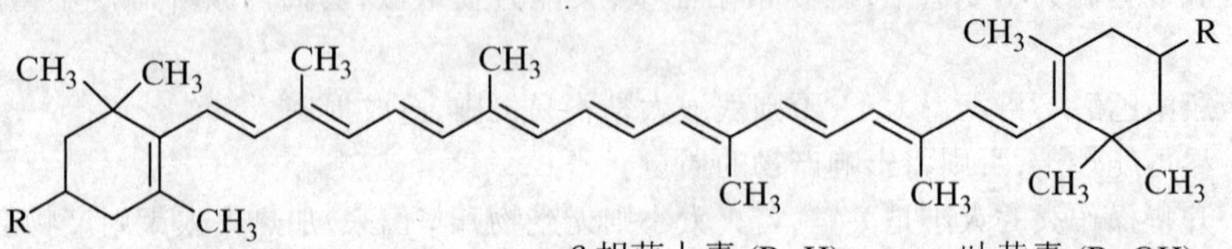

β-胡萝卜素 (R=H)　　叶黄素 (R=OH)

图 3-12　类胡萝卜素的结构式

β-胡萝卜素和叶黄素①是脂溶性的四萜化合物,与β-胡萝卜素相比,叶黄素易溶于醇而在石油醚中溶解度较小。根据这些色素在有机溶剂中的溶解特性,可将它们提取出来。

这些天然色素可在食品工业中作添加剂,在医药工业中作为原料,β-胡萝卜素可作为生产维生素 A(见图 3-13)的原料。

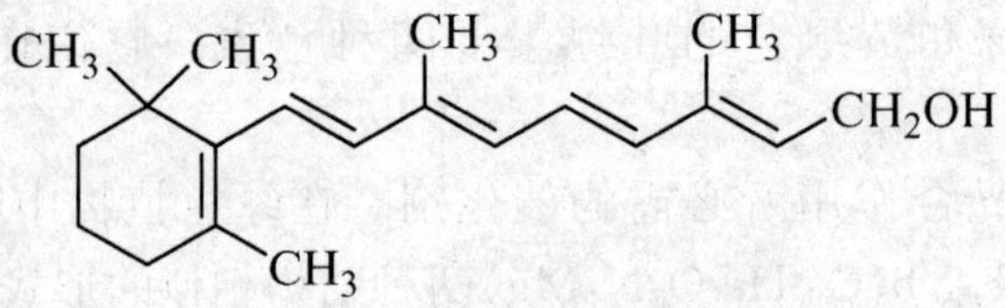

图 3-13　维生素 A 的结构式

实验步骤

(1) 提取

称取约 5 克新鲜的菜叶,用吸水纸吸干表面的水分,剪成碎片置于研钵中,加入 0.1 g 无水硫酸镁(约半角匙)一起捣烂成菜泥,用 5 mL 无水乙醇浸取、碾磨成浆,碾磨时尽可能快,以免乙醇挥发。将经碾磨的绿色叶浆慢慢倾入小漏斗中过滤,再加 5 mL 乙醇碾磨一次,过滤。滤液转入分液漏斗加入 10 mL 石油醚(60～90 ℃)萃取②,弃去乙醇与水,石油醚层加入等体积的水洗涤两次③。醚层用无水硫酸镁干燥后滤入烧瓶中,用旋转蒸发仪蒸石油醚,蒸至瓶内留下浓缩液约 2 mL。

(2) 柱层析分离

将色谱柱垂直固定在铁架台上。用玻棒将少许棉花放入柱的底部,在棉花上铺一层石英砂。层析柱内加入柱高 1/2 的石油醚。另在 50 mL 锥形瓶中称取 6～10 克④硅胶(300 目),加入 20 mL 石油醚,浸润搅匀后用滴管吸取混合物装柱⑤,同时打开活塞,让石油醚流下,硅胶慢慢沉降。加完后用玻棒轻轻敲击柱身,使硅胶填装紧密而均匀,柱面平整,在硅胶沉积面上盖一小圆滤纸或铺一层石英砂。

当石油醚降至离滤纸面 1 mm 时,关闭活塞,用滴管吸取 1 mL 色素浓缩液,从柱顶伸入至近滤纸面慢慢加入,加完后打开活塞让液面降至滤纸面约 1 mm 处,关闭活塞。用滴管吸取少量石油醚冲洗柱内壁,打开活塞,让液体流至柱内。用滴管吸取石油醚-丙酮洗脱剂(体积比 9∶1)进行洗脱⑥,让洗脱剂逐渐流下,当橙黄色色带流至柱底时,用一干净锥形瓶收下第一组分——β-胡萝卜素。将洗脱剂换成石油醚-丙酮(体积比 7∶3)洗脱,收集第二组分——棕黄色的叶黄素。最后用石油醚-丙酮(体积比为 1∶1)分别洗脱蓝绿色色带叶绿素 a 和黄绿色色带叶绿素 b。

(3) TLC分析

① 点样：分别用3根毛细管吸取浓缩液、柱分离后的胡萝卜素、叶绿素(需浓缩)，在离薄板一端1 cm处点样，点的直径约1～2 mm，3点要有一定的间距，点样后待溶剂挥发。

② 展开：在展开缸中加入0.5 cm的7∶3的石油醚-丙酮液，将点样后的玻片轻轻放入缸内，保持浓剂前沿平，盖上缸盖，让其展开，观察斑点位置，用铅笔标记出样品斑点，计算各色素的比移值 R_f。

测得的比移值数据可能与表3-6文献报道数值不完全相同，但十分接近，是因为展开剂有差异。其中新黄质结构中含有3个羟基，与硅胶G中硅醇结合较紧，展开速度较慢，紫黄质结构中含有双羟基及双环氧，其展开速度慢于仅含双羟基的叶黄素而快于新黄质。

表3-6 菜叶片中色素分离鉴定 R_f 文献值

色素名称	颜色	R_f(文献值)
β-胡萝卜素	纯黄色	0.96
叶绿素a	蓝绿	0.70
叶绿素b	黄绿	0.63
叶黄素	黄色	0.52
紫黄质	青黄	0.38
新黄质	黄色	0.19

附注：

① 叶黄素在菜叶中含量较少，经提取洗涤损失部分，且叶黄素易溶于醇而在石油醚溶解度较小，故在柱层析中不易分出叶黄素色带。

②③ 石油醚萃取和水洗振摇时不宜太激烈，避免乳化，给分离带来困难。

④ 硅胶的量视色谱柱的长短和粗细而定。

⑤ 硅胶较重，加入柱内会自然沉降，在用滴管吸取时必须搅匀。

⑥ 在装柱和洗脱过程中，柱不能干裂。

实验51 从橙皮中提取柠檬烯

植物组织中获取的挥发性成分为精油，它们大部分具有令人愉快的香味。从橙子、柠檬和柚子等水果皮中提取的精油90%以上是柠檬烯。精油常用水蒸气蒸馏的方法来提取。

柠檬烯属于萜烯类化合物。萜类化合物是指基本骨架可看作由两个或更多的异戊二烯以头尾相连而构成的一类化合物。根据分子中的碳原子数目分为单萜、倍半萜、二萜和多萜等。柠檬烯是一环状单萜化合物，它的结构式如图3-14。

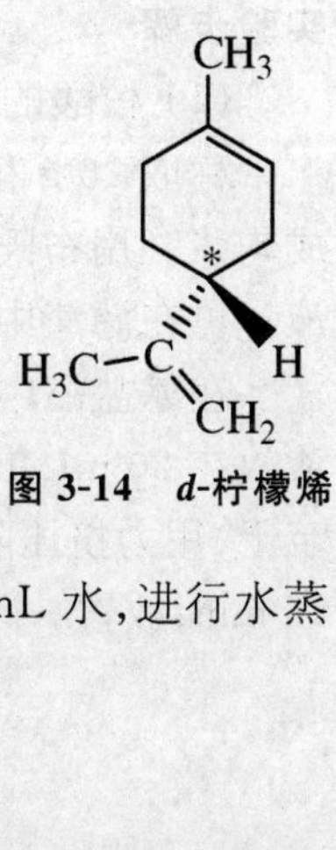

图3-14 *d*-柠檬烯

在柠檬烯分子中有一个手性碳原子，存在光学异构体。在水果果皮中的天然柠檬烯是以(+)或 *d*-的形式出现，通常称为 *d*-柠檬烯，它的绝对构型是R型。

实验步骤

将2～3个橙子皮① 剪成小碎片后，放入250 mL的三颈瓶中，加入30 mL水，进行水蒸气蒸馏。待馏出液达 50～60 mL 时即可停止。这时可观察到馏出液水面上浮有一片薄薄的油层。将馏出液倒入分液漏斗中，用二氯甲烷萃取 3 次，每次 10 mL。合并 3 次萃取液放在 50 mL 锥形瓶中，加入无水硫酸钠干燥。干燥液滤入 50 mL 茄形瓶中，用旋转蒸发仪蒸去二氯甲烷。瓶中留下的少量的橙黄色的液体即为橙油。通过气相色谱分析②，可测得橙油中柠檬烯的含量在 95%以上(见图 3-15)。同时可测定折射率和旋光度③。

纯粹柠檬烯的沸点为 176 ℃，折射率 n_D^{20} 1.4727，$[\alpha]_D^{20}$ +125.6。

附注：

① 橙皮最好是新鲜的，干的效果较差。

② 色谱仪：上海分析仪器厂 102G 型；检测器：热导池；色谱柱：ϕ3 mm × 3 m；固定液：SE-30 5%；柱温：101 ℃；汽化温度：185 ℃；载气：氢气；进样量：0.5～1 μL。

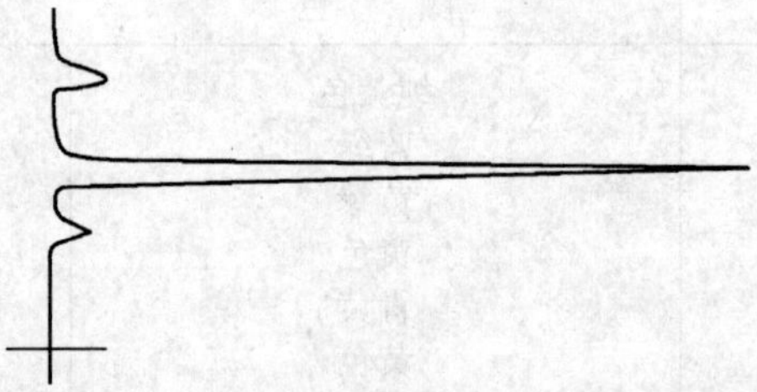

图 3-15　橙皮中提取产物的气相色谱图

③ 旋光度的测定是将几个学生所收集的橙油合并起来，以得到足够数量，用 95%乙醇配成 5%的溶液进行测定。为了便于比较，同时用纯粹的柠檬烯配成 5%的乙醇溶液进行旋光率的测定。

实验 52　花椰菜中核酸的分离和鉴定

用冰冷的稀三氯乙酸或高氯酸在低温下提取菜花匀浆，以除去溶于酸的小分子物质，再用有机溶剂，如乙醇、乙醚等提取，去除脂溶性的磷脂等物质，最后用 10%氯化钠溶液和 1 mol · L^{-1} 高氯酸分别提取 DNA 和 RNA。

由于核糖和脱氧核糖有特殊的颜色反应，经显色后所呈现颜色的深浅在一定范围内和样品中所含的核糖和脱氧核糖的量成正比，因此可用定糖法来定性、定量测定核酸。

实验步骤

(1) 核酸的提取与分离

称取 20 g 花椰菜的花冠，剪碎后置于研钵中，加入 20 mL 95%乙醇和 0.4 g 细沙，研磨成匀浆。用布氏漏斗抽滤，弃去滤液。在滤渣中加入 20 mL 丙酮，搅拌均匀后抽滤，弃去滤液。再在滤渣中加入 20 mL 丙酮，搅拌 5 min 后抽干，尽量除去丙酮。

在冰盐浴中将滤渣放在预冷的 20 mL 5%高氯酸溶液中，搅拌后抽滤，弃去滤液。将滤渣放在 20 mL 95%乙醇中，搅拌抽滤，弃去滤液。滤渣中加入 20 mL 丙酮，搅拌 5 min，抽滤至干，用力挤压除去丙酮。将干燥的滤渣放在 40 mL 10%氯化钠溶液中，在沸水浴中加热 15 min，放置，冷却，抽滤至干，保留滤液。再将滤渣重新放在 10%氯化钠溶液中的重复操作一次，两次滤液合并，为提取物一。

将滤渣重新放在 20 mL 0.51 mol · L^{-1} 高氯酸溶液中，加热到 70 ℃，维持在此温度 20 min，抽滤，保留滤液作提取物二。

(2) RNA、DNA 的定性鉴定

测定核糖常用的方法是加入苔黑酚(3,5-二羟基甲苯)。当含有核糖的 RNA 与浓盐酸及 3,5-二羟基甲苯在沸水浴中加热 10～20 min 后，有绿色物产生，这是因为 RNA 脱嘌呤后的核糖与酸作用生成糠醛，再与 3,5-二羟基甲苯作用产生绿色物质。

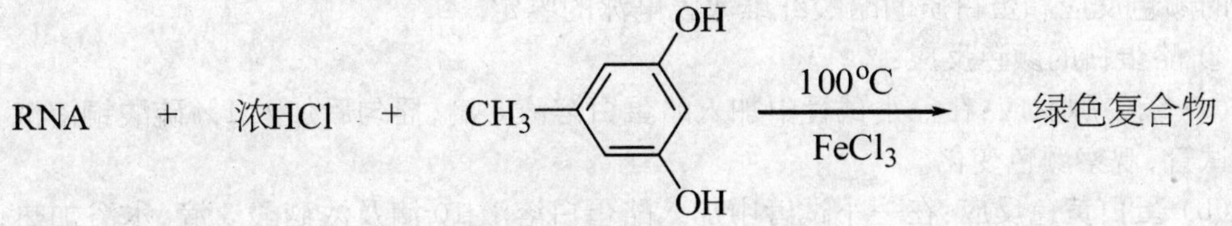

DNA、蛋白质和多糖等物质对测定有干扰作用。

测定脱氧核糖常用的方法是加入二苯胺。含有脱氧核糖的 DNA 在酸性条件下和二苯胺在沸水浴中共热 10 min 后，产生蓝色。这是因为 DNA 嘌呤核苷酸上的脱氧核糖与酸生成 ω-羟基-6-酮基戊醛，再与二苯胺作用产生蓝色物质。

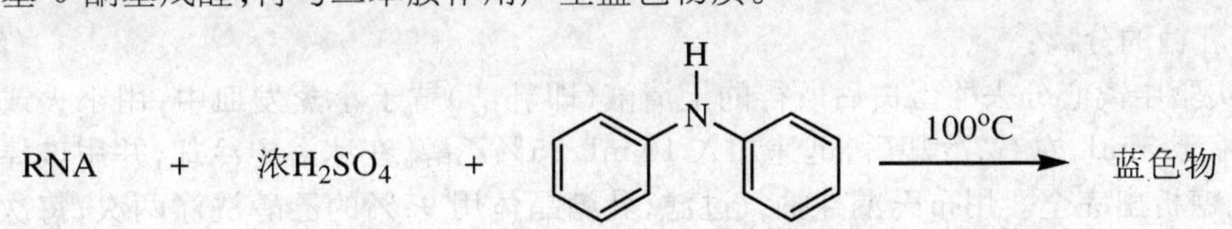

实验 53 从牛奶中分离鉴定酪蛋白和乳糖

酪蛋白是牛奶中主要蛋白质，其浓度约为 35 g · L^{-1}，是含磷蛋白质的复杂混合物。蛋白质是两性化合物，溶液的酸碱性直接影响蛋白质分子所带的电荷。当调节牛奶的 pH 值达到酪蛋白的等电点(pⅠ)4.8 左右时，蛋白质所带正、负电荷相等，呈电中性，此时酪蛋白的溶解度最小，将会以沉淀的形式从牛奶中析出。而乳糖仍存在于牛奶中，通过离心的方法能将酪蛋白和乳糖分离出。根据酪蛋白不溶于乙醇和乙醚的特性，可用乙醇洗涤以除去粗制品中的脂质，使酪蛋白初步得到纯化。

在牛奶中含有 4%～6%的乳糖，乳糖是一种二糖，它由一分子半乳糖及一分子葡萄糖通过 β-1,4-苷键连接起来。在乳糖分子中，仍保留着葡萄糖部分的半缩醛羟基，所以乳糖是还原性二糖，它的水溶液有变旋光现象，达到平衡时的比旋光度是 +53.5°。含有一分子结晶水的乳糖熔点为 210 ℃。

实验步骤

(1) 牛奶中酪蛋白的分离和鉴定

① 酪蛋白的分离：

取 50 mL 去脂牛奶① 置于 150 mL 烧杯内。用水浴小心加热至 40 ℃，维持此温度，边搅拌边慢慢滴加醋酸与水(体积比 1:9)的溶液，此时即有白色的酪蛋白沉淀析出。继续滴加稀醋酸溶液，直至酪蛋白不再析出为止(约 2 mL)，此时混合液的 pH 值为 4.8②。继续搅拌并使此悬浊液冷却至室温。放置 10 min 后，将混合物转入离心杯中，于3000 $r \cdot min^{-1}$ 离心 15 min(离心时注意平衡)。上清液(乳清)经漏斗过滤于蒸发皿中，作乳糖的分离与鉴定试验。沉淀(即酪蛋白)转移至另一烧杯内，加 20 mL 95%的乙醇，搅匀后于布氏漏斗中抽气过滤，用乙醇-乙醚(体积比为 1∶1)混合液小心洗涤沉淀两次，每次约 10 mL，最后再用 5 mL 乙醚洗涤 1 次，然后抽滤至干。将干粉铺于表面皿上在室温下挥发完全除去乙醚后，烘干，称量并计算牛奶中酪蛋白的含量。

称取 0.5 g 酪蛋白溶解于 5mL 含有 0.4 $mol \cdot L^{-1}$ 氢氧化钠的生理盐水中，分别用于蛋白质的颜色反应和蛋白质的醋酸纤维薄膜电泳的鉴定。

② 酪蛋白的颜色反应：

(a) 缩二脲反应：在一小试管中加入酪蛋白溶液 5 滴，摇匀后加入 1%硫酸铜溶液 2 滴，振摇试管，观察颜色变化。

(b) 蛋白黄色反应：在一小试管中加入酪蛋白溶液 10 滴及浓硝酸 3 滴，水浴加热，生成黄色硝基化合物。冷却后再加入 5%氢氧化钠溶液 15 滴，溶液呈橘黄色。

(c) 茚三酮反应：在一小试管中加入酪蛋白溶液 10 滴，再加入茚三酮试剂 4 滴，加热至沸，即有蓝紫色出现。

(2) 乳糖的分离与鉴定

① 乳糖的分离：

将实验中离心分去酪蛋白后所得的上清液(即乳清)置于小蒸发皿中，用小火或蒸气浴小心浓缩至 5 mL 左右，冷却后，迅速加入 10 mL 95%乙醇，在冰浴中冷却，并用玻棒搅拌摩擦，使乳糖析出完全。用布氏漏斗抽气过滤，乳糖晶体用 95%的乙醇洗涤两次，每次 5 mL。即得粗乳糖晶体。

粗乳糖用水-乙醇混合溶剂重结晶。将得到的粗乳糖晶体溶于尽可能少(约 8～10 mL)的热水中(50～60 ℃)。然后再在此热溶液中缓慢滴加乙醇，边加边摇，直至产生混浊为止，再小心在水浴中加热使混浊消失。将混合液放置过夜，让其自然冷却，析出晶体。抽滤，晶体用少量 95%乙醇洗涤两次，抽干。产物即为含有一分子结晶水的纯乳糖($C_{12}H_{22}O_{11} \cdot H_2O$)。将精制后的乳糖干燥并测定其比旋光度。

② 乳糖的变旋光现象③：

精确称取 1.25 g 乳糖于一小烧杯中，加入少量蒸馏水使乳糖溶解，迅速转入 25 mL 容量瓶中，用蒸馏水将溶液稀释至刻度，混匀。小心将溶液装入旋光管中，立即测定其旋光度。每隔 1 min 测定 1 次，至少测定 6 次，8 min 内完成，记录数据。10 min 后，每隔 2 min 测定 1 次旋光度，至少测定 8 次，20 min 内完成，记录数据并计算比旋光度。迅即在样品管中加入 2 滴浓氨水④摇匀，静置20 min后测其旋光度并计算出比旋光度$[\alpha]_D^{20}$。

③ 乳糖的水解及水解物的 TLC 鉴定：

(a) 乳糖的水解与糖脎的生成。取 0.5 g 自制的乳糖放在一大试管中，加入 5 mL 蒸馏水使其溶解，取出 1 mL 乳糖溶液放在另一试管中，加入新鲜配制的盐酸苯肼-醋酸溶液⑤ 1 mL，摇匀，置沸水浴中加热 30 min，取出试管，慢慢冷却结晶。取少量结晶在低倍显微镜下观察两种糖脎结晶的形状。

(b) 在剩下的溶液中加入 2 滴浓硫酸，在沸水浴中加热 15 min，使反应液冷却后加入 10%碳酸钠溶液使呈碱性，红色石蕊试纸变蓝。

(c) 糖类的 TLC 鉴定：

用 0.02 mol · L^{-1}醋酸钠调制的硅胶 G 铺板,用溶剂乙酸乙酯 : 异丙醇 : 水 : 吡啶(体积比为 26 : 14 : 7 : 27)进行展开。

展开后用苯胺-二苯胺-磷酸⑥为显色剂,喷洒后在 110 ℃烘箱加热至斑点显出,进行硅胶 TLC 鉴定时用 10 g · L^{-1}葡萄糖,半乳糖及乳糖进行对照。计算 R_f 值。

附注:

① 牛奶在实验前不能放置很久,时间过长则其中的乳糖会慢慢变为乳酸影响乳糖分离。

② 加入的醋酸不可过量,过量酸会促使牛奶中的乳糖水解为半乳糖和葡萄糖。

③ 进行乳糖的变旋光现象操作时应先将测定的仪器和药品准备好,溶液的配置应尽量在 2 min 内完成。

④ 氨水能迅速催化乳糖的变旋光现象,使之达到平衡。

⑤ 苯肼有毒使用应小心,如触及皮肤,可用稀醋酸洗,再用水冲洗。

⑥ 显色剂苯胺-二苯胺-磷酸的配制:由 5 份 4%苯胺乙醇溶液、5 份 4%二苯胺乙醇溶液和 1 份浓磷酸,三者混合均匀配制而成。如发现有沉淀出现,可静止过夜后滤去沉淀。尽可能现用现配。

实验 54 头发中提取 L-胱氨酸

毛发(包括人发、鸡鸭毛、猪毛等)都是天然的角蛋白质,属于 α-角蛋白质,由多种 α-氨基酸组成,用盐酸水解后,即可得到混合氨基酸溶液。其中 L-胱氨酸的含量最高,约占各种 α-氨基酸总量的 18%。

混合氨基酸可分离出各种 α-氨基酸,也可直接作为鸡、鸭、猪、奶牛等的饲料添加剂,以提高肉、蛋品和牛奶的质量。L-胱氨酸具有促进机体细胞氧化和还原作用,在医学临床上主要用于治疗各种脱发症,也可用于治疗痢疾、伤寒、肝炎等急性传染病。L-胱氨酸除了药用外,还广泛用于食用油脂抗氧剂、日用化学品添加剂。

通过水解毛发提取胱氨酸,为了高效率提取胱氨酸要严格控制水解条件。影响毛发水解的因素较多,如水解液中酸的浓度、水解温度以及水解时间等。一般来说,酸的浓度高有利于加速水解,否则水解速度慢。水解过程中温度的把握要适中,温度太低会延长水解时间,温度高能缩短水解时间,但加剧对胱氨酸的破坏,一般以 110 ℃为宜。另外,要控制水解时间,正确判断水解终点,如果水解时间过短,水解不完全,水解时间过长,则氨基酸容易被破坏。采用缩二脲试验可确定水解终点。缩二脲在碱性介质中与二价铜盐反应生成有粉红色或紫色的配合物,观察到显色,试验呈阳性。

$$NH_2\overset{\overset{\displaystyle O}{\|}}{C}NH\overset{\overset{\displaystyle O}{\|}}{C}NH_2 + NaOH \xrightarrow{Cu^{2\oplus}} \left(NH_2\overset{\overset{\displaystyle O}{\|}}{C}NH\overset{\overset{\displaystyle O}{\|}}{C}NH_2\right)_2 \cdot 2NaOH \cdot Cu(OH)_2$$

蛋白质及其分解产物多肽也会发生缩二脲阳性反应,形成的铜配合物的颜色,取决于被肽键所结合的氨基酸数目。例如,三肽显紫色,四肽或多肽显红色,而氨基酸及二肽只显蓝色,此为缩二脲的阴性反应。所以只有当毛发水解液呈阴性反应,水解近终点。

反应流程

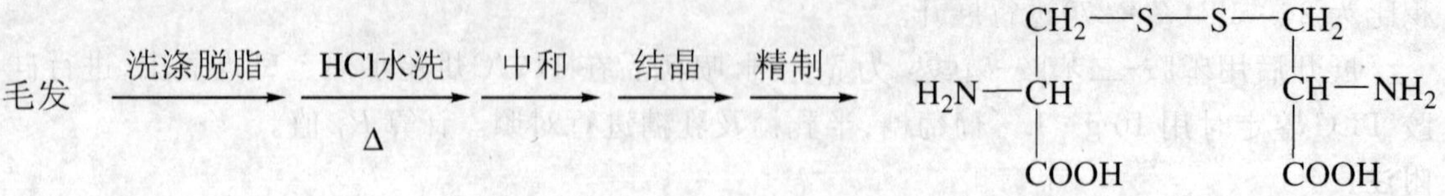

实验步骤

将头发放在 500 mL 烧杯中,加入少许洗发精和 150 mL 温热水,不断搅拌,洗净毛发中的油脂,倾滗弃去洗涤液,再用清水反复洗涤数次,然后晒干。

在 500 mL 三颈瓶上装置搅拌器、回流冷凝管和温度计。在瓶中称取 50 g 洗净晒干的头发,再加入 100 mL 30%的盐酸,边搅拌边加热至 110 ℃左右。在此温度搅拌水解 8 h。用缩二脲试验检验是否水解完全。

用一试管取 0.5 mL 毛发水解液,加入 0.5 mL 10%氢氧化钠水溶液,再加 1 滴 2%硫酸铜溶液,振摇后,若溶液显粉红色或紫色,表明水解不完全。再加入少量盐酸溶液,继续搅拌水解直至检验水解液对硫酸铜呈阴性反应。

水解结束后,停止加热,溶液中加入活性炭,加热微沸片刻,趁热过滤。取 2 mL 滤液作氨基酸鉴定用。剩余的滤液用 30%氢氧化钠中和,中和时,保持温度在 50 ℃左右,并不断搅拌,不时测试 pH 值,当 pH 值达到 3.0 时,慢慢滴加碱,直到 pH 值到 4.8~5.0 为止。继续搅拌 20 min,若 pH 不再变化,则停止加碱。在室温下静置、冷却、结晶,使 L-胱氨酸析出,抽滤后得到 L-胱氨酸粗品。

将粗产物放入 250 mL 圆底烧瓶中,加入 70 mL 30%盐酸,加热使粗产物溶解,然后加入 1 g 活性炭,装上回流冷凝管,加热回流 20 min。趁热过滤,用少量稀盐酸洗涤滤饼,洗涤液与滤液合并。若滤液黄色较深,加入活性炭再脱色一次。

将无色澄清的滤液用 12%氨水中和至 pH = 4,在室温下静置、冷却结晶,过滤。所得晶体用少量热水洗涤(除去酪氨酸)然后依次用少量乙醇、乙醚淋洗一遍,抽干后即得产物 L-胱氨酸。干燥后称重,计算产率。测熔点和旋光度。

纯粹 L-胱氨酸的熔点为 260~262 ℃, $[\alpha]_D^{20} = -216°$ ($c = 0.69$, 1 mol · L^{-1} HCl)。

二十　多步骤系列反应

多步骤系列合成是从基本原料开始,经过一条合理的路线合成一个较复杂的化合物。要合成一个有用的有机化合物,一般都需经过几步甚至十几步反应才能得到。学生在有机化学基本操作技能和单步合成实验训练的基础上,进行多步骤系列合成反应,对学生实验能力和严格认真的科学态度的培养都极为有益。多步骤系列合成实验的开设:

1) 有利于学生实验能力的培养。从单步合成到多步系列合成,对学生实验操作技能和能力提出更高的要求,每步合成均需达到一定纯度和产量,才能使下步实验顺利进行。

2) 多步骤系列反应内容丰富,有难有易,可针对不同学生的情况因材施教。

3) 为学生今后进行科学研究奠定了良好的基础。

4) 避免单步合成产物的积压,减少废渣、废液、废气的排出,优化了环境。多步骤系列化合物的合成、分离、纯化等操作由常量到半微量到微量,学生根据不同规格采取不同的操作方法,使学生的实验能力由易到难,循序渐进,更接近科研。

实验 55 2,4-二氯苯氧乙酸(一种植物生长素)的合成

2,4-二氯苯氧乙酸又称 2,4-D,是一种应用十分广泛的除草剂和植物生长素。低浓度 2,4-二氯苯氧乙酸对植物生长具有刺激作用,能促进农作物早熟增产,防止果实早期落花落果。高浓度的 2,4-二氯苯氧乙酸对植物具有灭杀作用,可作除草剂,还可用作防霉剂。

2,4-二氯苯氧乙酸的合成方法主要有两类:先氯化法和后氯化法。前者以苯酚为原料,先氯化,再与氯乙酸缩合;后者以苯酚和氯乙酸为原料,先缩合,再氯化。

先氯化法

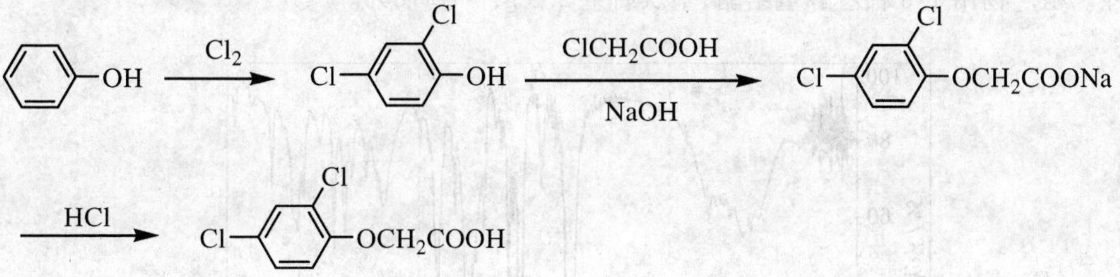

后氯化法

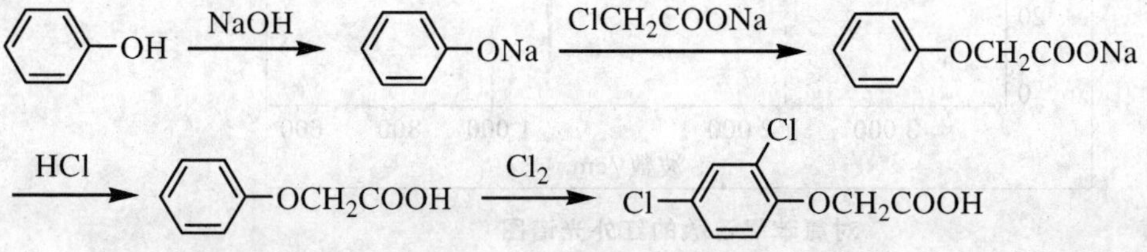

由于酚羟基对苯环的活化,在采用先氯化法时容易产生三氯苯氧乙酸副产物,而采用后氯化法得到的 2,4-二氯苯氧乙酸质量好,收率较高,因此应用较为广泛。工业上的氯化反应通常是通氯气,在教学实验中有一定的困难和危险,氯化反应常用次氯酸作氯化剂。

主要试剂和产物的物理常数

苯氧乙酸 $C_8H_8O_3$ FW 152.15

(2-Phenoxyacetic acid)

对氯苯氧乙酸 $C_8H_7ClO_3$ FW 186.59

(2-(4-Chlorophenoxy)acetic acid)

2,4-二氯苯氧乙酸 $C_8H_6Cl_2O_3$ FW 221.04

(2-(2,4-Dichlorophenoxy)acetic acid)

(1) 苯氧乙酸的合成

参见实验 17。

(2) 对氯苯氧乙酸的合成

反应式

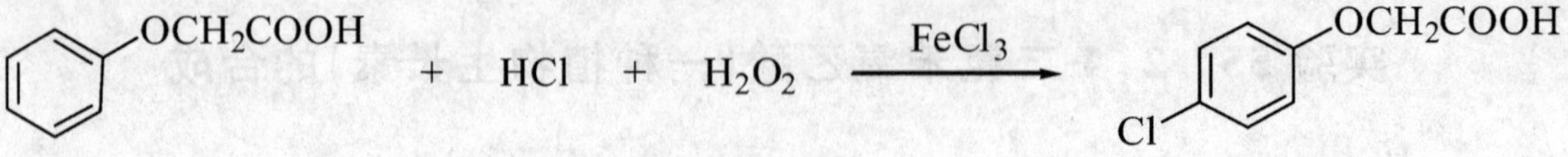

实验步骤

将 100 mL 三口烧瓶装置在磁力搅拌器上，瓶口装上回流冷凝管和滴液漏斗。在烧瓶中加入 3.0 g(0.02 mol)制得的苯氧乙酸和 10 mL 冰醋酸，启动搅拌并用水浴加热，当浴温升至 55 ℃时加入约 0.02 g 三氯化铁和 10 mL 浓盐酸①。加热浴温至 60～70 ℃时，自滴液漏斗慢慢滴加 3 mL 过氧化氢(33%)。滴完后维持此温度搅拌反应 20 min，再升温至瓶内固体全部溶解，然后慢慢冷却结晶，用冰水浴进一步冷却使结晶析出完全，抽滤，粗产物用水洗涤。粗产物用 1∶3 稀乙醇重结晶，干燥后重 2.9 g，产率 78%。

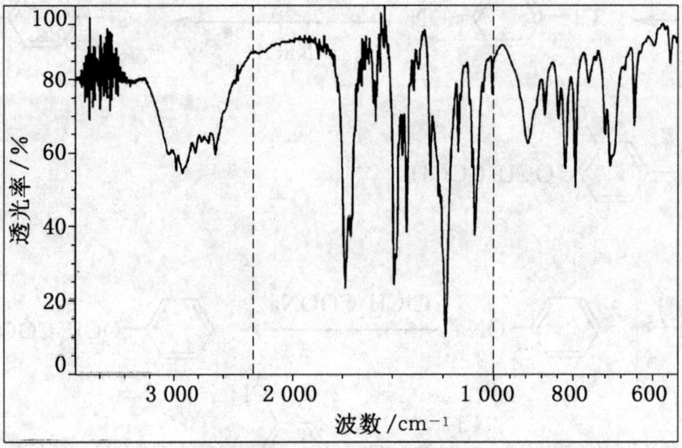

对氯苯氧乙酸的红外光谱图

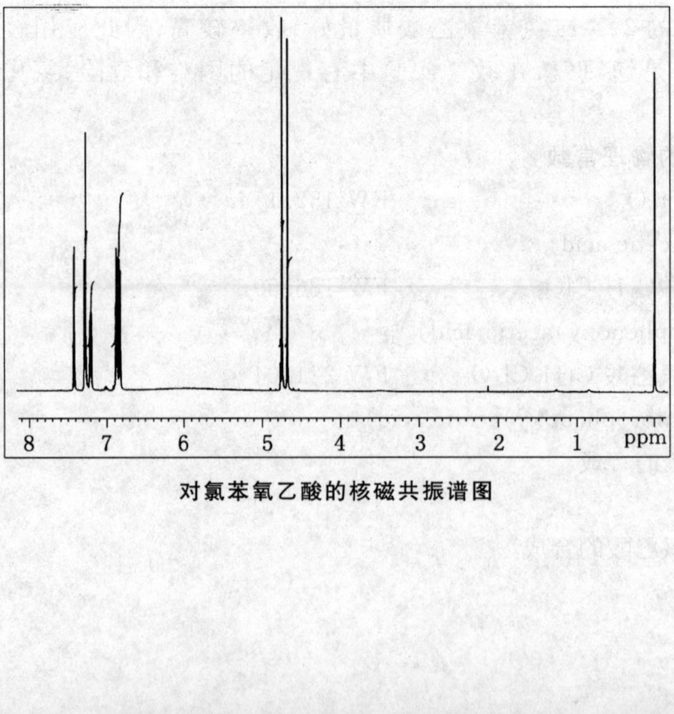

对氯苯氧乙酸的核磁共振谱图

(3) 2,4-二氯苯氧乙酸的合成

反应式

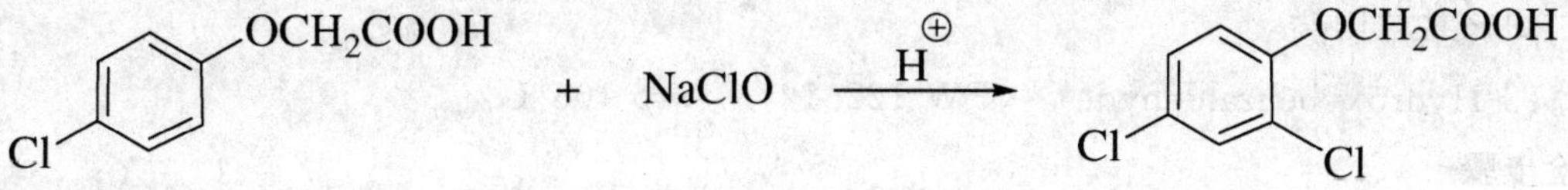

实验步骤

将 150 mL 锥形瓶放在磁力搅拌器上，瓶中加入 1.0 g(5.36 mmol)制得的对氯苯氧乙酸和 12 mL 冰醋酸，启动搅拌，使固体溶解。在冰水浴冷却下边搅拌边将 20 mL (0.014 mol)5%的次氯酸钠溶液自滴液漏斗滴加至锥形瓶中。滴加完后，撤去冰水浴，升温至 20～25 ℃继续搅拌反应 5 min。加入 50 mL 水，搅拌均匀后用 20%盐酸酸化至刚果红试纸变蓝。

将溶液转入分液漏斗，用乙醚萃取 3 次，每次 25 mL。合并醚层，用 15 mL 水洗涤 1 次，醚层用 10%碳酸钠溶液反萃取两次，每次 15 mL。将碳酸钠萃取液合并倒入烧杯中，用 20%盐酸酸化至刚果红试纸变蓝，静置、冷却结晶，抽滤。晶体用少量冷水洗涤。干燥，产物重 0.7 g，产率 59%。

实验 56 间羟基苯甲醛的合成

间羟基苯甲醛是染料、杀菌剂、照相乳化剂等化工产品合成的重要原料。此外，它是合成心血管药物"阿拉明"的重要中间体。

间羟基苯甲醛的合成由苯甲醛经硝化反应、醛基的保护、硝基还原、重氮化反应和水解得到。

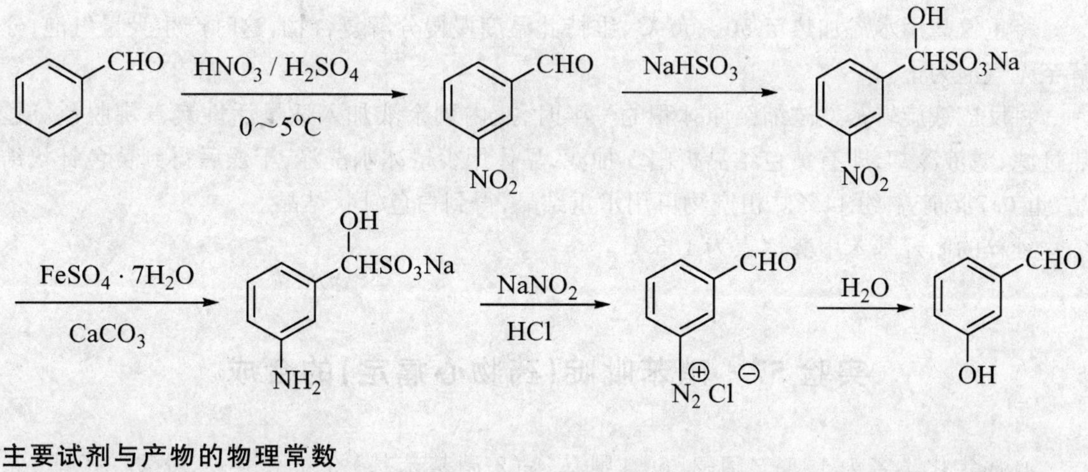

主要试剂与产物的物理常数

苯甲醛 C_6H_5CHO

(Benzaldehyde) FW 106.12 *bp* 178～179 ℃ *d* 1.044 n_D^{20} 1.5450

间硝基苯甲醛

(3-Nitrobenzaldehyde)　　FW 151.12　　*mp* 58 ℃

间羟基苯甲醛

(3-Hydroxybenzaldehyde)　　FW 122.12　　*mp* 106 ℃

实验步骤

(1) 间硝基苯甲醛的合成

将 50 mL 三口瓶安装在磁力搅拌器上，瓶的两口分别装置滴液漏斗和温度计。在瓶中加入 10.5 mL 浓硫酸，用冰盐浴冷却至 0 ℃，搅拌下加入 4.5 mL 浓硝酸。自滴液漏斗滴加 6 mL(0.06 mol)新鲜蒸过的苯甲醛，控制滴加速度，使反应温度保持在 0～5 ℃。维持此温度继续搅拌反应 1 h。

在 100 mL 烧杯中加入 25 g 碎冰和少量水，在搅拌下慢慢将硝化物倒入烧杯中，继续搅拌 20 min。抽滤，用冰水洗涤产物至中性，干燥，粗产物用水重结晶，得到淡黄色针状结晶，产物重 6.7 g，产率 74%，熔点为 57～58 ℃。

(2) 间羟基苯甲醛的合成

在 25 mL 烧杯中加入 8 mL 水和 2.0 g 亚硫酸氢钠，搅拌至全溶。在搅拌下分批加入 2.0 g(0.013 mol)间硝基苯甲醛，制成糊状加成物，若间硝基苯甲醛不全溶，可加热使其溶解，但温度不能超过 40 ℃，再加入 4 mL 水待用。

将 100 mL 三口瓶安装在磁力搅拌器上。瓶内加入 50 mL 水，装上回流冷凝管，加热瓶内水至 95 ℃，在搅拌下加入 9 g 碳酸钙和 2.0 g 硫酸亚铁，再加热至 95 ℃，将制得的糊状加成物在搅拌下分批加入至瓶中，并不断加热维持温度 93～95 ℃，如反应太剧烈，可停止加热。加完后维持温度在 93～95 ℃继续搅拌并每隔 5～10 min 测一次 pH，当 pH = 7 ～ 8 时，还原反应完成，约需 1 h。趁热抽滤，用 40 mL 热水洗涤滤渣，弃去滤渣。滤液倒入烧杯中冷却至 5 ℃时，加入 8 mL 浓盐酸，慢慢边搅拌边滴加 1.1 g 亚硝酸钠溶于 30 mL 水的溶液，滴加时控制温度在 4～5 ℃，滴加完后，维持此温度，继续搅拌 1 h。

将重氮盐用水浴加热至 50～60 ℃，维持此温度慢慢分解复合物，这时产生大量气泡，分解至无气泡为止。

将反应液旋转蒸发浓缩至原体积的一半时，瓶内剩余液加入适量活性炭煮沸脱色。趁热过滤，滤液冷却，即有黄色结晶析出。抽滤，晶体用少量冰水洗涤，干燥后得到黄色针状结晶，重 0.7 g，产率约 44%。粗产物可用水重结晶，得到白色针状结晶。

纯粹的间羟基苯甲醛熔点为 105 ℃。

实验 57　硝苯吡啶(药物心痛定)的合成

心痛定化学名为 1,4-二氢-2,6-二甲基-4-(2-硝基苯基)-3,5-吡啶二羧酸二乙酯，它是治疗心血管疾病的一种主要药物，具有增加冠状动脉血流量，减慢心率和降低心机耗氧量的作用。

反应式

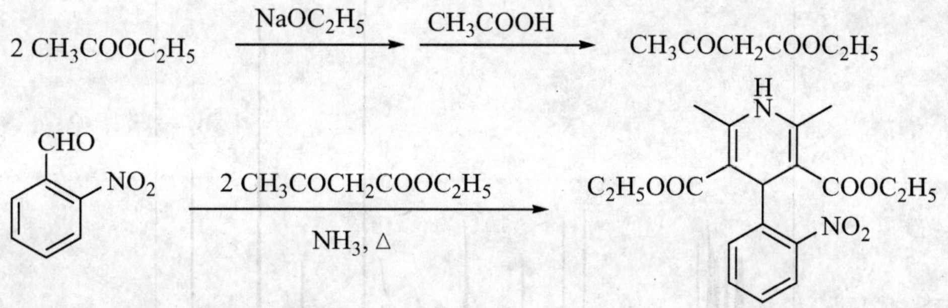

主要试剂与产物的物理常数

邻硝基苯甲醛 $C_7H_5NO_3$　FW 151.12　*mp* 40 ℃　*bp* 156 ℃

(2-Nitrobenzaldehyde)

乙酰乙酸乙酯 $CH_3COCH_2CO_2C_2H_5$　FW 130.14　*bp* 181 ℃　*d* 1.021　n_D^{20} 1.4190

(Ethyl acetoacetate)

1,4-二氢-2,6-二甲基-4-(2-硝基苯基)-3,5-吡啶二羧酸二乙酯　FW 374.39

(Diethy1-2,6-dimethy1-4-(2-nitrophenyl)-1,4-dihydropyridine-3,5-dicarboxylate)

实验步骤

(1) 乙酰乙酸乙酯的合成

参见实验 22。

(2) 心痛定的合成

在 100 mL 三口瓶安装搅拌器、回流冷凝管和滴液漏斗。瓶内加入 3.0 g(0.02 mol)邻硝基苯甲醛、6 mL(0.047 mol)乙酰乙酸乙酯和 15 mL 乙醇,加热回流。自滴液漏斗慢慢滴入 6.5 mL(0.165 mol)浓氨水。滴完后加热回流 6 h,停止加热。

稍冷后将反应瓶内混合物倒入盛有 40 mL 冰水的烧杯中,静置冷却,产物呈棕色黏状物。将烧杯置于超声波清洗器中振荡 15～20 min,棕色黏状固化成棕黄色固体。抽滤,用水洗涤固体。粗产物用乙醇重结晶,得到黄色粉末结晶,产物重 4.0～5.0 g,产率53%～67%。

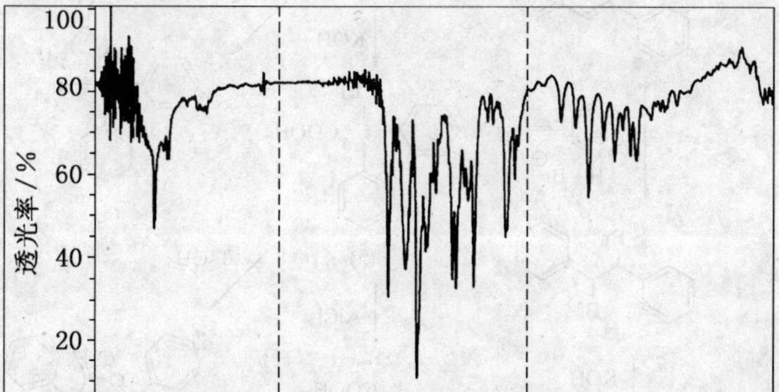

心痛定的红外光谱图

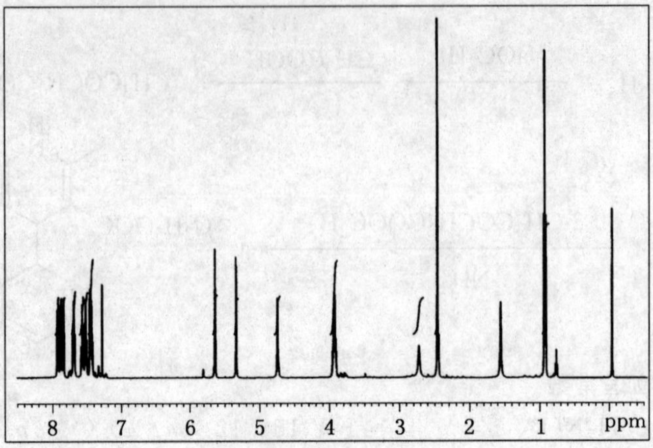

心痛定的核磁共振谱图

实验 58　安息香系列反应

以苯甲醛为起始原料的一套多步骤合成实验，首先将苯甲醛在辅酶——硫胺(维生素 B_1)催化下合成安息香，然后由安息香分别进行三组实验，见图 3-16。

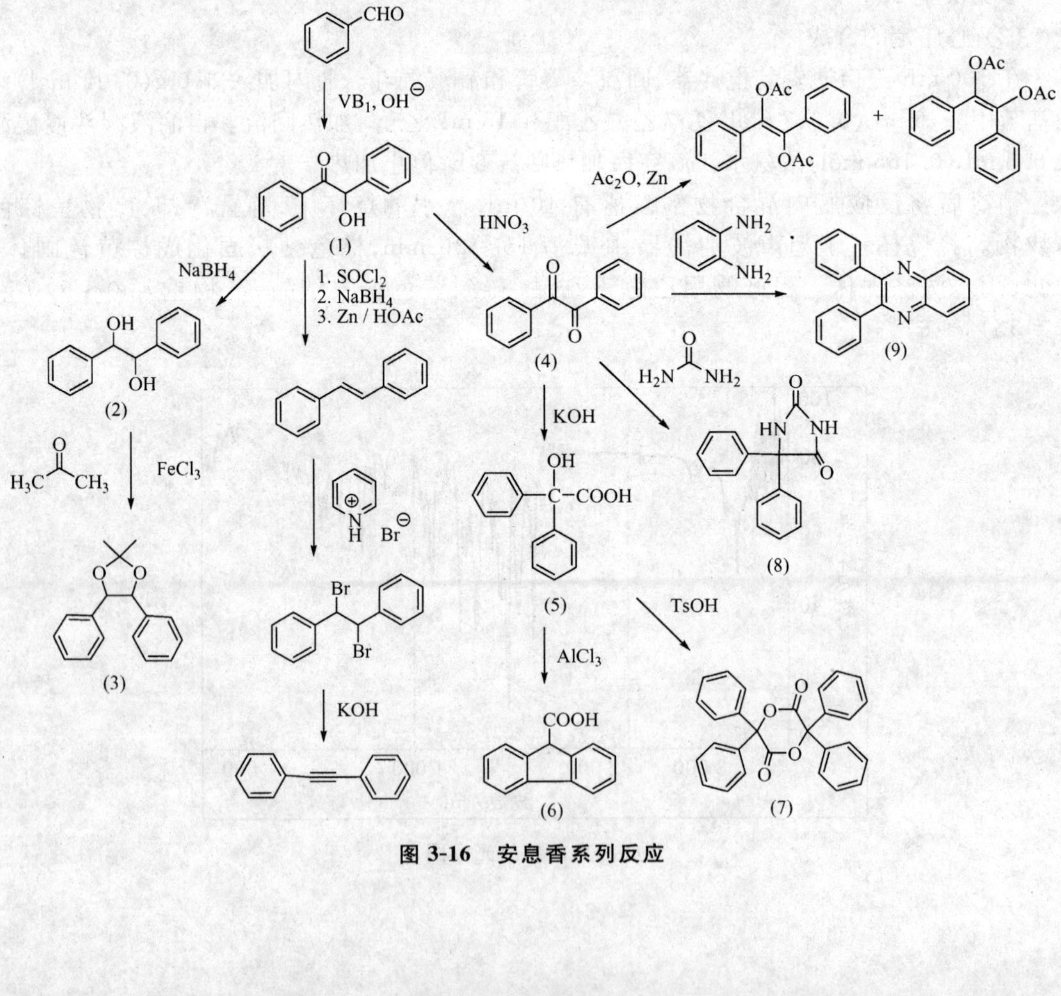

图 3-16　安息香系列反应

(1) 安息香的合成

由苯甲醛在氰离子催化下发生双分子缩合反应生成的 α-羟基酮叫安息香，因此这类缩合反应称为安息香缩合。

在氰负离子催化下的安息香缩合反应机理如下：

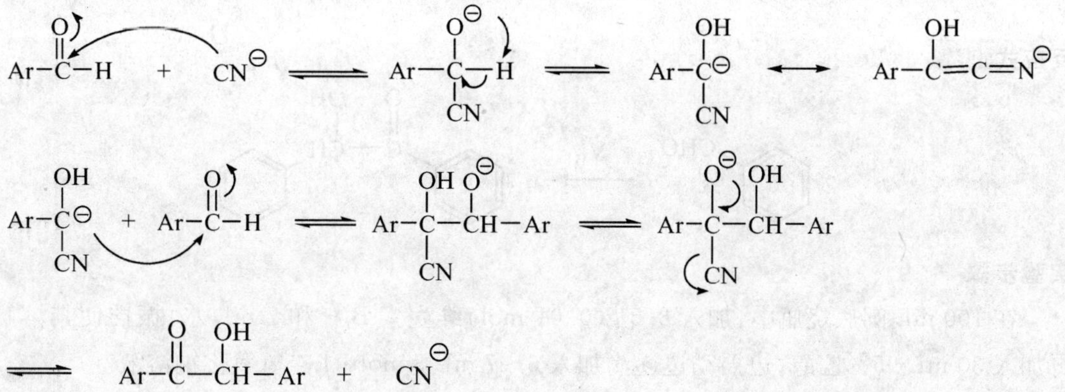

硫胺(维生素 B_1)是一种辅酶，在碱作用下可作为安息香缩合的催化剂，代替剧毒的氰化钠。

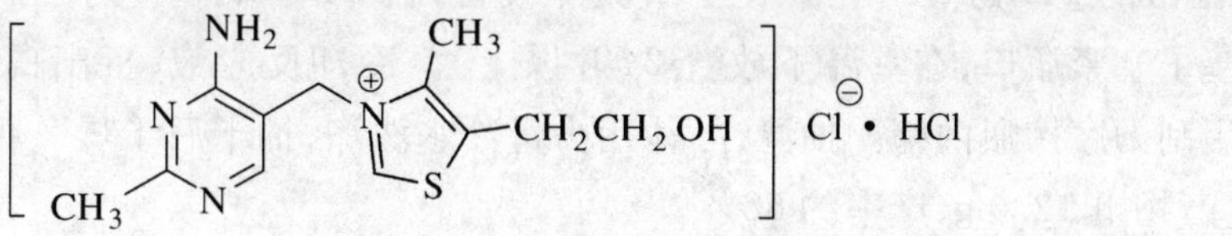

硫胺(维生素 B_1)的结构式

硫胺分子中噻唑环上氮原子和硫原子相邻碳上的氢有较大的酸性，在碱作用下易被除去，形成的共轭碱是一个高度稳定的内鎓盐。在它的作用下使苯甲醛缩合成安息香，其催化机理如下：

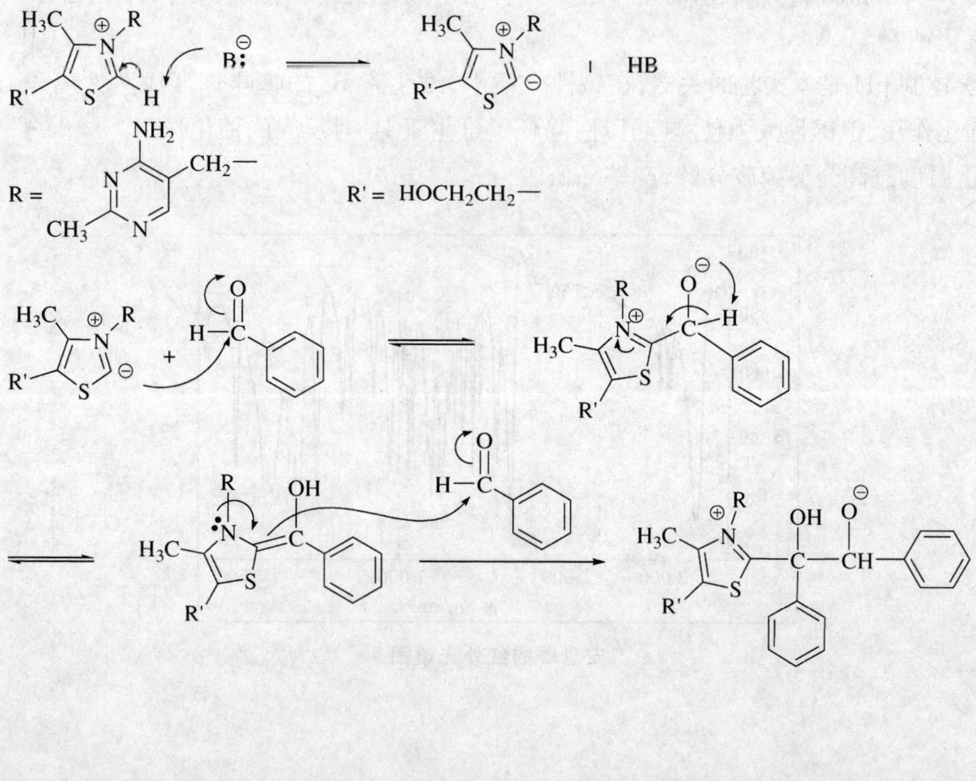

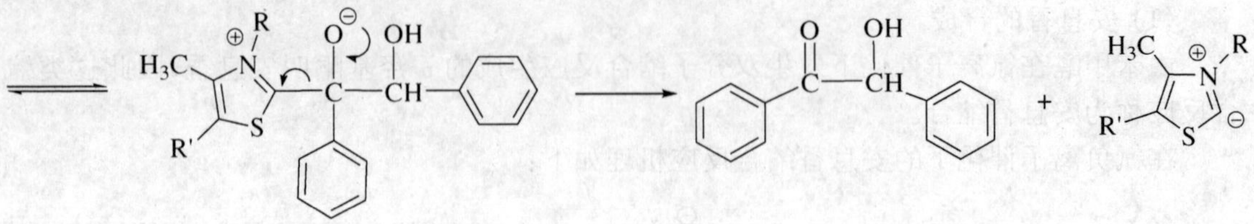

反应式

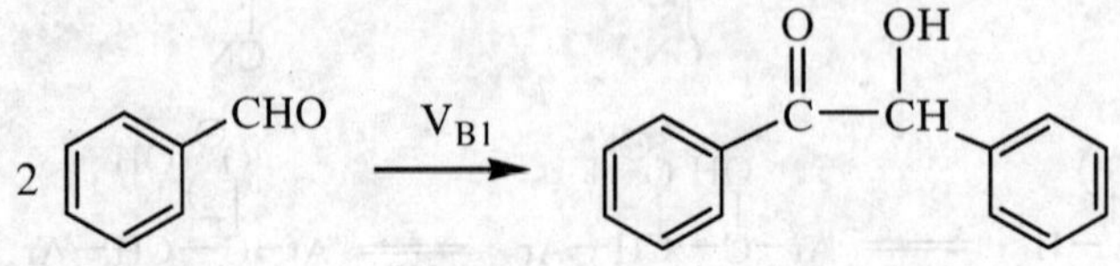

实验步骤

在 100 mL 圆底烧瓶中,加入 3.5 g(0.01 mol)维生素 $B_1$①和 7 mL 水,振摇使其溶解,再加入 30 mL 95%乙醇,边摇动边逐滴加入 6~7 mL 3 mol · L^{-1}氢氧化钠溶液。

量取 20 mL(20.8 g, 0.196 mol)新鲜蒸馏的苯甲醛②倒入上述反应液中,摇匀后测试 pH,使溶液的 pH 为 8~9③。装上回流冷凝管,在 60~75 ℃④的水浴里加热反应 90 min(或用塞子塞紧瓶口,在室温下放置 24 h 以上)。冷却反应液,析出白色晶体,若无晶体析出,可用刮刀摩擦瓶内壁。抽滤,晶体用少量冷水洗涤,抽干后干燥。粗产物用 95%乙醇重结晶。产物重 12.0 g,产率约 58%。

纯粹的安息香熔点 135~136 ℃。

附注:

① 维生素 B_1 受热易变质,将失去催化作用,应存放在冰箱里。

② 苯甲醛最好新鲜蒸过,若苯甲醛中含有苯甲酸,则会影响溶液的 pH,可酌情多加一些氢氧化钠。

③ 控制 pH 是本实验的关键,在碱性介质中,维生素 B_1 的噻唑环形成两性离子,对反应起催化作用,但碱性太强使噻唑开环,降低了维生素 B_1 对反应的催化作用。

④ 温度过高会使硫胺分解,产率降低。

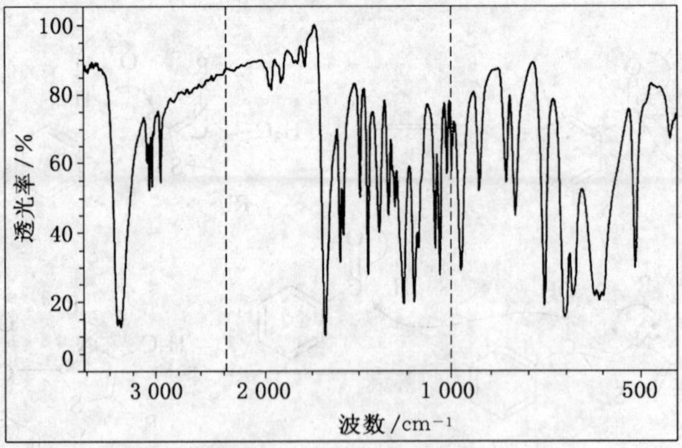

安息香的红外光谱图

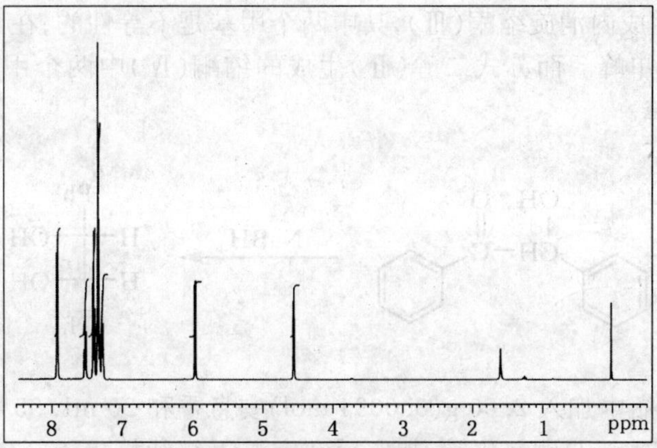

安息香的核磁共振谱图

(2) 赤-1,2-二苯基-1,2-乙二醇的合成

安息香还原可能得到两种不同构型的产物。

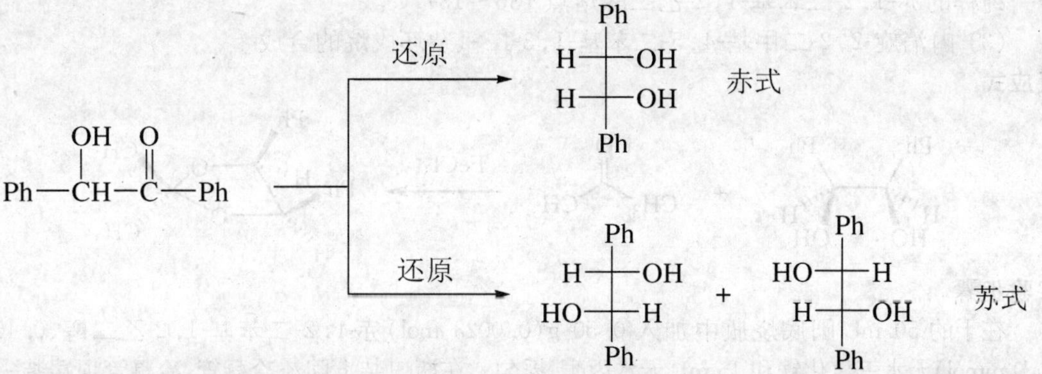

用硼氢化钠还原却是一个立体有选择性反应,主要生成内消旋的赤-1,2-二苯基-1,2-乙二醇。负氢从羰基的位阻最小的一面进攻,形成了内消旋的二醇。

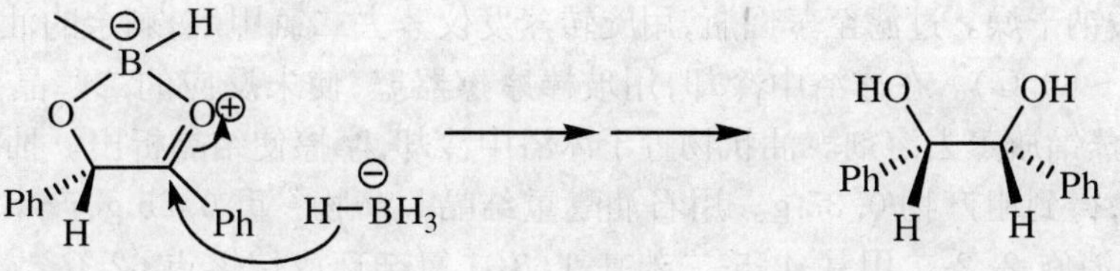

二醇结构测定可以在三氯化铁催化下与丙酮缩合,生成的产物用氢核磁共振进行测定。

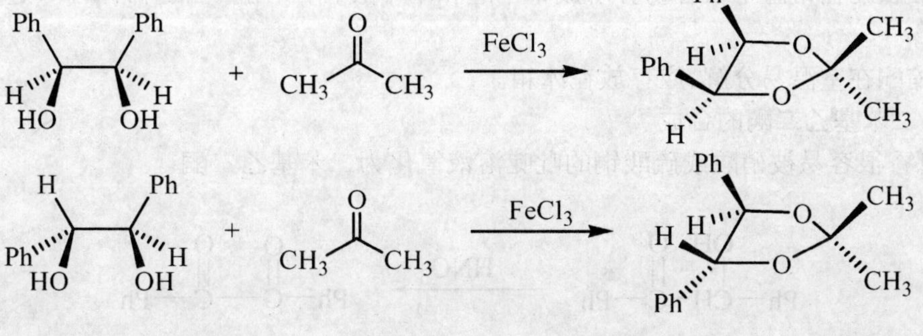

赤式二醇(Ⅰ)生成内消旋缩酮(Ⅲ),其中两个甲基是不等性的,在 NMR 谱图中分别在 1.50 和 1.71 处出现单峰。而苏式二醇(Ⅱ)生成的缩酮(Ⅳ)中两个甲基是等性的,只是在 1.60 处出现一个单峰。

反应式

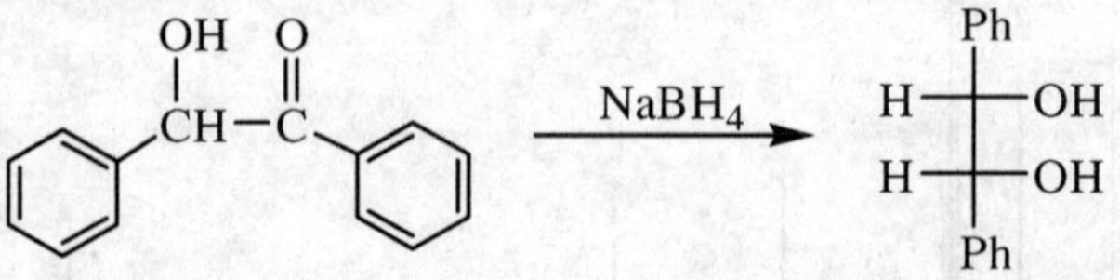

实验步骤

在 100 mL 锥形瓶中加入 2.00 g(0.0094 mol)安息香和 20 mL 95%乙醇。边搅拌边分批加入 0.20 g(0.0053 mol)硼氢化钠,加完后在室温下继续搅拌 15 min。反应完将锥形瓶置于冰水浴中边搅拌边加入 40 mL 水,以分解过量的硼氢化钠,再滴加入 1 mL18%盐酸。析出白色结晶,放置冷却使结晶完全。抽滤,用少量水充分洗涤几次。干燥后称重,产物重 1.71 g,产率约 85%。要进一步纯化,可用丙酮-石油醚重结晶。

纯粹的赤-1,2-二苯基-1,2-乙二醇熔点 136~137 ℃。

(3) 内消旋-2,2-二甲基-4,5-二苯基-1,3-二氧杂环戊烷的合成

反应式

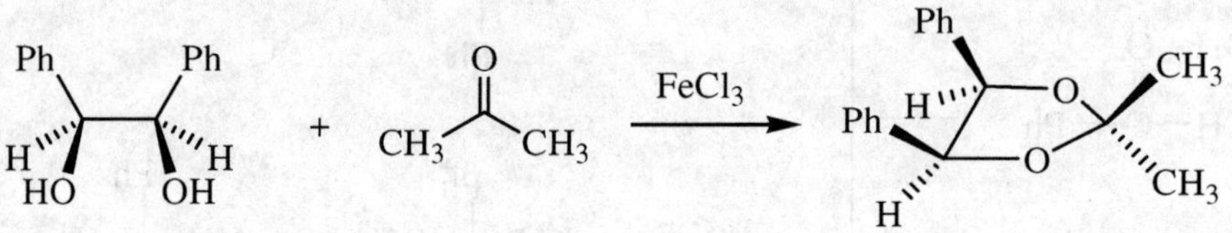

实验步骤

在干的 50 mL 圆底烧瓶中加入 0.50 g(0.0023 mol)赤-1,2-二苯基-1,2-乙二醇、0.15 g(0.9 mmol)无水三氯化铁和 15 mL 无水丙酮,摇匀。在瓶口装上回流冷凝管,冷凝管顶端装一氯化钙干燥管,加热回流 20 min。反应完后,冷却反应液,加入 5 mL 10%碳酸钾和25 mL水。

反应液用二氯甲烷萃取两次,每次 10 mL。合并萃取液,用 10 mL 水洗涤一次,分出有机层,用无水硫酸钠干燥。过滤至蒸馏瓶,用旋转蒸发仪蒸去二氯甲烷,剩余的油状物① 加入 10 mL 石油醚(30~60 ℃)。在冰浴中冷却,用玻棒摩擦器壁,使未反应的二醇晶体析出,过滤除去。滤液放入蒸馏瓶蒸去溶剂。油状物置于冰浴中冷却,摩擦使结晶析出。抽滤,晶体用少量冷石油醚洗涤,得到粗产物 0.35 g。用石油醚重结晶。产物② 重 0.25 g,产率 39%。

纯粹的内消旋-2,2-二甲基-4,5-二苯基-1,3-二氧杂环戊烷熔点 62 ℃。

附注:

① 油状物在常温下很容易分解成苯甲醛和苯甲酸,所以用石油醚稀释时一定要在冰浴下进行。

② 缩酮在室温易分解,应存放在冰箱。

(4) 二苯基乙二酮的合成

安息香很容易被硝酸或硫酸铜的吡啶溶液氧化为二苯基乙二酮。

反应式

实验步骤

在 150 mL 圆底烧瓶中加入 5.25 g(0.025 mol)安息香和 17.5 mL(25 g, 0.397 mol)浓硝酸,混合均匀。装上回流冷凝管并接上气体吸收装置,用稀碱吸收氧化氮气体。水浴加热 10～12 min,并间隙振动。在加热过程中固体逐渐溶解,同时生成黄色熔融油状物。

反应完后冷却,拆去气体吸收装置,自冷凝管顶端加入 100 mL 冰水,此时有黄色晶体析出,将反应瓶置于冰浴中冷却,使晶体析出完全。抽滤,用水洗涤晶体。粗产物用 95%乙醇重结晶,得到黄色针状结晶 4.02 g,产率约 77%。

纯粹的二苯基乙二酮熔点为 94～95 ℃。

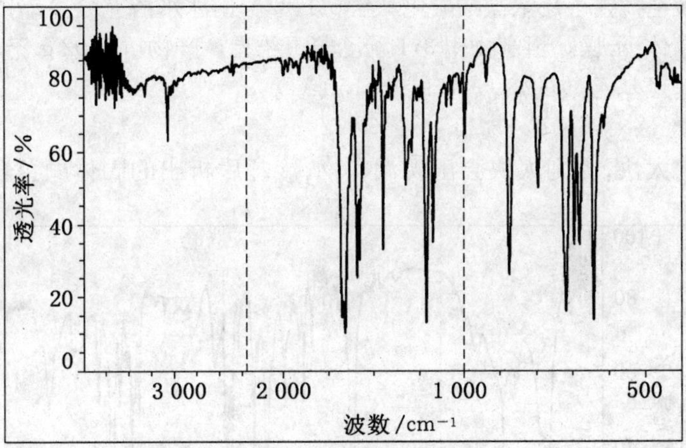

二苯基乙二酮的红外光谱图

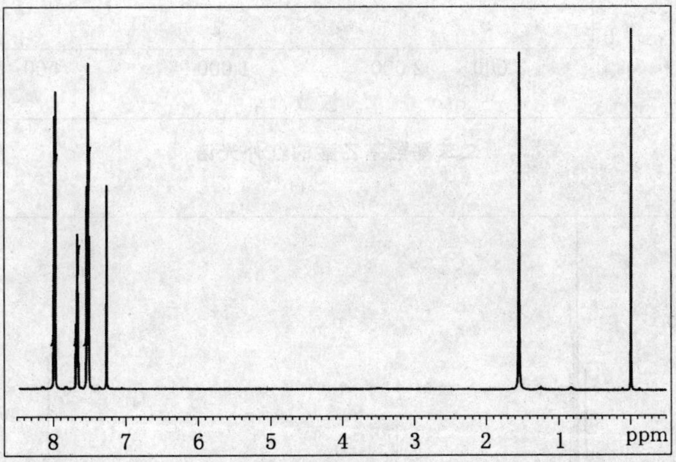

二苯基乙二酮的核磁共振谱图

(5) 二苯基羟基乙酸的合成

二苯基乙二酮为 α-二酮,用碱处理重排成 α-羟基酸盐(二苯基羟基乙酸盐),通常称这类反应为二苯基乙二酮-二苯基羟基乙酸重排。由于反应中生成了稳定的羧酸盐,使此重排成为一个不可逆过程。

反应式

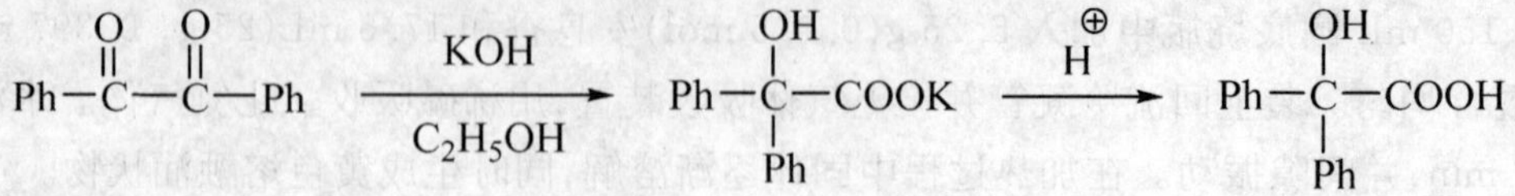

实验步骤

在 10 mL 锥形瓶中称取 2.5 g 氢氧化钾，溶于 6 mL 水中，摇匀冷却至室温后待用。

在 50 mL 圆底烧瓶中加入 2.52 g(0.012 mol)二苯基乙二酮和 10 mL 95%乙醇，不断摇动使固体溶解。若不溶可温热溶解。在振摇下加入冷的氢氧化钾溶液，装上回流冷凝管，水浴加热回流，直至原先的蓝紫色溶液转变为棕色为止，约需 30 min。加入 25 mL 水和适量活性炭，加热脱色，趁热过滤。滤液在搅拌下用浓盐酸酸化[①]至 pH=2。用冰水浴充分冷却，析出白色沉淀。抽滤，用少量水洗涤晶体，干燥。粗产物用 3∶1 稀乙醇重结晶。产物重 1.92 g，产率约 70%。

纯粹的二苯基羟基乙酸的熔点为 149～150 ℃。

附注：

盐酸酸化不宜太快，否则太快会出现油状物，冷却后析出的固体颜色较深。

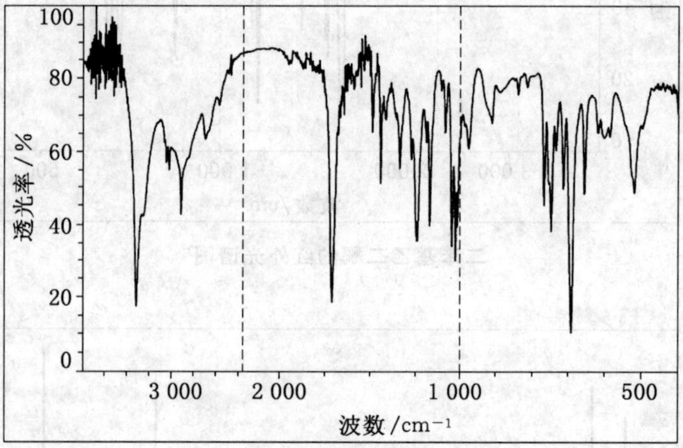

二苯基羟基乙酸的红外光谱

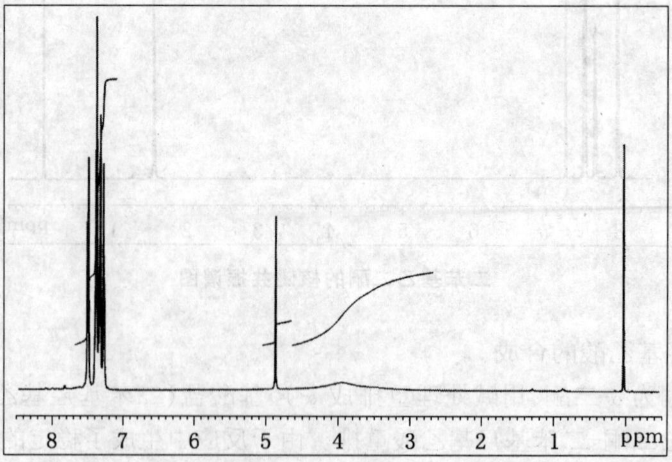

二苯基羟基乙酸的核磁共振谱图

(6) 9-芴羧酸

反应式

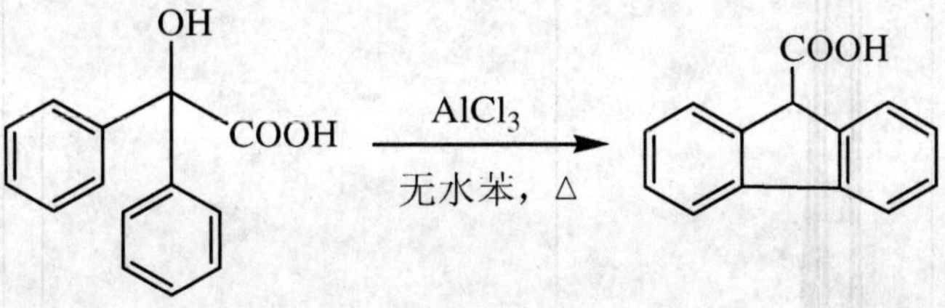

实验步骤

在 50 mL 的圆底烧瓶中加入 0.91 g(0.004 mol)二苯基羟基乙酸与 14 mL 无水苯,混合均匀后装上回流冷凝管,顶端装气体吸收装置和氯化钙干燥管。外用冰水浴冷却至瓶内出现晶体,取下冷凝管迅速加入 1.6 g(0.012 mol)无水三氯化铝,加热反应,开始氯化氢气体较多,加热可稍慢,待缓和时加热回流反应 3 h。

反应完后冷却,加入少量冰块,再加 10 mL 水和 4 mL 浓盐酸,用水蒸气蒸馏蒸去苯。瓶内粗产物趁热过滤。

将块状产物压碎,加入 10 mL 沸腾的 10%碳酸钠溶液,搅拌提取,过滤。滤渣再加 5 mL沸腾的 10%碳酸钠溶液搅拌提取。滤液合并,加少量活性炭煮沸脱色,热过滤。滤液冷却后用盐酸酸化至强酸性,冷却结晶,晶体用少量水洗涤,得到产物 0.78 g,产率约 93%。熔点为 219～222 ℃。

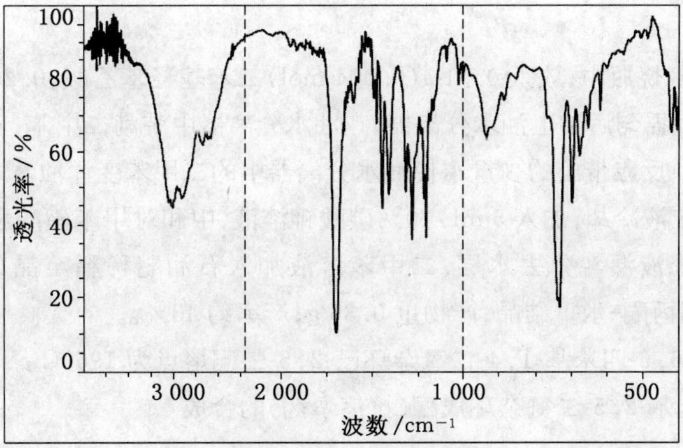

9-芴羧酸的红外光谱图

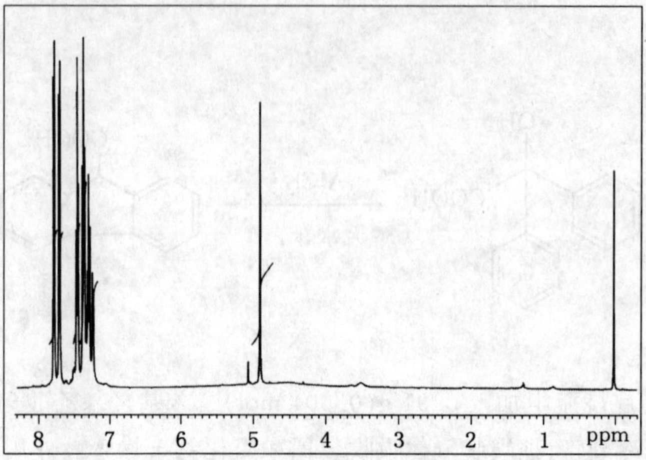

9-芴羧酸的核磁共振谱图

(7) 3,3,6,6-四苯基-1,4-二氧杂环己-2,5-二酮的合成

反应式

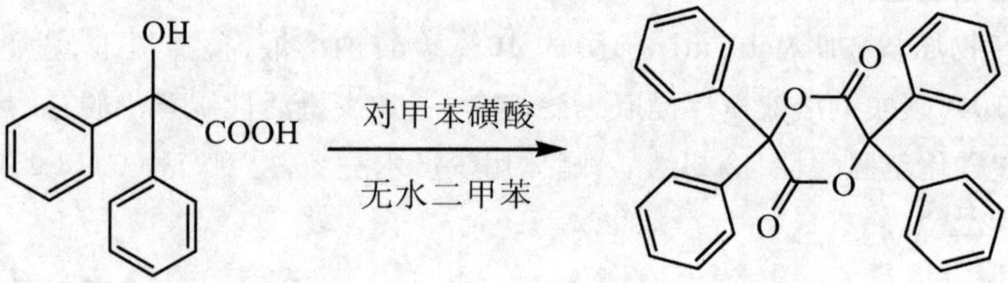

实验步骤

在 25 mL 圆底烧瓶中,放入 0.91 g(0.004 mol)二苯基羟基乙酸,0.20 g 对甲苯磺酸和 10 mL 无水甲苯。摇匀后装上油水分离器,在油水分离器中装满二甲苯,上端接一回流冷凝管。加热回流 2 h,反应带出的少量水使油水分离器中的二甲苯变浑浊。

反应完将反应液冷却,加入 5 mL 10%碳酸钾溶液,中和对甲苯磺酸和未反应的二苯基羟基乙酸。倒入分液漏斗分去水层,二甲苯溶液加入石油醚稀释至晶体完全析出,约需 15 mL。粗产物用丙酮-水重结晶,产物重 0.36 g,产率约 43%。

纯粹的 3,3,6,6-四苯基-1,4-二氧杂环己-2,5-二酮熔点为 196 ℃。

(8) 3,3-二苯基-2,5-二氮杂环戊酮(抗痉挛药)的合成

反应式

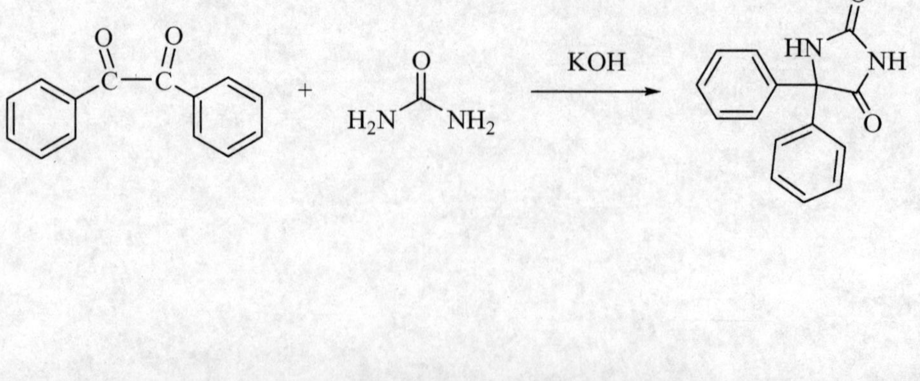

实验步骤

在 50 mL 圆底烧瓶中加入 1.0 g(0.005 mol)二苯乙二酮、0.5 g(0.008 mol)尿素、15 mL 95%乙醇和 3 mL 30%氢氧化钠溶液，水浴加热回流 2 h。反应完用冰水浴冷却。将反应混合物倒入盛有 25 mL 水的烧杯中，抽滤，除去固体杂质。滤液滴加 10%盐酸至石蕊试纸呈酸性。待固体析出完全，抽滤，固体用水洗涤，得到 3,3-二苯基-2,5-二氮杂环戊酮①粗产物。粗产物用丙酮重结晶，产物重 0.85 g，产率约 71%。

附注：

① 3,3-二苯基-2,5-二氮杂环戊酮是一种极强的抗痉挛药，实验处理时要特别小心，防止产生二苯乙内酰脲的蒸气污染实验室环境。

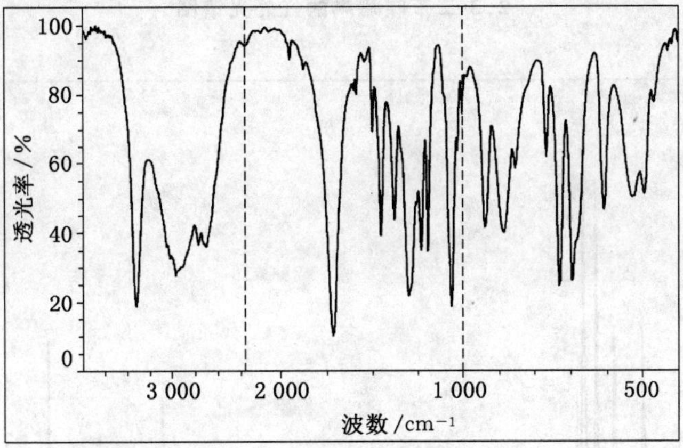

3,3-二苯基-2,5-二氮杂环戊酮的红外光谱图

(9) 2,3-二苯喹噁啉的合成

反应式

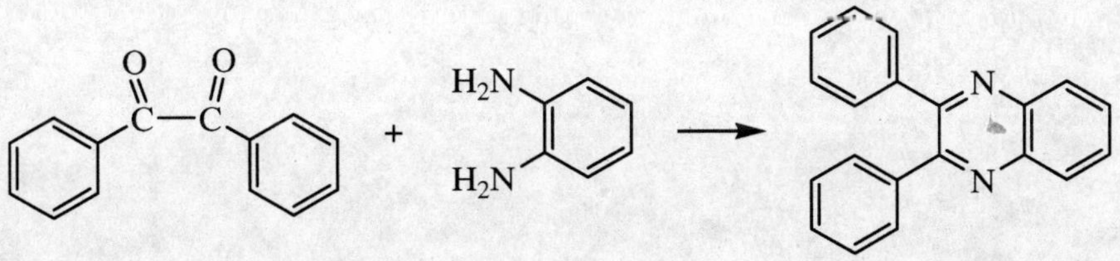

实验步骤

在 10 mL 圆底烧瓶中称取 0.2 g 二苯乙二酮和 0.1 g 邻苯二胺，混合均匀后，装上回流冷凝管，用水浴加热沸腾，在沸水中加热 10 min，混合物开始融化，变成褐色熔融物。自冷凝管顶端逐滴加入甲醇直至固体溶解。停止加热，静置冷却，析出结晶①，待结晶析出完全，立即过滤②，得到白色针状结晶。重 0.15～0.2 g，产率约 56%～74%。熔点为 125～126 ℃。

附注：

① 若无结晶析出，可加入少量水稀释，再重新加热。

② 当结晶一旦析出，应立即过滤，因晶体在溶液中长时间放置，会使晶体表面附着棕色氧化物，影响晶体颜色。

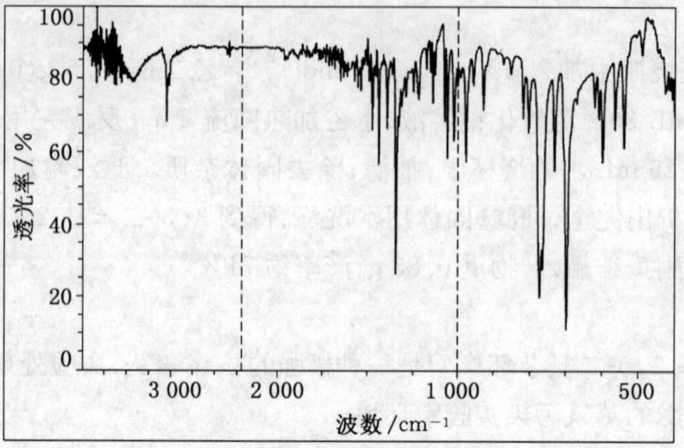

2,3-二苯喹噁啉的红外光谱图

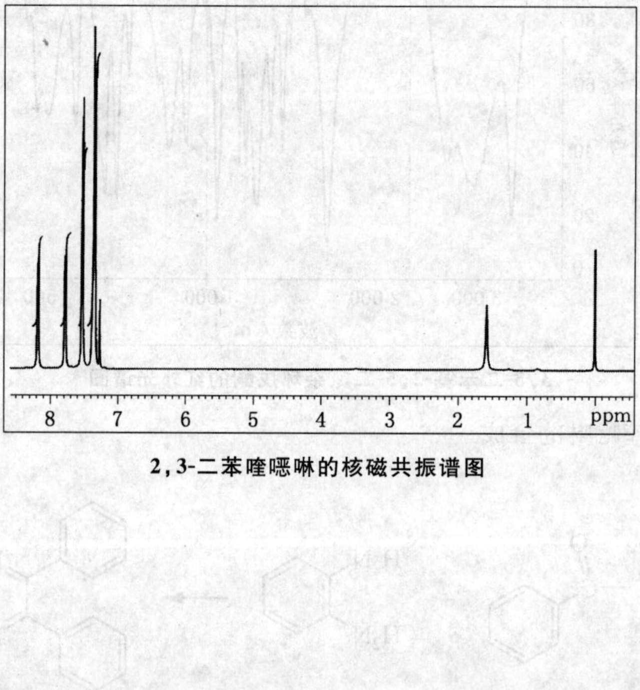

2,3-二苯喹噁啉的核磁共振谱图

第四章　Part 4

基本操作技术

一　加热与冷却

1. 加热方法

某些化学反应在室温下难以进行或进行很慢，为了加快反应速度，常采用加热的方法。一般温度升高 10 ℃，反应速度加快近一倍。在分离和纯化操作中也常常要加热。加热方法的选择，取决于试剂的性质和盛放试剂的器皿，以及试剂用量和所需加热的程度。热稳定性好的液体或溶液、固体可直接加热，受热易分解及需严格控制加热温度的液体，应在热浴上间接加热。

(1) 煤气灯加热

多用于加热水溶液和高沸点的溶液，在用煤气灯加热烧瓶等玻璃器皿时，必须有石棉网，并且注意周围不得放有易燃药品。

煤气灯构造如图 4-1 所示。煤气灯有两个进气口，一个进空气，一个进煤气。使用煤气灯时先顺时针旋转灯管，关闭空气入口气孔，再打开煤气进口开关点火。若空气入口气孔开得太大则不易点燃，也可能因空气太大而产生回火，在灯管中内燃，火焰呈绿色。点燃后，旋转螺旋形针阀，调节煤气进入量，逆时针旋转灯管，调节空气进入量，待火焰分成 3 层时，即得如图 4-2 所示的正常火焰。若空气和煤气的进入量调节得不适当，会产生不正常的火焰，应关闭煤气开关，重新调节和点燃。

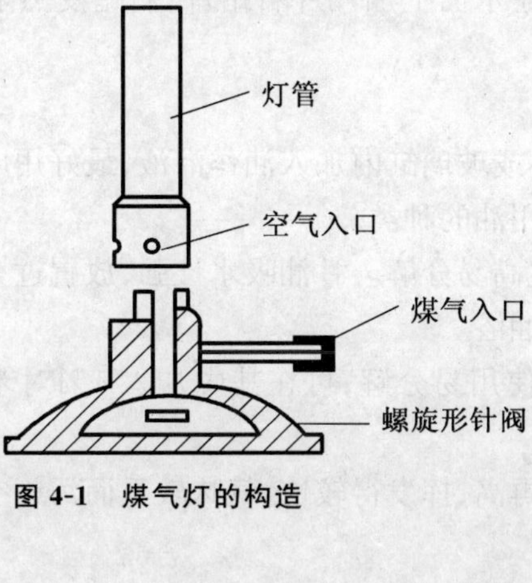

图 4-1　煤气灯的构造

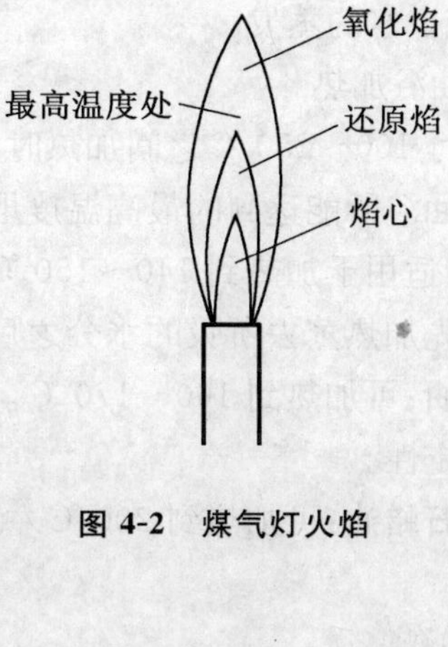

图 4-2　煤气灯火焰

用外层火焰即氧化焰加热。加热完毕,顺时针旋转针阀,应先关闭空气再关闭煤气开关,火焰即被熄灭。

煤气灯常与石棉网连用加热,但受热不均匀,若改成空气浴,加热效果就好得多。

(2) 空气浴加热

用一个已截去上下底部的圆形罐筒,取直径略大于罐口的石棉板,中间挖一个洞,洞的直径接近于被加热的烧瓶的瓶颈,然后对切为二,卡住烧瓶瓶颈,合并放在圆罐筒上,将圆罐筒放在三角架上的石棉网上即制成一个简易的空气浴,如图 4-3。

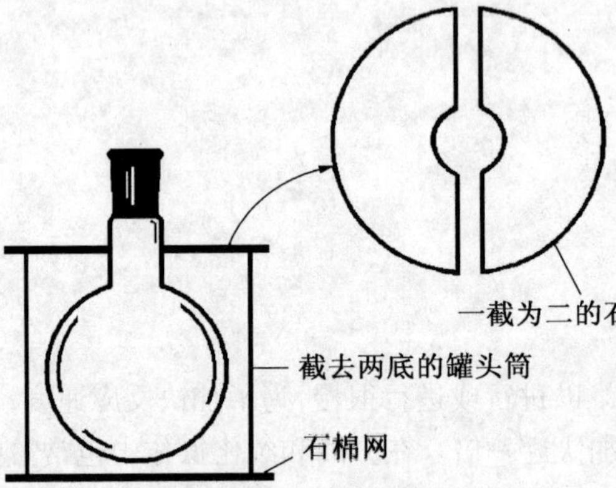

图 4-3 简易空气浴

空气浴加热的范围为 100~300 ℃,比石棉网煤气灯加热温度均匀得多。

(3) 电热套加热

电热套加热也是一种简易的空气浴加热,能从室温加热到 200 ℃。安装电热套时,要使反应瓶外壁与电热套内壁保持 2 cm 左右的距离,以便利用热空气传热和防止局部过热。使用时,若在烧瓶上和烧瓶与电热套上部的间隙处垫些玻璃纤维,则效果更佳。

(4) 水浴加热

当需要加热的温度在 100 ℃以下时,可用水浴加热。金属水浴锅下可直接用煤气灯加热,若用烧杯作水浴,需放在石棉网上,下面用煤气灯加热。浸入水浴中的容器底部不应与水浴底部接触,以免局部温度过热。水面的高度略高于容器中的液面。

若较长时间加热,可采用电热恒温水浴,在水面上加几片石蜡片,石蜡受热融化铺在水面上,可减少水的蒸发。

(5) 油浴加热

在进行 100~250 ℃之间加热时可在烧杯或玻璃缸内加入油作浴液,最好用电加热器加热油浴。油浴所能达到的最高温度取决于所用油的种类。

甘油:适用于加热到 140~150 ℃,温度过高易分解。甘油吸水性强,放置过久的甘油使用前应首先加热蒸去所吸的水分之后再用于油浴。

植物油:可加热到 160~170 ℃。但长期使用易分解,可在其中加入 1%对苯二酚以增加其热稳定性。

液体石蜡油:可加热到 200 ℃左右,温度再高,挥发得较快,气味较重而污染空气。

真空泵油和硅油:可以加热到 250 ℃,热稳定性较好,但价格较贵。

多聚乙二醇:可加热到 180～200 ℃左右,是实验室很理想的加热溶液。加热时无蒸气逸出,遇水不会暴沸,且多聚乙二醇溶于水,便于容器的洗涤。

用油浴进行加热,温度很均匀,油不像水那样容易挥发。除甘油和多聚乙二醇以外,切忌在油浴中溅入水滴,否则会暴沸、喷溅。加热完后,应先将烧瓶悬夹在油浴上方,待无油滴滴下,再用废纸擦净烧瓶。

2. *冷却方法*

有机化学实验中常常需要进行冷却。冷却可以去除放热反应中放出的热量,使这类反应不致因温度剧升而产生副反应,如重氮化反应在 0～5 ℃进行,反应容器外必须用冷浴冷却;冷却可以控制速度避免因温度剧升而造成的危险事故;冷却可以使固体有机物晶体析出完全。常用的制冷剂见表 4-1。

表 4-1　常用的制冷剂

制　冷　剂	可达到的最低温度/℃	制　冷　剂	可达到的最低温度/℃
水	室温	干冰与乙醇	−72
冰水混合物	0～5	干冰与丙酮	−78
粗盐与碎冰(1∶3)	−5～−15	液氮	−188 ℃
氯化钙与碎冰(1∶1)	−20～−40		

液氮和干冰类冷冻剂应盛放在保温瓶内,以减缓挥发,保持制冷效率。取用液氮和干冰时要注意不要触着皮肤,以免冻伤。在使用温度低于−38 ℃的冷浴时,不能用水银温度计,因水银在−38.9 ℃时会凝固,需用以乙醇、正戊烷等制成的低温温度计,因有机液体传热较差,黏度较大,这类温度计达到平衡的时间较水银温度计长。最好用电子温度计,既方便又安全。

二　气体吸收装置

在某些有机化学实验中会产生和逸出有刺激性的、水溶性的气体。如在合成 1-溴丁烷时有溴化氢逸出,合成对甲苯乙酮时会产生大量的氯化氢气体,这时须安装气体吸收装置来吸收这些气体,否则它们会玷污实验室空气,损害人体健康。图 4-4 是常见的一些气体吸收装置。

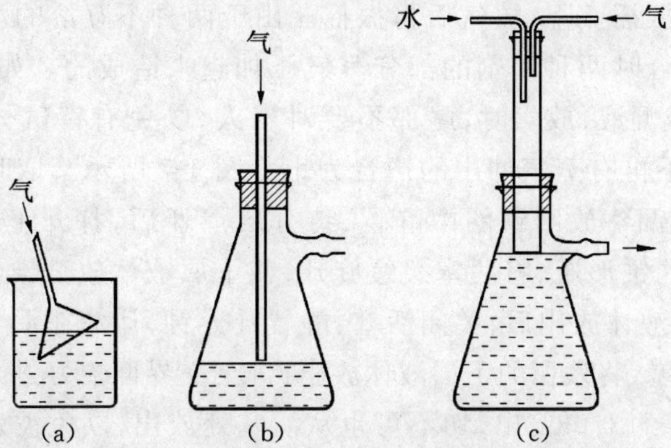

图 4-4　气体吸收装置

图 4-4 装置(a)(b)是实验室常用的气体吸收装置,用来吸收少量气体。(a)中的漏斗口应略倾斜,使 3/4 在水中,1/4 露出水面。这样既能防止气体逸出,又可防止水被倒吸至反应瓶中。(b)中的玻管应离开水面约 0.5 cm,以防水倒吸。对于卤化氢、二氧化硫等气体的吸收,可在水中加一些碱。若在反应过程中会生成或逸出大量有害气体,而且气体逸出较快时,应使用装置(c)。在装置(c)中,水自上端流下,当水面到达吸滤瓶支口处水溢出,可引入下水管。因为中间的粗玻管恰好伸入水面,被水封住,所以吸收效果较好。

三　萃取

1. *液-液萃取*

溶质从一种溶剂向另一种溶剂转移的操作叫做萃取。萃取是有机化学实验室中用来提取或纯化有机化合物的常用的重要操作之一。用萃取可以从液体或固体混合物中提取出所需的物质,特别是从天然物质中提取有用的成分。也可以用来洗去混合物中少量杂质。通常称前者为"萃取",称后者为"洗涤"。

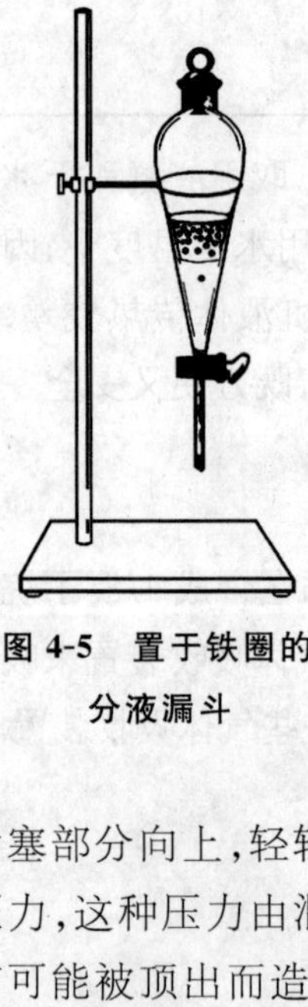

图 4-5　置于铁圈的分液漏斗

实验室中常用的萃取仪器是分液漏斗。在操作前,先要检查它的活塞和顶塞与磨口是否匹配。取下活塞,擦干活塞与磨口,在活塞孔的两边各涂上薄薄一圈润滑脂(切勿涂得太多或使润滑脂进入活塞孔中,以免玷污萃取液)。塞好活塞并旋转数圈,使润滑脂均匀,在活塞处套上橡皮圈,以防止活塞脱落。将漏斗放入已固定在铁架上的铁圈中(见图 4-5),活塞必须关好。分别将含有有机物的水溶液和萃取液倒入分液漏斗中,塞好顶塞,再旋转一下,以免在以后操作时漏液。取下分液漏斗以右手手掌心紧顶住漏斗顶塞并抓住漏斗,左手握住漏斗活塞部分,大拇指和食指握住活塞柄向内使力,中指垫在塞座旁边,无名指和小指在漏斗塞座另一边与中指一起夹住漏斗,左手掌悬空。左手掌切不可去顶住活塞小端(见图 4-6),以免把活塞顶出而漏液。将漏斗倒过来,用左手拇指和食指旋开活塞先放气。振摇时,将漏斗倾斜使活塞部分向上,轻轻振摇一下,放气后再振摇。由于两种不互溶的溶剂在混合时产生的压力,这种压力由混合时两种溶剂的部分蒸气压加起来造成的。如不及时放气,塞子就有可能被顶出而造成漏液,放气时,尾部不要对着人,以免有害气体造成伤害事故。振摇和频繁放气直至不再有蒸气冲出的声音为止。图 4-7 所示萃取时两种液体逐渐达平衡。剧烈振摇后,将漏斗放回铁圈中静置,待分层清晰后,打开上面顶塞,在分液漏斗下放置一容量合适的锥形瓶,将活塞缓缓旋开,使下层液体放至锥形瓶中。开始时可稍快些,当 3/4 的下层液体放出后,关闭活塞,静置几分钟,让沾在漏斗内壁上的下层液体流下,再慢慢打开活塞,将残留的下层液体放出,直至交界面恰好进入活塞孔,关闭活塞。上层液体必须由漏斗的上口倒出,切不可也从活塞处放出,以免被残留在漏斗颈中的下层液体玷污。

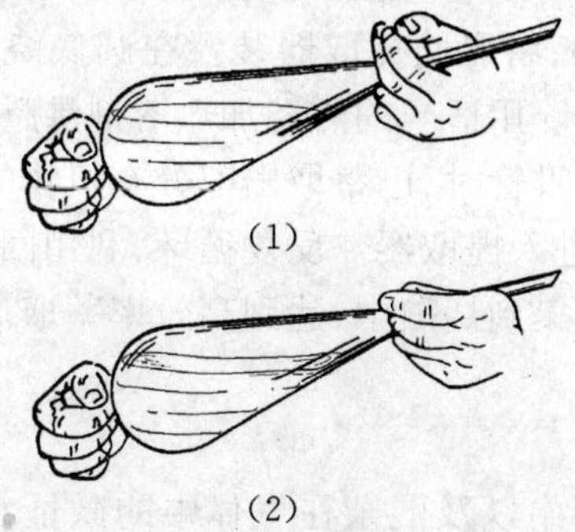

图 4-6　分液漏斗的振摇

图 4-7　萃取时逐渐达平衡示意图

要根据溶剂的密度(常用萃取溶剂的密度见表 4-2)事先知道产物是在哪一层,以免将产物倒掉。在未弄清哪一层是要的之前,可将上下层分别保存,待加入另一种洗涤剂后分层了,确证是产物层,方可将另一层弃去。

表 4-2　常用萃取溶剂的密度

溶　剂	密　度	溶　剂	密　度
石油醚	0.67～0.69	水	1.000
乙醚	0.713	饱和氯化钠水溶液	1.198
二氯甲烷	1.335	浓硫酸	1.840
氯仿	1.498	甲苯	0.865

当两种液体在剧烈振摇后,有时会形成乳浊液。有时由于存在少量轻质沉淀,或溶剂部分互溶,或两液相相对密度相差较小等原因,也会使两液相不能清楚分开。

破坏乳化的方法:

1) 可较长时间静置。

2) 若两种溶剂发生乳化现象,可加入少量电解质如氯化钠等,利用盐析作用破坏乳化。在两相相对密度相差很小时,也可加入氯化钠增加水相的密度。

3) 若因碱性物质的存在而乳化,可加入少量稀酸或采用过滤等方法来消除。

4) 用加热来破坏乳状液或滴加数滴醇改变表面张力以破坏乳状液。

2. 液-固萃取

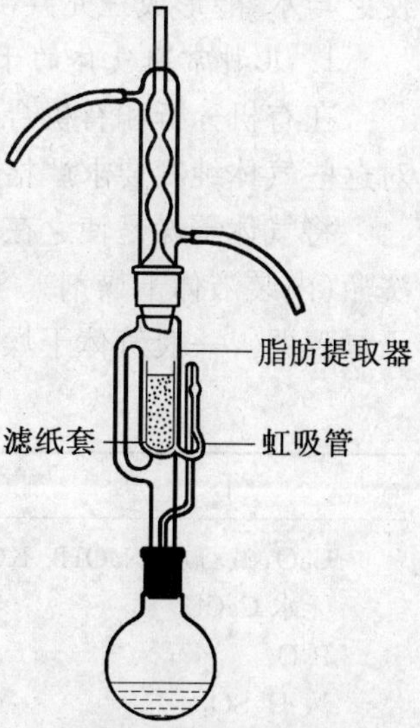

图 4-8　脂肪提取器

自固体中萃取化合物,多以浸出法来进行。中药厂常用此法浸泡、萃取,提取有效成分,但效率不高,时间长,溶剂用量大。

实验室采用脂肪提取器(Soxhlet 提取器)(见图 4-8)来提取物质。它利用了溶剂加热回流及虹吸的原理，使固体物质每次均被纯的溶剂所萃取。优点是效率高，溶剂用量少。此法对受热易分解或变色的物质不宜采用，也不宜采用高沸点溶剂。萃取前，先将固体物质研细以增加溶剂浸溶的面积，然后放入滤纸套筒内，置于提取器中，将脂肪提取器装置在圆底烧瓶上，在瓶中加入溶剂和1～2粒沸石。上面安装回流冷凝管。用适当的热浴加热溶剂沸腾回流，冷凝后的液体滴入滤纸套筒中，当液面超过提取器的虹吸管时，已萃取出部分有机物的溶剂通过虹吸自动流入烧瓶，再蒸发溶剂，纯溶剂再次冷凝进入提取器。反复循环，利用回流、溶解和虹吸作用，使固体中的可溶性物质逐步被萃取而富集到烧瓶中，达到高效率萃取。

四　干燥

干燥是用来除去吸附在固体里，溶于液体或溶剂中以及混杂在气体中的微量水分的操作。在有机实验中，不仅有很多反应要在严格的无水条件下进行，而且液体有机化合物在蒸馏前，固体有机物在测定熔点以及波谱分析前都需进行干燥。因此干燥是有机化学实验的一个很重要的操作。干燥的方法虽然简单，但操作不符合要求，无论在反应过程或纯化产品时都会影响结果。

干燥的方法有物理法和化学法两种。物理法有吸附、分馏、共沸蒸馏、冷冻和加热等。近年来常用离子交换树脂、分子筛等吸附脱水的物理过程达到干燥的目的。

吸附法：所使用的吸附剂通常有离子交换树脂和分子筛。离子交换树脂是一种不溶于酸、碱和有机溶剂的高分子聚合物，如苯磺酸钾型离子交换树脂。分子筛是各种硅酸盐晶体，它们内部有很多孔隙，可以吸附水分子。吸附水分子后的离子交换树脂加热至150 ℃以上可重新使用；分子筛则加热至350 ℃以上烘干后可重新使用。

分馏法：某些有机化合物与水不会形成共沸混合物，且它的沸点与水相差在20～30 ℃以上，可以用分馏的方法除去水分。如工业上用分馏法分离甲醇与水。

共沸蒸馏法：利用与水形成共沸混合物来除去水。如在进行酯化反应时，加入环己烷，使之与水、醇形成三元共沸物蒸出，以除去水。

1. 几种常用气体的干燥

在有机分析和有机合成中，常用的气体有氮气、氧气、氢气、氯气、氨气、二氧化碳等，当对这些气体纯度要求严格时，需要除去气体中微量的水分。

将气体干燥是使之在通入体系前，先经过干燥塔（内装固体干燥剂）和各种不同形式的洗瓶（内装液体干燥剂）。根据被干燥气体的性质、用量、潮湿程度以及反应条件选择不同的干燥仪器。一般气体干燥所用干燥剂见表4-3。

表4-3　干燥气体时所用的干燥剂

干　燥　剂	可干燥的气体
CaO，碱石灰，NaOH，KOH	NH_3 类
无水 $CaCl_2$	H_2，HCl，CO，CO_2，N_2，O_2，低级烷烃，醚，烯烃，卤代烃
P_2O_5	H_2，O_2，CO，CO_2，SO_2，N_2，烷烃，乙烯
浓 H_2SO_4	H_2，N_2，O_2，CO_2，HCl，烷烃
$CaBr_2$，$ZnBr_2$	HBr

为了使干燥效果好，操作安全，应注意以下几点：

1）用无水氯化钙、生石灰、碱石灰干燥气体时，均应选用颗粒状的干燥剂，不可用粉末状的，后者在吸潮后会结块造成堵塞。

2）用浓硫酸干燥时，用量要适当，太少则影响干燥效果，过多则压力大，气体不易通过。

3）如干燥要求高，可同时连接两个或多个干燥装置，根据被干燥气体的性质，选用相同或不同的干燥剂。

4）用气体洗瓶时，进出管不能接错，通入气体的速度不宜太快，以防止干燥效果不好。

5）使用气体钢瓶时，在开启后应先调节好气流速度，然后再通入反应瓶中，切不可用钢瓶直接通入气体，以免气流太急，发生危险。

6）在干燥器与反应瓶之间应连接一个安全瓶，防止倒吸。

7）在停止通气时，应减慢气流速度，打开安全瓶旋塞，再关闭钢瓶。

8）如干燥剂还可使用，在停止通气后应随即将通路塞住，以防吸潮。

2．液体有机物的干燥

（1）物理法

除上面介绍过的离子交换树脂和分子筛吸附脱水以外还常采用分馏和生成共沸混合物的方法除去水分。共沸脱水的方法在工业上广泛应用。与水形成二元、三元共沸混合物的液体有机物，其共沸物的沸点，常低于溶剂本身的沸点。

（2）化学法

利用干燥剂和水进行化学反应来除去水分。根据干燥剂和水的作用又可分为两类。第一类可与水可逆地结合生成水合物，如氯化钙、硫酸镁等；第二类则与水发生不可逆的化学反应生成其他化合物，如金属钠、氧化钙、五氧化二磷等。在有机化学实验中经常使用的是第一类干燥剂。

化学法通常将干燥剂直接与液体化合物接触，为了有效地进行干燥，选择和使用干燥剂时应注意以下几个问题：

1）选用的干燥剂应不与被干燥的液体有机物发生化学反应，包括不溶于该有机化合物中。例如酸性干燥剂不能用来干燥碱性化合物，也不能用来十燥某些在酸性介质中会重排、聚合或起其他反应的液体样品（如醇、胺、烯烃等）；同样碱性干燥剂不能用来干燥酸性的有机化合物，也不能用于在碱催化下易发生缩合、自动氧化等反应的液体（如醛、酮、羧酸、酯等）。氯化钙易与醇、胺类化合物形成络合物，所以不能用来干燥此类化合物。在选用干燥剂时应注意其应用范围。各类有机物常用的干燥剂见表4-4。

表4-4　各类有机物常用干燥剂

化合物类型	干　燥　剂	化合物类型	干　燥　剂
烃	$CaCl_2$，Na，P_2O_5	酮	K_2CO_3，$CaCl_2$，$MgSO_4$，Na_2SO_4
卤代烃	$CaCl_2$，$MgSO_4$，Na_2SO_4，P_2O_5	酸、酚	$MgSO_4$，Na_2SO_4
醇	K_2CO_3，$MgSO_4$，CaO，Na_2SO_4	酯	$MgSO_4$，Na_2SO_4，K_2CO_3
醚	$CaCl_2$，Na，P_2O_5	胺	KOH，NaOH，K_2CO_3，CaO
醛	$MgSO_4$，Na_2SO_4	硝基化合物	$CaCl_2$，$MgSO_4$，Na_2SO_4

2）使用干燥剂时要考虑它的吸水容量、干燥效能和干燥速率。吸水容量是指单位质量干燥剂所吸收的水量；干燥效能是指达到平衡时液体被干燥的程度。例如：硫酸钠的吸水容

量较大，但干燥效能弱，而氯化钙吸水容量较小，但干燥效能强。所以在干燥含水量较多而又不易干燥的液体时，常常先用吸水容量大的干燥剂除去大部分水，然后再用干燥效能好的干燥剂除去残留的水分。与水发生不可逆反应的第二类干燥剂，干燥剂干燥效能都很强，常用于干燥实验中需严格无水的溶剂。如制无水乙醚时，常用无水氯化钙先干燥后，过滤除去，再压入钠丝，彻底干燥。常用干燥剂的性能和应用范围见表 4-5。

表 4-5　常用干燥剂的性能与应用范围

干燥剂	吸水作用	吸水容量/g	干燥效能	干燥速度	应用范围
氯化钙	形成 $CaCl_2 \cdot nH_2O$ $n = 1, 2, 4, 6$	0.97 按 $n = 6$ 计算	中等	较快，吸水后表面覆盖黏稠薄层，故应放置较长时间	不能用于干燥醇、酚、胺。工业氯化钙不能干燥酸类
硫酸镁	形成 $MgSO_4 \cdot nH_2O$ $n = 1, 2, 4, 5, 6, 7$	1.05 按 $n = 7$ 计算	较弱	较快	中性，可代替氯化钙，可干燥酯、醛、酮、腈、酰胺等
硫酸钠	$Na_2SO_4 \cdot 10H_2O$	1.25	弱	缓慢	中性，一般用于液体有机物初步干燥
硫酸钙	$2CaSO_4 \cdot H_2O$	0.06	强	快	中性，常与硫酸镁配合，作最后干燥
碳酸钾	$K_2CO_3 \cdot 1/2H_2O$	0.2	较弱	慢	弱碱性，用于干燥醇、酮、酯、胺及杂环等碱性化合物
氢氧化钾	溶于水	—	中等	快	强碱性，用于干燥胺、杂环等碱性化合物
金属钠		—	强	快	只能用于干燥醚、烃类中微量水分
氧化钙		—	强	较快	适用于干燥低级醇类
五氧化二磷		—	强	快，但吸水后表面覆盖黏浆液，操作不便	适用于干燥醚、烃、卤代烃、腈等中微量水分

3) 干燥剂的用量：根据水在液体有机化合物中的溶解度或液体有机化合物在水中的溶解度及干燥剂的吸水容量，可计算出干燥剂的最低用量。从化合物的结构来看，一般含亲水基团的化合物，如醇、醚、胺等，水在这些化合物中溶解度较大，干燥剂要多加一点。烃、卤代烃等在水中溶解度很小，干燥剂可少加一点。干燥剂应适量，少加了干燥不彻底，多加了干燥剂也会吸附液体有机物，影响产量。一般每 10 mL 液体约加 0.5～1 g，但由于液体中含

水量不同,干燥剂的质量不同,干燥剂的颗粒大小不同,加入干燥剂的量也应酌情考虑。

具体操作时,首先在加入干燥剂前应尽可能用分液漏斗将水分分干净,不应有可见水层和肉眼看得见的水滴,将此液体置于干的锥形瓶中,用角匙取粉末状干燥剂,或用镊子取中、小颗粒状的干燥剂加至待干燥的液体中。颗粒状干燥剂颗粒不宜太大,否则吸水慢,且内部不起作用。用塞子塞紧锥形瓶,振摇片刻。干燥前如是浑浊液体或悬浮着细水珠,这时会变得澄清透明,且干燥剂仍棱角分明,即表明干燥剂的用量差不多了。如果发现干燥剂附在瓶壁,互相黏结,通常表明干燥剂不够,应再加。液体澄清不一定表明水分已完全除去,它与水在该液体中的溶解度有关。

4) 干燥的时间与温度。对生成水合物的干燥剂,加热虽然可以加快干燥速率,但水合物放出水的速率要快得多,因此干燥一般在室温下进行。干燥剂的吸水要有一定的时间,一般在 0.5 h 以上,最好过夜,并经常振摇。干燥后的液体通过置有折叠滤纸的漏斗滤入蒸馏瓶。若干燥剂颗粒较大,可用小漏斗内塞一小团棉花过滤,以减少吸附损失。

3. 固体有机物的干燥

固体有机化合物的干燥,主要是除去残留在固体里的少量的溶剂,如水、乙醇、乙醚、丙酮等。由于固体有机化合物的挥发性较溶剂小,所以可采用蒸发和吸附的方法来达到干燥的目的。

蒸发的方法有自然干燥和加热干燥。

(1) 自然干燥

是最方便的方法。干燥时将固体放在表面皿或敞口容器中,薄薄摊开,让其在空气中慢慢晾干。为防止灰尘落入,上面可盖一张滤纸。应注意被干燥的固体有机化合物应该是稳定、不分解和不吸水的。

(2) 加热干燥

为了加快干燥速度,对于熔点较高,遇热不分解的固体,可用红外灯照或放入烘箱烘干。注意加热温度应低于固体有机物的熔点,并经常加以翻动,以防结块。含有较多有机溶剂的固体不宜直接放入烘箱烘干,以免发生危险。

吸附的方法是放在干燥器里进行干燥,在干燥器内装有各种类型的干燥剂。对易分解、易升华、易吸水的固体有机化合物应放在干燥器内干燥。

1) 普通干燥器干燥。该法一般适用于保存易吸潮的样品。它干燥样品所耗的时间长,干燥效率不高。

2) 真空干燥器干燥。该法可提高干燥效率。使用时应注意,真空度不宜过高,一般用水泵抽气即可,以防干燥器炸裂。新的干燥器应先试抽,检验是否耐压。应装有安全装置,以防倒吸。要开启干燥器,应先放气且不宜太快,以防空气进入太快将样品冲散。

3) 真空恒温干燥器干燥。该法干燥效率高,尤其是去除结晶水或结晶醇,此法更好。使用时将装有样品的小舟放入夹层内,连接盛有干燥剂(一般常用五氧化二磷)的曲颈瓶,然后用水泵抽到一定的真空度时,先将旋塞关闭,再停止抽气。若不关闭旋塞而连续抽真空,则干燥器内的气体不能再流入水泵,反而有可能使水气扩散到干燥器内。当干燥要求较高时可每隔一段时间抽一次。使夹层内样品在减压和恒定的温度下进行干燥。

干燥器中的干燥剂的选择根据除去溶剂的性质而定,常用干燥剂见表 4-6。同时应不与被干燥的固体有机化合物发生作用。

表 4-6 干燥器内常用的干燥剂

干燥剂	吸去的溶剂或其他杂质	干燥剂	吸去的溶剂或其他杂质
CaO	水、醋酸、氯化氢	P_2O_5	水、醇
$CaCl_2$	水、醇	石蜡片	醇、醚、石油醚、甲苯、氯仿、四氯化碳
NaOH	水、醋酸、氯化氢、酚、醇	硅胶	水
H_2SO_4	水、醋酸、醇		

五 重结晶

有机反应往往比较复杂,会产生各种副产物。合成出来的化合物常常是不纯的,称为粗产物。粗产物中常常混有未反应的原料(有时还有催化剂),以及一些副产物,必须加以纯化。重结晶是提纯固体有机化合物最常用的方法之一。

固体有机化合物在溶剂中的溶解度和温度有密切的关系,一般是温度升高溶解度增大。重结晶就是把固体粗产物溶解在热的溶剂中,使之成为饱和溶液,冷却后,由于溶解度降低,溶液成为过饱和溶液而析出的过程。重结晶通常先是溶解固体,然后让晶体重新形成,利用被提纯物与杂质在溶剂中的溶解度不同以除去杂质。一般适用于纯化杂质含量在5%以下的固体有机化合物。若杂质含量多,常会影响结晶生成的速度,有时会变成油状物而难以析出结晶。

(一) 重结晶过程

重结晶的一般过程如下。

(1) 选择溶剂

进行重结晶的关键问题是选择理想的溶剂。重结晶可以用单一溶剂,也可用混合溶剂。理想的溶剂应具备下述条件:

1) 不与被提纯的物质起化学反应。

2) 对被提纯的物质在高温时溶解度大,低温时溶解度小,以减少溶解损失。

3) 对杂质的溶解度很大,使杂质留在母液中不随提纯的晶体一起析出;或对杂质的溶解度很小。在制成饱和溶液后,趁热过滤时将杂质滤去。

4) 溶剂沸点不宜太高,应容易挥发,在干燥时易与晶体分离除去。沸点应低于被提纯物质的熔点,否则被提纯物质呈油状析出,固化后会含较多的杂质。

5) 结晶的回收率高,能形成较好的结晶。

6) 价格便宜,毒性小。常用的重结晶溶剂见表 4-7。

表 4-7 常用的重结晶溶剂

溶 剂	沸点/℃	密度 /$g \cdot mL^{-1}$	与水混溶性	易 燃 性
水	100	1.000	++++	0
甲醇	64.7	0.792	++++	+
95%乙醇	78.1	0.804	++++	++
异丙醇	82.0	0.8	++++	+
乙醚	34.51	0.714	+	++++
丙酮	56.2	0.791	++++	+++

（续表）

溶　剂	沸点/℃	密度/ g · mL^{-1}	与水混溶性	易　燃　性
石油醚	30～60(60～90)	0.64～0.65	—	＋＋＋＋
环已烷	81.0	0.779	—	＋＋＋
二氯甲烷	40	1.325	—	0
氯仿	61.7	1.480	—	0
甲苯	111.0	0.867	—	＋＋

如果是已知的化合物,可查其溶解度。一般来说,相似的物质相溶。如碳氢化合物不溶于水,但它们彼此能互溶。极性物质如羧酸,经常用水重结晶,然而这类物质随分子量的递增,在水中的溶解度逐渐降低。非极性的有机化合物在苯、乙醚等非极性溶剂中溶解度很大。

如果是未知物,可用实验法选择溶剂。取约 0.1 g 待重结晶的样品放入试管中,逐滴加入约 1 mL 的待定溶剂,边滴边振荡,注意观察溶解情况。若加入 1 mL 溶剂后,固体全部溶解或大部分溶解,则此溶剂的溶解度太大,不适用。若基本不溶或大部分不溶,可加热至沸,在加热时要小心,以防溶剂着火。若此物质不溶于 1 mL 沸腾的溶剂中,可逐步添加溶剂,每次 0.5 mL,加入后振摇并加热至沸,加至 4～ 5 mL,若固体仍不溶,则此溶剂的溶解度太小,也不适用。如溶解了,可让试管冷却,使结晶析出,如果结晶析不出,可用玻棒摩擦试管壁,使之析出。若结晶仍析不出,则此溶剂也不适用。如果析出结晶,还得看它的量。将几种溶剂试验后作比较,选择合适的溶剂。

当有的化合物在一些溶剂中溶解度太大,而在某些溶剂中溶解度又太小,选不到合适的单一溶剂时,可用混合溶剂(如果这两种溶剂又是可互溶的话)。混合溶剂就是把对被提纯的固体溶解度很大的溶剂(良溶剂)与溶解度很小的溶剂(不良溶剂)相互混合起来,获得新的、良好的溶解性能。常用的混合溶剂如:

乙醇-水　乙酸-水　丙酮-水　吡啶-水　乙醚-丙酮

乙醚-甲(乙)醇　乙醚-石油醚　苯(甲苯)-石油醚

可以将两种溶剂事先按比例配好,如 70%的乙醇就是乙醇与水配好的混合溶剂,在重结晶时的步骤与单一溶剂一样。

最好的办法是将待提纯的物质先溶解在热的良溶剂中。这时若有不溶物或有色杂质则应过量一些良溶剂,加入活性炭微沸片刻脱色后趁热过滤。然后在此滤液中慢慢滴入热的不良溶剂,直至刚出现浑浊不再消失,表明溶液刚饱和。再加入少量良溶剂或稍加热至澄清。如用乙醇-水作溶剂,先将粗产物加入适量的乙醇(良溶剂)加热后溶解,若有不溶物或有色杂质,则再加适量乙醇和适量活性炭微沸片刻以脱色,然后在此滤液中慢慢滴入热水(不良溶剂),直至刚出现浑浊不再消失,再加入少量乙醇或稍加热至澄清,放置,冷却结晶。

(2) 热溶解

将待重结晶的物质置于锥形瓶中,加入较计算量略少的溶剂。加热至沸后调小火源使保持溶液微沸,以防止溶剂挥发过多。在微沸的过程中要仔细观察瓶内物质溶解情况,若仍有固体或油状物,可分批补加溶剂,仍加热至微沸,观察每次加入溶剂后固体量的变化,以免将不溶性杂质的存在当作固体未溶而误加入过多的溶剂,直至该物质全部溶解。在溶解过程中要防止沸腾太激烈和加热时间过长而导致溶剂挥发过多,把尚未溶解的待重结晶物质视作不溶性杂质,从而少加了溶剂。

用有机溶剂进行重结晶时，为防止溶剂的挥发过快，另外为防止燃烧和有毒蒸气的逸出应搭一套回流装置，即在反应瓶上装置回流冷凝管，并接通冷却水。根据溶剂的沸点，选择适当的加热方法。添加溶剂应灭火后从冷凝管上端加入。

要使重结晶能得到较高的回收率和较好的产品质量，溶剂的用量是关键，从减少溶解损失来讲，溶剂应尽可能用得少些，避免过量。从操作的难易来讲，溶剂又必须过量。因为溶液在离开热源后，溶剂的温度略有降低，溶液会过早成为过饱和溶液而析出结晶，给操作带来很大的麻烦。另外，当溶液中含有有色杂质须用活性炭脱色时，也会吸去一部分溶剂；热过滤时，溶剂也会挥发一部分，因此必须加入适当过量的溶剂。溶剂过量多少，要根据以上两方面的得失来决定。一般过量10%～20%，也可过量更多些，看产物的溶解度随温度变化的大小而定。若某化合物在热溶剂中溶解，而在低温下也有较大的溶解度，则应少过量一些，以减少溶解损失；若某化合物在热溶剂中溶解，而低温下溶解度很小，则可适当多过量一些，使后面的操作方便些。

(3) 活性炭脱色

粗制的固体有机化合物若含有色杂质，在重结晶时，杂质虽可以溶解于沸腾的溶剂中，但当冷却晶体析出时，部分杂质还会被结晶吸附，使产物颜色变深。溶液中存在树脂状物质或不溶的杂质微粒，使溶液混浊，用一般过滤的方法难以除去。在以上情况发生时，可将此热溶液稍冷后加入适量的活性炭。切忌将活性炭加至沸腾的溶液中，否则会造成暴沸使溶液冲出容器。活性炭的用量视杂质多少、溶液颜色深浅而定。它能吸附有色杂质，也能吸附一部分产物，故不宜多加。加入活性炭后，应微沸 5～10 min，使充分吸附，然后趁热过滤。此时待复结晶物质中若有不溶性杂质也可一并滤去。

(4) 热过滤

固体有机物溶于溶剂中经活性炭脱色后，要除去吸附有色杂质的活性炭和不溶性杂质。为了保持过滤液体的温度，避免在过滤时溶液冷却而结晶析出，造成操作上的困难和损失，因而要用热过滤。在热过滤时可采用短而粗颈的漏斗，烘热后趁热过滤，或用热水漏斗。漏斗内放入折叠滤纸。折叠滤纸的折法见图 4-9。先把圆型滤纸对折成(a)；展开后把两端的 1 和 2 向同一方向对齐，再对折成(b)；把(b)中的 1、4 和 3、4 往里折使重合，同样地把 1、4 和 5、4，2、4 和 3、4，2、4 和 2、5 往里折，即将滤纸分成 8 等分而折成(c)；将(c)中凸出的一边 1、4 向里折成(d)，其他三边 5、4，2、4，3、4 同样向里折，即将(c)中的每一等分又平分为二，使滤纸平分成均匀的 16 等分(e)；再同法把每一等分又一分为二，得到 32 等分的折叠滤纸，展开后得(f)。

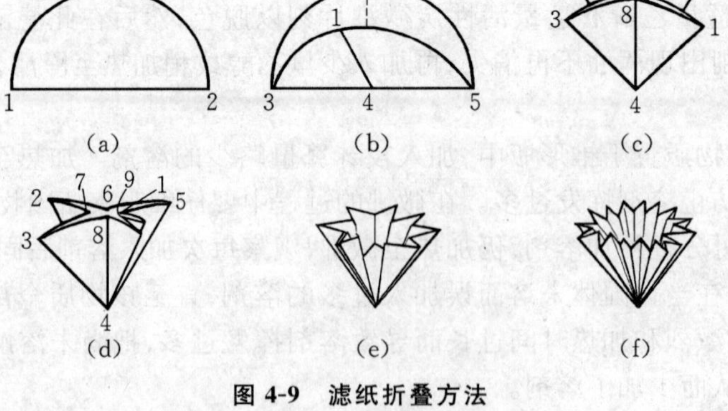

图 4-9 滤纸折叠方法

过滤时将滤纸翻转，整理好折纹后放入漏斗中。这样可以避免被手指弄脏的一面接触过滤的滤液。滤纸的上沿应略低于漏斗口。若使用方滤纸，可在折好后再剪去上端。折叠滤纸过滤面积大，过滤速度较快。

用热水漏斗过滤时，先在夹套内加入水，将漏斗用铁夹固定在铁架上(见图 4-10)，注意不要夹得过紧，以免将铜皮焊成的热水漏斗焊缝夹裂，并预先烧热。热水漏斗中水的温度视所用的溶剂而定，一般略低于所用溶剂的沸点。温度过高，导致溶剂沸腾而大量挥发，使晶体析出堵住漏斗颈，使过滤困难，同时在滤纸上析出也影响了产量。在过滤前用滴管滴入少量溶剂，湿润滤纸，以免干滤纸吸收溶液中的溶剂而使晶体析出堵住滤纸孔。将待过滤的溶液沿玻棒小心倒入漏斗中的折叠滤纸内。每次倒入热溶液后应迅速盖上表面皿(凹面向下)，以减少溶剂挥发。如果热溶液多，一次不能倒完，剩余的溶液应继续加热保温。用水作溶剂时，热过滤时可边加热边过滤，漏斗下用烧杯接收滤液。若过滤有机溶剂时，则加热到一定的温度后，应灭去火源再过滤，漏斗下用锥形瓶接收滤液。全部滤完后用少量热溶剂洗一下滤纸，但洗涤的溶剂不宜过多。把盛放溶液的锥形瓶或烧杯用塞子或表面皿盖好。放置一边冷却。

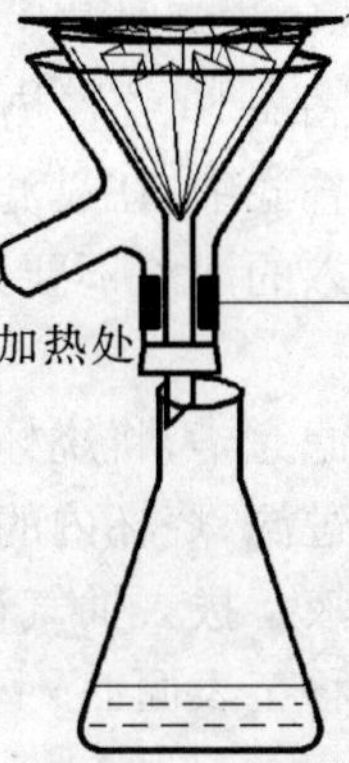

图 4-10　热过滤装置

(5) 结晶

晶体形成颗粒的大小均影响物质的提纯和过滤。若将盛有滤液的锥形瓶置于冷水浴中迅速冷却并剧烈搅拌，会得到颗粒很小的晶体。小晶体包含杂质少，但表面积大，吸附在表面的杂质较多。有时会形成稠厚的糊状物，夹带母液多，不易洗净也不易抽干。但若晶体过大，也可能会在晶体内夹杂母液，使产物的纯度降低。因此在操作时应注意结晶条件，若要得到较大而均匀的晶体，可将滤液在室温静置，使其自然冷却。

若溶液已冷却而过饱和，仍未析出晶体，可用玻棒摩擦器壁，以形成粗糙面，溶质分子呈定向排列形成晶体在粗糙面上比在光滑面上容易。或投入一粒晶体作为晶种，以供给晶核，使晶体迅速生成，晶种可由玻棒蘸些溶液，干后即形成。

若制成热的饱和溶液的温度比被提纯物质的熔点高时，往往会生成油状物，有时即使某温度与被提纯物质熔点相仿，由于杂质、溶剂的影响使被提纯物质的凝固点降低，所以制成饱和溶液的温度必须控制在此时物质的实际熔点之下。因为有的物质的熔点受杂质的影响很大，此时物质的实际熔点可能比纯物质的熔点低很多。

油状物中包含了较多的杂质，还包含了一部分母液，难以结晶。把油状物长期静置或足够冷却后也可固化，但这样生成的固体含有较多的杂质，颜色较深，纯度也不高。

出现油状物后，可将溶液重新加热溶解，然后快速冷却，同时剧烈搅拌，使溶质均匀分散后迅速固化。这样析出的晶体包含的母液较少，一旦溶质固化，杂质来不及溶于其中而一起固化，大部分留在母液中，可以得到较纯的物质。

重结晶基本操作实验

1. 用水重结晶苯甲酸

在 150 mL 的锥形瓶(或烧杯)中称取 2 g 粗苯甲酸，先加入 20 mL 水和 1～2 粒沸石，若用烧杯应盖上表面皿，将锥形瓶在石棉网上加热至沸，当溶液沸腾时，调小火源，保持微沸，并不断搅拌，使固体溶解。若不溶，则分批加入水，每次 5 mL，加水后继续加热煮沸直至全溶①。记下全溶后水的总体积。再加入过量 100％的水②，继续加热溶解。移去火源，稍冷后，加入少许活性炭③摇动后继续加热微沸 5 min 左右。

按图 4-10 装置热水漏斗，下接一适当大小的烧杯，漏斗夹套内加水，加热至沸，漏斗内放入折叠滤纸，在过滤前用少量水湿润滤纸。热水漏斗边加热边将热溶液倒入折叠滤纸内，每次倒入的溶液不要太多以防溢出，倒入后盖上表面皿，以防挥发。未倒完的溶液用小火加热保温。

过滤完毕，将烧杯盖上表面皿，放置冷却。再用水浴或冰浴冷却完全。待结晶完全后进行抽气过滤，烧杯内的晶体尽可能刮尽，残留晶体用少量母液转移。用刮刀挤压晶体，尽量抽干母液。拔去抽气管，用少量冷水湿润晶体，并用刮刀松动晶体，然后重新抽干。最后将晶体转移至表面皿，上面盖一张滤纸，在空气中晾干。待下次实验时，称重，计算回收率，测定熔点。

纯粹的苯甲酸的熔点为 122.1 ℃。

附注：

① 加热时火不宜太大，时间不宜太长，否则水蒸发过多，烧杯中留下的水比加水的总量少了许多。

② 由于苯甲酸在水中的溶解度高温与低温时相差较大（见表 4-8），为了热过滤操作的方便，可适当多加水。

表 4-8　苯甲酸在水(100 g)中的溶解度

温度/℃	4	10	18	30	40	60	70	75	80	100
溶解度/g	0.18	0.21	0.27	0.42	0.55	1.20	1.78	2.20	2.71	5.88

③ 活性炭切不可加到沸腾的溶液中，以免造成暴沸，导致溶液冲出瓶外。

2. 用乙醇-水（体积比为 1∶3）的稀乙醇重结晶肉桂酸

在 100 mL 的圆底烧瓶中加入 2 g 粗肉桂酸、25 mL 1∶3 稀乙醇和 1～2 颗沸石。然后搭好回流装置，接通冷凝水。用水浴加热至瓶中溶液微沸片刻，若未完全溶解，灭去火源，从冷凝管顶端分批加入稀乙醇，每次 5 mL。每次加完后必须继续加热片刻，直至完全溶解。全溶后，灭去火源，再从冷凝管顶端加入总量 20％的溶剂。继续加热待溶解后，灭火，移去水浴，取下烧瓶，稍冷后，加入适量的活性炭，摇匀后再装上冷凝管，继续用水浴加热微沸 5 min左右。

热水漏斗烧热后灭火进行热过滤。滤液冷却结晶，抽滤，干燥，称重，测熔点。操作方法与重结晶苯甲酸相同。不同之处是，湿润滤纸时应用稀乙醇。热过滤时应灭火后过滤，且热水漏斗夹套内水温应略低于溶剂的沸点。

纯粹的肉桂酸的熔点为 133.0 ℃。

3. 用乙醇-水混合溶剂重结晶

在 25 mL 锥形瓶中称取 0.2 g 粗邻硝基苯酚，加入乙醇约 3 mL，在 40 ℃左右的水浴中，不断摇动直至溶解。再加入 1 mL 乙醇和适量的活性炭，在 40 ℃左右的水浴中温热、摇动片刻，用烘热的小漏斗趁热过滤至锥形瓶中。用滴管在黄色滤液中滴入温水至刚出现浑浊，然后在 40 ℃左右的温水浴中温热或滴入数滴乙醇至清，放置冷却，再用冰水浴冷却即析出亮黄色针状晶体。抽滤后干燥，称重，测熔点。

纯粹的邻硝基苯酚的熔点为 45.3～45.7 ℃。

六　常压蒸馏

液体有机化合物提纯和分离以及溶剂的回收经常采用蒸馏的方法来完成。通过蒸馏还可以测定化合物的沸点，对鉴定液体有机化合物的纯度具有一定的意义。

将液体加热至沸，使液体变为蒸气，然后再使蒸气冷凝到另一容器中成为液体，这两种过程的联合操作称为蒸馏。要使蒸馏很好地进行，首先要使液体在加热沸腾时能较平稳和连续不断地产生气泡。在加热前应加入沸石以引入气化中心，液体在沸腾时变成蒸气的过程围着汽化中心进行。若发现蒸气泡不是在瓶底的沸石周围产生，而在液面上漂浮着小圆球状的液珠时，则表明沸石失效或未加沸石，应立即移去热源，待液体稍冷后补加。切忌将沸石加到受热将近沸腾的液体中。因为若液体已过热，一旦加入沸石，会立即有小气泡进入液体，就会造成暴沸，使液体冲出容器。如果沸腾一度中止，在重新加热前应加入新的沸石，原来的沸石在加热时可能已被逐出大部分空气，在冷却时又吸附了液体，因而失效了。

此外若用浴液间接加热，应保持浴温在超过蒸馏液沸点 20 ℃左右，这样不但可以大大减少瓶内液体各部分的温差，也可使蒸气气泡从烧瓶底部上升，减少过热、暴沸的可能。若用空气浴直接加热，应将蒸馏瓶离开石棉网 2～3 mm，以避免由于底部过热而使有机物炭化。

通过蒸馏可以将易挥发的物质和不挥发的物质分开，也可以使混合物中各组分得到部分或全部分离。各组分的沸点应相差 60 ℃以上时才能达到较好的分离效果。沸点相差 40 ℃以下，经一次蒸馏很难达到较好的分离。

(1) 蒸馏装置的安装

根据被蒸馏液体的体积选择大小合适的蒸馏瓶。一般液体的体积不能超过瓶容积的 2/3，以免沸腾时体积膨胀和产生大量气泡而使液体冲出来，也不能少于 1/3，若太少由于瓶容积大损失较多。

一般的蒸馏装置如图 4-11。

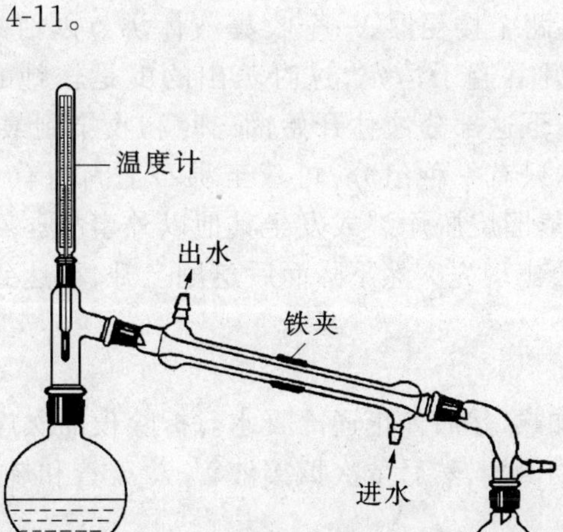

图 4-11　常压蒸馏装置

根据液体的沸点选择合适的热源。安装的顺序一般先从热源开始，由下而上，由左至右(或由右至左)。根据热源的高低，把烧瓶用铁夹垂直固定在热源上方铁架上。根据被蒸馏液体的沸点选用合适的冷凝管。在蒸馏沸点 140 ℃以下的液体时，用直形冷凝管。若蒸馏 140 ℃以上的液体时应用空气冷凝管，否则会由于蒸出的液体温度过高，与冷凝水的温差大而使直形冷凝管管口爆裂。将冷凝管用铁夹固定在另一个铁架上，调整冷凝管位置，使与蒸馏头支管同轴，然后将冷凝管铁夹略为松开，将冷凝管沿此轴向前平动和蒸馏头支管相连。铁夹不宜夹得太紧或太松，以夹住后尚能转动为宜。然后再接上接液管和接受器。接受器应用锥形瓶或磨口烧瓶，切忌用烧杯接受有机物(包括前馏分)。

整套装置要求，从正面或侧面看都必须在同一平面内。安装好后把进水的橡皮管和冷凝管的下端支口连接，上端支口由橡皮管连接，引入下水道并向下垂直于桌面。缓缓开启进水龙头就可使冷凝管夹套中充满水。整套装置必须有地方与大气相通，不能是密闭装置。

(2) 加料

一般在加料时，装置已安装好，通过长颈漏斗或取下蒸馏烧瓶加入。然后加入几粒沸石，装上温度计，温度计水银球的上端应与蒸馏头支口的下端在同一水平面上，以保证在蒸馏时整个水银球能完全被液体蒸气浸润。水银球高了，所测得的沸点会偏低；太低了，则沸点会偏高。

(3) 加热

若用直形冷凝管，蒸馏在加热前先接通冷凝水，提起出水管，察看并调节冷凝水的流速大小。然后开始加热，加热时可看见蒸馏烧瓶中的液体开始沸腾，蒸气逐渐上升，温度计的读数也略有上升。当大量蒸气上升到温度计水银球部位时，温度计上的读数急剧上升。水银球下出现液滴时，应稍调小煤气灯火焰，使加热速度略为下降，让体系内气液达到平衡，然后再适当调节热源，以控制热源来调节蒸馏速度，一般以馏出液流出速度每秒 1～2 滴为宜。这样的蒸馏速度可维持水银球上一直为液体与蒸气所浸润，此时温度计上所示的温度即为液体与蒸气平衡时的温度，也就是馏出液的沸点。蒸馏速度过快，会将高沸点液体带出，影响分离效果。蒸馏速度太慢，使测得的沸点偏低，并且也耗时。

(4) 观察沸点和收集馏液

在进行蒸馏前要准备两个接受器，一个收集液体沸点以前的馏分即前馏分。随着前馏分的蒸出，温度逐渐上升并趋于恒定，这时蒸出的就是较纯的物质，应立即更换干净、干燥并已称重的容器。记下这部分液体开始馏出时和收集到最后一滴时的温度，即是该馏分的沸程。若待蒸液体只有一种组分，可蒸至沸石上尚留有 2、3 滴液体时停止加热，但切忌将液体蒸干，以免蒸馏烧瓶炸裂或发生其他以外事故。若待蒸液体为多组分时，当第一种馏分蒸完后，温度会出现先突然下降而后急剧上升，待达到第二组分沸点恒定时，再换上另一接受瓶接收。

(5) 拆除装置

蒸馏完毕，应先停止加热，然后停止通冷凝水。拆除仪器次序与装配时相反，应先取下接受瓶，妥善放置以免产物倒翻，然后依次拆接液管、冷凝管和烧瓶。温度计待冷却后再洗涤，以免炸裂。

蒸馏基本操作实验

根据三角架石棉网的高低，在 50 mL 的茄形瓶上装蒸馏头，按图 4-11 搭好蒸馏装置，茄形瓶底部应稍离开石棉网 2～3 mm。取下茄形瓶，加入 20 mL 工业正丁醇和 1～2 粒沸石，装上温度计，接通冷凝水，然后开始加热。开始时火焰可稍大些，当瓶内液体开始沸腾时，蒸气前沿沿瓶壁上升，到达温度计水银球时，温度计的读数直线上升，此时应适当调小火焰，以控制液体流出速度每秒 1～2 滴。当温度计读数上升至 117 ℃附近稳定时，换一个干净、干燥的锥形瓶作接受瓶，收集 117～ 119 ℃的馏分。蒸至沸石上留有 2、3 滴液体即可停止蒸馏，切忌将液体蒸得太干。量馏分的体积，计算回收率。

七　减压蒸馏操作

液体沸腾时的温度与外界压力密切相关，当外界压力减少时，液体物质的沸点就随压力降低而降低。一般来讲当压力降低到 2.67 kPa(20 mmHg)时，大多数有机物的沸点比常压下沸点低 100～120 ℃。当压力在 1.33～3.33 kPa (10～25 mmHg)范围内，大体压力每相差 0.133 kPa (1 mmHg)沸点约相差 1 ℃。若使用真空泵与蒸馏装置相连接，使体系内的压力降低，就可以在较低的温度下进行蒸馏，这就是减压蒸馏。它适用于在常压下难以蒸馏的高沸点化合物，或在常压下加热未到沸点就发生分解、氧化、聚合等反应的有机化合物。

在进行减压蒸馏时，应预先粗略地估计化合物在某一压力下的沸点，对在操作中选择合适的温度计和热浴，以及控制收集馏分有一定的参考价值。在实际操作中经常使用图 4-12 的曲线来估计。

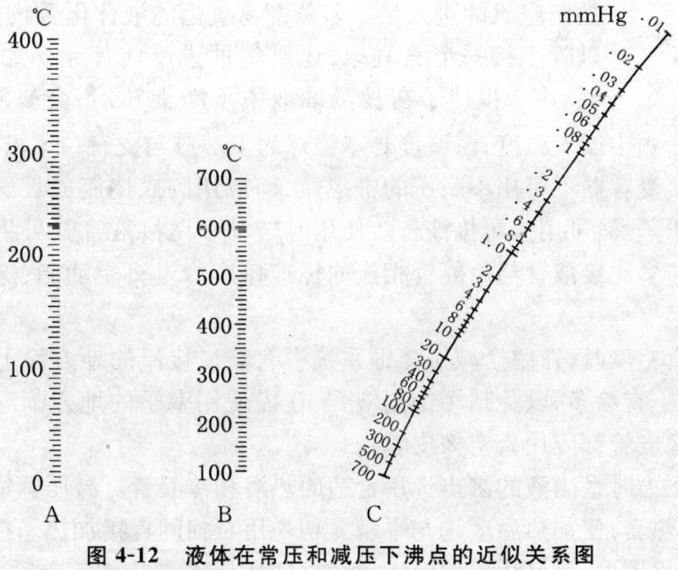

图 4-12　液体在常压和减压下沸点的近似关系图

(按国家标准和国际标准，压力的单位应为 Pa，1 mmHg = 133.3 Pa。)

在图 4-12 中 B 线上点出已知液体常压下的沸点，再在 C 线上点出减压时的压力，然后两点连一直线延长至 A 线相交之点为该液体在此真空度下的近似沸点。

(一) 减压蒸馏装置

减压蒸馏装置(图 4-13)包括蒸馏装置、抽气减压装置、及保护和测压装置三部分。

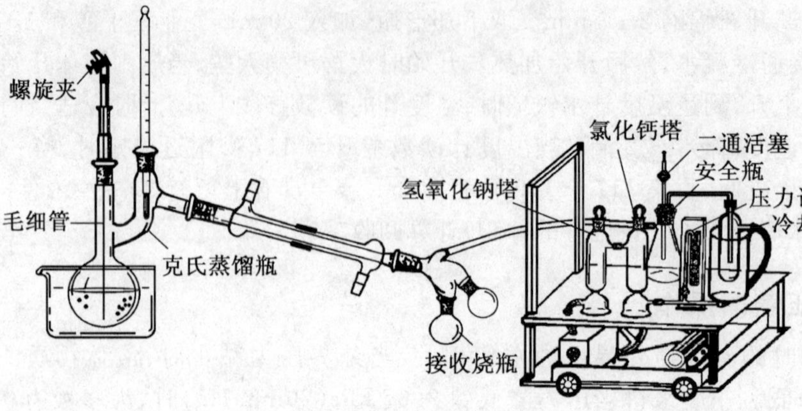

图 4-13 减压蒸馏装置

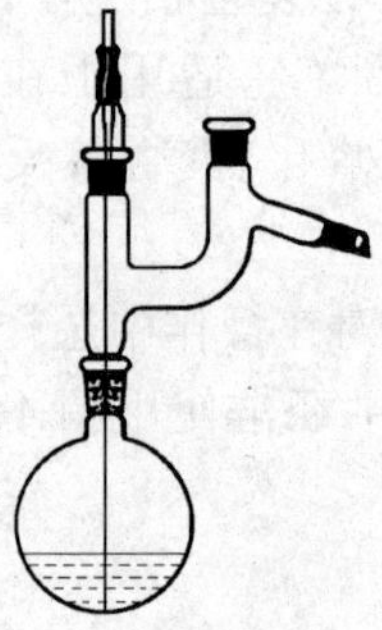

图 4-14 克氏蒸馏头连圆底烧瓶

(1) 蒸馏装置

由克氏蒸馏瓶(或如图 4-14 在蒸馏烧瓶上加克氏蒸馏头代替)、冷凝管、多尾接液管和接受瓶组成。在克氏蒸馏瓶的直口处插一根毛细管,直至蒸馏瓶的底部,离底部的距离越短越好。在毛细管的玻管上端连一段带有螺旋夹的橡皮管(毛细管拉得极细时可不装)。毛细管的作用是在减压抽真空时,将微量空气抽进反应体系的液体中,起到搅拌和气化中心的作用,使减压蒸馏平稳进行。通过调节螺旋夹控制空气的进入量。若蒸馏易氧化的液体化合物,则可在毛细管的玻管上接一个氮气球,让氮气抽进反应体系。如果使用磁力搅拌器,由于搅拌子在被蒸馏液中不断旋转,不会暴沸,故可不装毛细管。在带支口的一颈中插入温度计,温度计水银球的上端应与支管口下沿在同一水平面上。

减压蒸馏的接受容器不可用不耐压的锥形瓶,而应用圆底烧瓶或吸滤瓶。要接受不同馏分而不中断减压蒸馏,可用多尾接液管。使用时转动多尾接液管就可将各馏分分别流入不同的接受器中。多尾接液管与冷凝管相连的标准口应涂上真空油脂,这样可在减压情况下顺利旋转。

若需要较高真空度时,在整个减压蒸馏系统中有磨口接口的地方涂上一层薄薄的真空油脂以防漏气(但不宜涂多,以免玷污馏出液)。在需使用塞子的地方都应选用橡皮塞。与真空系统连接的橡皮管都应用真空橡皮管。

应根据选定压力时馏出液的沸点选用合适的热浴和冷凝管。减压蒸馏选用的热浴最好是水浴、油浴或电热套,使加热温度均匀平稳。切勿用石棉网直接加热。在蒸馏沸点较高的物质时,为减少热量散发,最好用石棉绳(石棉布)或用铝箔内垫棉花包住克氏蒸馏瓶两颈,否则蒸气会在瓶颈处被冷凝而使蒸馏困难。

(2) 抽气减压部分

实验室中常用循环水冲泵或真空泵进行抽气减压。

油泵的结构较精密,工作条件要求较严。蒸馏时如有挥发性的有机溶剂,水气或酸性蒸气都会损坏油泵。挥发性的有机溶剂蒸气进入油泵会溶于真空油中,使油泵内蒸气压升高很多,影响真空度。水蒸气凝结在油泵中,也会使蒸气压升高。酸性蒸气进入油泵更会腐蚀油泵机件。因此在减压蒸馏前,样品必须除去酸并充分干燥,再用水泵抽尽低沸点溶剂。即使如此,还须注意油泵的维护工作,加上保护装置。在使用一段时间,发现真空度有所降低时,应及时换上新油,以免油泵机件被腐蚀。若使用三相电的真空泵,必须先接线作好试验,保证是在抽气口抽气,若三相线接错,会使油从抽气口喷出。

(3) 保护和测压装置

用油泵进行减压时,为了保护油泵,防止残剩的易挥发有机溶剂、酸性物质和水蒸气进入油泵以及更好地控制蒸馏,必须在接受器与油泵之间安装保护系统,它们是由安全瓶、冷却阱、压力计、氯化钙吸收塔和氢氧化钠吸收塔组成。实验室里将真空泵与保护测压装置安装在小车上(见图 4-13),便于移动,使用方便。

冷却阱一般都将它置于盛有冷冻剂的保温瓶中,冷冻剂的选择视需要而定。常用冰-水、冰-盐、干冰-丙酮等,以后者效果最好,目的是将减压系统中的低沸点有机溶剂冷凝下来,以保护油泵。有条件的可以用液氮,由于液氮温度极低,冷却效果极好,可免去吸收塔,也可提高系统的真空度。

水银压力计用来测量减压系统内的压力。实验室常用封闭式水银压力计。在测量压力时,将木座上的活动标尺的零点调整到右臂汞柱的凸面顶端线上,此时左臂汞柱的凸面顶端线所指示的刻度为系统压力。水银压力计应避免水或其他污物进入压力计内,否则将严重影响其准确度。

吸收塔又称干燥塔。在水银压力计旁依次连接两个吸收塔,第一个装无水氯化钙或硅胶,吸收水气,第二个装固体氢氧化钠,吸收酸性气体。有时为了除去烃类蒸气,再加一个石蜡片塔。

在冷却阱和接受器之间还应安装一安全瓶,瓶上的两通活塞可用于调节系统压力,使压力平稳,并用于解除真空使系统与大气相通,即放气之用,同时可防止油泵油倒吸,起缓冲作用。为避免放气时将压力计冲破,应慢慢地旋转活塞。若把活塞上的玻璃管拉细,可防止因活塞旋转过猛冲坏压力计。

(二) 减压蒸馏操作

使用真空泵前,在冷却阱里先放入冰和盐。不接蒸馏系统,先空抽一下,检查真空泵可达到的真空度。

在减压蒸馏前若被蒸馏物中含有低沸点物质时,应先进行普通蒸馏,然后用水泵减压,或用旋转蒸发仪旋转蒸发尽可能除去低沸点物质,这样可以保护油泵,使减压蒸馏正常进行。若有低沸点物质存在,当用油泵减压时,系统中的压力可能已低于低沸点物质的饱和蒸气压,这时就会造成暴沸,使被蒸出物冲出,玷污接受容器。

选择大小合适的克氏蒸馏瓶,使待蒸馏液体体积不超过其容器的 1/2。先按图 4-13 搭好装置。检查装置的接口处是否衔接好,整个减压蒸馏系统的连接部位都需密封,不能漏气。旋转安全瓶上的二通适塞使系统与大气相通,开启真空油泵抽气。逐渐关闭二通活塞,观察毛细管是否连续平稳地产生小气泡,若无气泡,表示毛细管已堵,需小心打开二通活塞,使系统与大气相通后更换毛细管;若气泡过多过剧,表明毛细管太粗,需逐渐旋紧毛细管上的螺旋夹,使产生的气泡小而平稳。现在实验室通常都将蒸馏烧瓶安装在磁力搅拌器上,启动搅拌子平稳旋转产生小气泡,以形成气化中心。观察压力计的读数,并与油泵在未连蒸馏系统时的真空度相比较，若相差较大，则表明系统漏气，须使系统与大气相通后，仔细检查各部分连接处是否漏气。符合要求后，再次进行减压操作。

开启冷凝水，待压力恒定后，选用合适的热浴加热，切忌先加热后减压，否则很可能会因真空度突然改变而导致暴沸。克氏蒸馏瓶的圆球部分的2/3应浸入热浴中。加热时可在热浴中插入一支温度计来控制热浴温度，或用控温仪控制热浴的温度，外热浴温度比瓶内液体沸腾的温度高20～30 ℃。加热速度不要太快，控制馏出速度每秒1～2滴。

在整个蒸馏过程中都要密切注意温度和压力的读数，并及时记录。纯物质的沸程一般不超过1～2 ℃，但有时因压力有所变化，沸程会大一点。当温度上升至馏分沸点附近恒定后，旋转多尾接液管，收集馏分。

蒸馏完毕时，应先移去热源、热浴，旋开螺旋夹，待溶液稍冷后缓慢打开安全瓶上的二通活塞，使系统与大气相通至压力平衡，关闭油泵。若未解除真空就关闭油泵，由于系统中压力较低，油泵中的油会倒吸入安全瓶、冷却阱、干燥塔中。也不能在减压情况下贸然拔去橡皮管，导致汞柱猛升，冲破压力计，造成系统破裂。

八　水蒸气蒸馏

水蒸气蒸馏是分离提纯有机化合物的常用方法之一。此法常用于下列几种情况：

1）反应混合物中含有大量树脂状杂质或不挥发性杂质。在反应产物中混有大量树脂状或焦油状物时，应用水蒸气蒸馏的效果较用一般蒸馏或重结晶为好。有时两种或几种有机化合物，其中一种具备上面条件时，用水蒸气蒸馏可获得满意的分离效果。

2）除去易挥发的有机物。

3）从固体多的反应混合物中分离被吸附的液体产物。

4）某些有机物在达到沸点时容易被破坏，采用水蒸气蒸馏可在100 ℃以下蒸出。

用水蒸气蒸馏提纯的有机化合物必须具备下列条件：

1）不溶（或几乎不溶）于水。若溶于水则难以从馏出的水溶液中分离得到产物。

2）在100 ℃左右与水长时间共存下不会起化学反应。

3）在100 ℃左右该化合物必须具有一定的蒸气压，一般应不小于1.33 kPa (10 mmHg)。

当水和不溶或难溶于水的化合物共存时，整个体系的总蒸气压应为水的蒸气压与化合物的蒸气压之和。在水蒸气蒸馏时，当混合物的总蒸气压与外界大气压相等时，混合物开始沸腾，即为混合物的沸点。它的沸点比其中任何一个组分的沸点都要低，因此能在低于100 ℃的情况下将高沸点组分与水一起蒸出。蒸馏时混合物的沸点保持不变，直到其中一组分全部蒸完。

（一）水蒸气蒸馏的装置

水蒸气蒸馏的装置由水蒸气发生器和蒸馏装置两部分组成，这两部分通过T形管相连接，而且应尽可能紧凑，以防蒸气通过较长的管道后有部分蒸气冷凝成水而影响水蒸气蒸馏的效果。实验室常用的水蒸馏装置如图4-15所示。水蒸气发生器的液位管，可以看出容器中水面的高度。通常盛水量以其容积的3/4为宜，如果太满，沸腾时水蒸气会把水冲至烧瓶。安全玻管应插到发生器的底部，以调节内压。如果水从玻管上口喷出，此时应检查整个系统是否有阻塞，若有阻塞应先打开T形管下的螺旋夹，再排除系统中的阻塞。

用三颈瓶作蒸馏瓶时，先将欲分离的混合物置于三颈瓶中，按图 4-15 搭好装置。

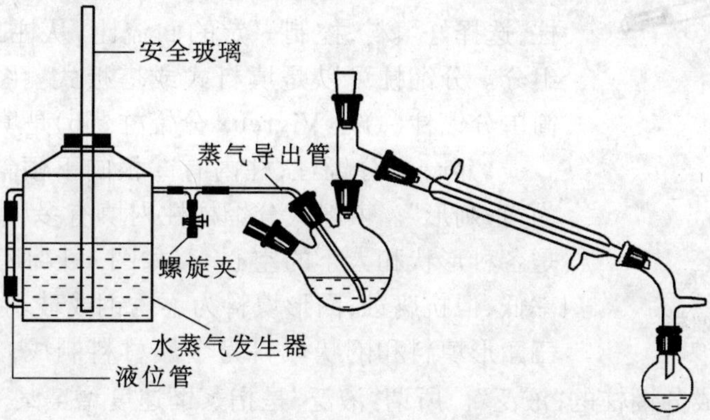

图 4-15　水蒸气蒸馏装置

（二）水蒸气蒸馏操作

先将蒸气导气管与 T 形管一口相连，打开螺旋夹，再加热水蒸气发生器至水沸腾。将螺旋夹夹紧，水蒸气即通入三颈瓶。若用圆底烧瓶作蒸馏瓶，则可在蒸馏瓶口上安装克氏蒸馏头，防止蒸馏时烧瓶中的混合物溅入冷凝管。

水蒸气蒸馏须中断或停止时，一定要先打开螺旋夹，使通大气，然后再停止加热，否则瓶中的液体会倒吸至水蒸气发生器中。

如果只要少量水蒸气即可把所有的有机物蒸出，可以省去水蒸气发生器，进行简易水蒸气蒸馏。由于水和有机物分层，水蒸气发生不平稳，效果差，在进行简易水蒸气蒸馏时可直接将有机化合物与水一起放在烧瓶内，加些沸石置于石棉网上用煤气灯加热，使之产生水蒸气进行蒸馏或将烧瓶置于磁力搅拌上搅拌加热。

九　简单分馏

对沸点相差不大的两种或两种以上组分互溶的液体混合物（除共沸化合物外），用普通蒸馏难以将它们分离和纯化，可采用分馏柱使汽化、冷凝的过程由一次改进为多次，即经过分馏柱实现反复多次简单蒸馏，将混合物分离，这种方法称为分馏。

（一）分馏装置

分馏装置与普通蒸馏装置类似，所不同的是在烧瓶上安装一根带蒸馏头的分馏柱。液体在分馏柱中能进行多次的部分汽化和冷凝，即当混合物的蒸气通过分馏柱时蒸气中高沸点组分被冷凝变成液体，流回烧瓶中，使柱内上升的蒸气低沸点组分相对增加，冷凝液在流回蒸馏瓶的途中又与上升的蒸气接触，两者之间进行热量的交换，使上升蒸气中的高沸点组分被冷凝下来，低沸点组分蒸气仍然继续上升，因而首先被蒸馏出来的是低沸点组分，然后是高沸点组分，最后留在烧瓶中的是不易挥发的组分。

分馏就是借助分馏柱来实现多次重复的蒸馏过程。分馏柱主要是一根长的直玻璃管，柱身为空管或在管中填有特制的填料，其目的是增大气-液接触面积以提高分离效果。在蒸

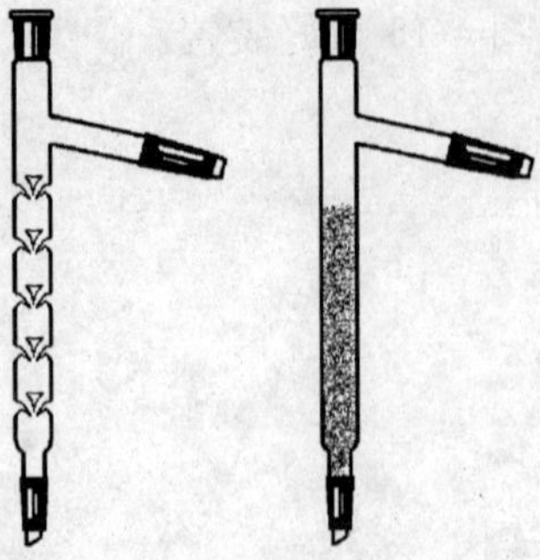
(a)　(b)
图 4-16　简单分馏柱

馏过程中分馏柱中不同高度的各段,包含的被蒸馏物质的组分是不同的,相距愈远,组分的差别愈大。用适当高度的分馏柱,选择好填料,控制一定的回流比,从柱顶可以得到较纯的组分。分馏柱可以是填料式或塔板式。图 4-16 是实验室用简单分馏柱(a)是 Vigreux 分馏柱,(b)是填充物分馏柱。

Vigreux 分馏柱,柱内有 3 根向下倾斜的玻璃刺状物,称为"垂刺形"。填料式分馏柱柱内填有多种惰性材料。其填料是各种形状和大小的空心环,如图 4-17 所示。玻璃珠填料效率低,但抗腐蚀;圈形填料为不锈钢或玻璃材料,效率也较低;三角形填料和网状填料为金属材料制成,效率高。填料应填装均匀,否则会造成分馏柱的"液泛"。所谓"液泛"是指蒸馏速度增至某一程度,上升的蒸气能将下降的液体顶上去,破坏了回流的现象。"液泛"会减少液体和蒸气接触面积,或因蒸气上升将液体冲入冷凝管,造成分馏失败。液泛的产生是由于柱内温度太低和分馏柱的填料装填不均匀(必须重新装填)所致。为了保持柱内的温度梯度,避免柱内温度太低使蒸气在柱内冷凝太快而引起液泛,可在分馏柱外用玻璃布或内衬棉花的铝箔等保温材料包扎。

玻璃珠填料　三角形填料　圈形填料　网形填料
图 4-17　填料类型

分馏柱的效率,取决于混合组分在分馏柱中进行汽化、冷凝、再汽化、再冷凝的次数。它与柱的长短、直径、填充物的材料、回流比有关。所谓回流比是指同一时间内冷凝液回流到蒸馏瓶的速度与柱顶蒸气通过冷凝管流出的速度比。回流比愈高,分馏效果愈好,但分馏速度会慢。

当需要分离沸点相当接近的液体混合物时,则应使用专门的分馏设备,如同心圆分馏柱等,后者甚至可分馏沸点相差 1～2 ℃的液体。

(二) 分馏操作

首先根据热源高度安装蒸馏瓶和分馏柱,顶端装上温度计,分馏柱的支口依次接上冷凝管、接液管和接受瓶。

在蒸馏瓶中加入待分馏液体和 1～2 粒沸石,加热液体至沸。提高浴温,使蒸气冲至柱顶而不进入分馏头支管,在全回流情况人为液泛 2～3 次,使分馏柱的柱身和填料充分被液体浸润。这样可以充分发挥其分馏效率。降低浴温,控制柱顶温度,使流出速度为每 2～3 秒 1 滴,并有一定量的液体从分馏柱流入蒸馏瓶中,即控制回流比。蒸气温度持续下降时,停止收集此馏分。继续升温后收集其他组分。

分馏操作应注意避免柱内温度太低,使蒸气在柱内冷凝太快而引起液泛。可在分馏柱外用玻璃布等保温材料包扎。对于填充柱,不要填装太紧或不均匀。在分馏操作中,通过加热控制温度,使柱内保持一定的温度梯度。一般柱底的温度与蒸馏瓶内液体沸腾时的温度相接近。柱内的温度由下而上不断降低，柱顶温度接近易挥发组分的沸点温度。柱内温度梯度可通过馏出液的馏出速度来达到。当加热速度过快，馏出速度也快，柱内的温度梯度小，分离效果就差。若加热速度过慢，会使柱身被流下来的冷凝液阻塞造成液泛而影响分馏。所以在整个操作中，应通过加热速度来控制回流比。一般回流比控制在 4∶1，即冷凝回到蒸馏瓶的速度每秒 4 滴，而柱顶馏出液流出速度每秒 1 滴。按沸点的高低依次收集馏分。

十　升华操作

除重结晶外升华也是纯化固体有机化合物的一种方法。利用升华可以除去不挥发的杂质或分离挥发度不同的固体物质。升华往往可以得到高纯度的产物，它是利用固体的不同蒸气压，将不纯的物质在其熔点以下加热转变为蒸气，然后不经过液态而直接把蒸气变成固态。对于有机化合物来说不管物质蒸气是由液态还是由固态产生的，物质蒸气不经过液态而直接转变成固态，从而得到高纯度的物质，这种操作称为升华操作。用升华精制固体有机物应具备两个必要条件：

1）被提纯的固体有机物在熔点温度以下具有相当高蒸气压，一般高于 2.67 kPa (20 mmHg)。

2）固体杂质的蒸气压应与被提纯固体的蒸气压有比较明显的差异。一般来说，结构上对称性较高的物质具有较高的熔点，且在熔点温度时具有较高的蒸气压，易于用升华来提纯。

(1) 常压升华

简易升华装置如图 4-18 所示。将充分干燥的待升华的物质置于蒸发皿内，研细。上面盖一张圆滤纸，用针在滤纸上扎许多小孔。在滤纸上倒置一大小合适的玻璃漏斗，漏斗的颈部塞一些棉花，以防止蒸气外逸。

图 4-18　简单升华装置

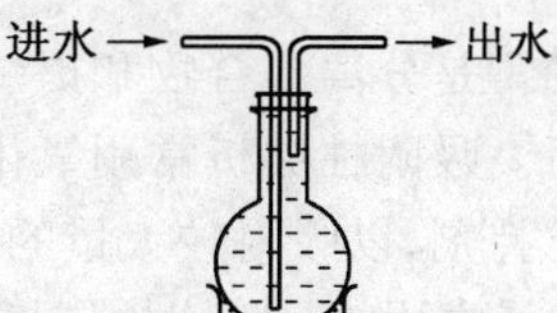

图 4-19　较大量物质的提纯

为使加热均匀，最好用沙浴或油浴。若用空气浴加热应在三角架上放石棉网，铁圈固定在铁架台上，将蒸发皿放在铁圈上，使蒸发皿的底部离开石棉网约 1 cm，以免局部温度过高而导致有机物炭化。在石棉网下用小火加热，使浴温略低于升华物质的熔点。控制加热温度是升华操作的关键。加热使蒸气慢慢通过滤纸孔上升，上升的蒸气凝结在滤纸背面。稍冷后，小心拿下漏斗，轻轻揭开滤纸，将凝结在滤纸上的晶体刮到干净的表面皿上。将蒸发皿里的残渣用刮刀翻动一下，盖上滤纸和漏斗再升华 1～2 次，后几次火可稍大些。

若升华的样品较多可在烧杯中进行，按图 4-19 装置。将样品置于烧杯内，烧杯上放置一个通冷水的圆底烧瓶，使蒸气在烧瓶底部凝结成晶体，并附在瓶底。

(2) 减压升华

在常压下具有适宜升华蒸气压的物质不多，许多固体有机物往往要在减压下进行升华。减压升华还可提高收率，避免热分解。减压升华装置如图 4-20。

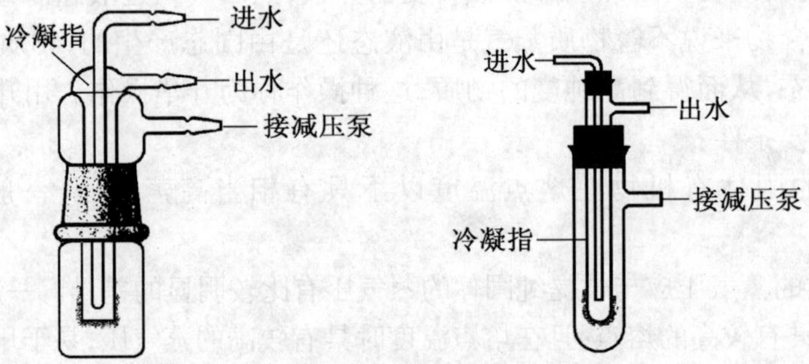

图 4-20　减压升华装置

将被纯化的物质放在吸滤管中，在吸滤管管口安装一小吸滤管，将其固定在橡皮塞上，接通冷凝水，用水泵或油泵减压。将大吸滤管在水浴或油浴中缓缓加热，升华冷凝的晶体凝结在小吸滤管的外壁上。升华完后，应先移去热源，待冷却后慢慢放气，轻轻取下小吸滤管，刮下晶体，以防晶体脱落。

十一　柱层析

(一) 原理

柱层析通常是分离混合物和提纯少量有机物的有效方法。常用的柱层析有吸附柱层析和分配柱层析。吸附柱层析常用氧化铝和硅胶作固定相。在分配柱层析中用硅胶、硅藻土和纤维素为支持剂，以吸附较大量的液体作为固定相，而支持剂本身一般不起分离作用。

实验室中最常用的是吸附柱层析，其原理是利用混合物中各组分在不相溶的两相(即流动相和固定相)中吸附和解吸能力的不同而分离。当混合物随流动相流过固定相时，发生了多次的吸附和解吸过程，从而使混合物分离成多种单一的纯组分。柱层析通常在带活塞的玻璃管中填入表面积很大、经过活化的粉状固体吸附剂。将已溶解的样品加入到色谱柱中，混合物溶液流经吸附柱时，各种组分同时被吸附在柱的上端。当用洗脱剂(流动相)进行淋洗时，由于各组分在洗脱剂中的溶解度不同，因此被解吸的能力也不同。根据“相似相溶”原理，极性化合物易溶于极性洗脱剂中，非极性化合物易溶于非极性洗脱剂中。一般先用非极性洗脱剂进行淋洗。当洗脱剂流下时解吸出来的溶质溶解在洗脱剂中，并随之向下移动。遇到新的吸附剂表面,物质和洗脱剂又会被吸附而建立暂时的平衡,立即又被向下移动的洗脱剂破坏而解吸。如此吸附—解吸—吸附交替进行,使具有不同吸附能力的化合物按不同速度沿柱向下移动,形成了不同层次的“色带”。每一个色带代表一个组分。当每个“色带”从柱底流出时,分别收集每个“色带”,即可得到各个组分的溶液,再将洗脱剂蒸去后,就可得到单一纯净物质。上述分离过程如图 4-21 所示。

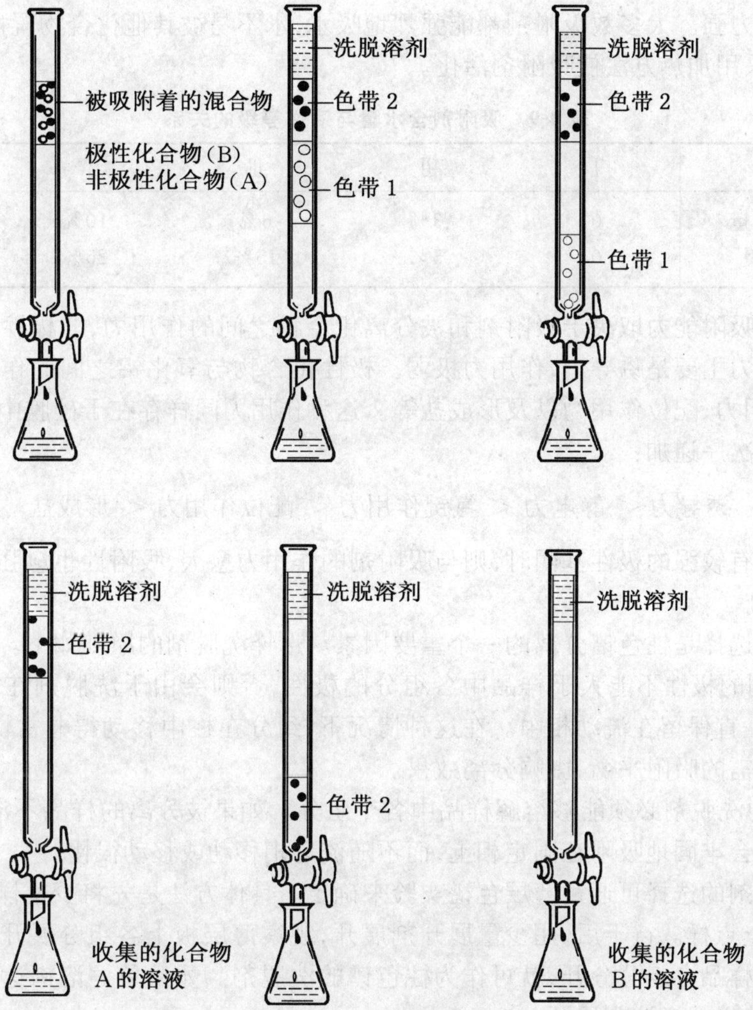

图 4-21　柱层析的分离过程

(实心圆点——极性化合物 B　空心圆点——非极性化合物 A)

1. 吸附剂

吸附色谱最重要的是选择合适的吸附剂。常用的吸附剂有硅胶、氧化铝、氧化镁、碳酸钙、活性炭、淀粉和糖等,吸附剂的选择取决于被分离化合物的类型。硅胶广泛用于烃、醇、酮、酯、酸和偶氮化合物的分离。淀粉和糖用于对酸碱作用较敏感的多官能团天然物质。实验室一般使用氧化铝或硅胶。这两种吸附剂中氧化铝的极性更大一些,它是一种高活性和强吸附的极性物质。氧化铝有中性、酸性和碱性 3 种:酸性氧化铝适用于分离酸性有机物质;碱性氧化铝适用于分离碱性有机物质,如生物碱和胺类化合物;中性氧化铝应用最为广泛,适用于中性物质的分离,如醛、酮、酯、醌等有机物质。硅胶略带酸性。

由于样品被吸附在吸附剂的表面上,因此颗粒大小均匀、比表面积大的吸附剂分离效率最佳。比表面积越大,组分在流动相和固定相之间达到平衡就越快,色带就越窄。通常使用的吸附剂颗粒大小以 100 目至 150 目为宜。

吸附剂的活性取决于吸附剂的含水量(表 4-9),含水量越高,活性越低,吸附能力越弱,反之则吸附能力强。大多数吸附剂都能强烈地吸水,水不易被其他化合物置换,使吸附剂活性降低,通常采用加热方法使吸附剂活化。

表 4-9 吸附剂含水量与活性等级的关系

活性等级	Ⅰ	Ⅱ	Ⅲ	Ⅳ	Ⅴ
氧化铝含水量	0	3%	6%	10%	15%
硅胶含水量	0	5%	15%	25%	38%

吸附剂的吸附能力取决于吸附剂和被分离化合物之间的作用力,非极性化合物与氧化铝之间的作用力主要是诱导力,作用力极弱。极性化合物与氧化铝之间的作用力主要有静电力、氢键作用力、配位作用力以及形成盐等。这种作用力同样存在于硅胶中。作用力的强度大致按下列次序递加:

诱导力 < 静电力 < 氢键作用力 < 配位作用力 < 形成盐

当化合物中含有较强的极性基团时,则与吸附剂的作用力愈大,吸附性也愈强。

2. 洗脱剂

洗脱剂的选择是柱色谱分离的一个重要因素。选择洗脱剂的原则如下。

1) 洗脱剂的极性不能大于样品中各组分的极性,否则会由于洗脱剂在固定相上被吸附,迫使样品一直保留在流动相中。在这种情况下,组分在柱中移动得非常快,很少有机会建立起分离所需的吸附平衡,影响分离效果。

2) 选择的洗脱剂必须能够溶解样品中各个组分。如果被分离的样品不溶于洗脱剂,那么各组分可能会牢固地吸附在固定相上,而不随流动相移动或移动很慢。

一般洗脱剂的选择可通过薄层色谱实验来确定。具体方法是先将少量样品溶解在溶剂中,在薄层板上点样。待干后,用少量展开剂展开,观察薄层板上各组分展开点的位置。哪种展开剂能将样品各组分分开,就可作为柱色谱的洗脱剂。如果单一溶剂达不到所要求的分离效果,可选择混合溶剂展开。

常用溶剂的极性和洗脱能力按下列顺序递减:

乙酸 水 甲醇 乙醇 正丙醇 丙酮 乙酸乙酯 乙醚 氯仿 二氯甲烷 甲苯 环已烷 己烷 石油醚

→ 极 性 和 洗 脱 能 力 减 小

3. 柱色谱的装置

色谱柱是一根带有下旋塞的玻璃管,管内填入表面积很大,经过活化的多孔性或粉末固体吸附剂。如图 4-22 所示。

一般来说,吸附剂的质量应是待分离物质质量的 25～30 倍,所用柱的高度和直径比应为 8∶1。表 4-10 为样品质量、吸附剂质量、柱高和直径之间的关系参考值。

表 4-10　样品质量和吸附剂质量与色谱柱高和直径的关系

吸附剂质量/g	样品质量/g	色谱柱直径/mm	色谱柱高度/mm
0.3	0.01	3.5	30
3.0	0.10	7.5	60
30.0	1.00	16.0	130
300.0	10.00	35.0	280

(1) 装柱

装柱是柱层析中最关键的操作，柱装的好坏直接影响到分离效果。在装柱前首先将色谱柱洗干净后干燥。将层析柱垂直固定在铁架上，用一小团脱脂棉或玻璃棉塞入柱底部，上面铺约 0.5 cm 厚的石英砂或不铺，然后进行装柱。装柱的方法有湿法装柱和干法装柱。

图 4-22　柱层析装置

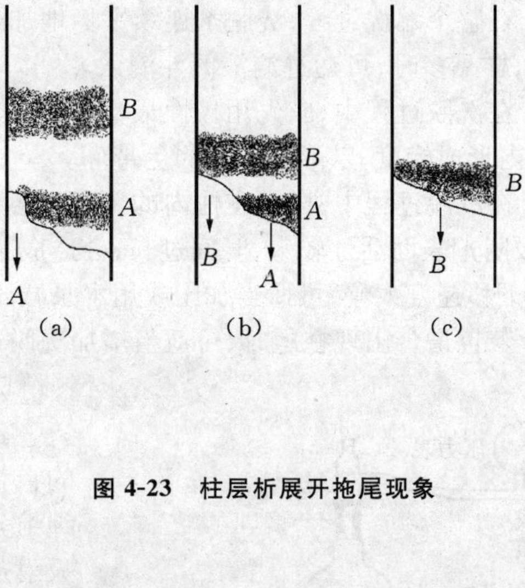

图 4-23　柱层析展开拖尾现象

1) 湿法装柱：

在锥形瓶中，称取吸附剂(氧化铝或硅胶)，用选用的洗脱剂中极性最低的洗脱剂将其调成糊状。

柱层析装置如图 4-22 所示。先在色谱柱中加入约 1/2 柱高的洗脱剂，在柱底塞入一点棉花或玻璃毛。在色谱柱下放一个干净的锥形瓶，接收洗脱剂，打开柱下旋塞，控制流出速度为每秒 1 滴。将调好的吸附剂晃动后，固体与液体一起从柱顶慢慢倒入柱内。将流下的洗脱剂倒入未倒完的吸附剂中，搅匀后再倒入柱中，反复多次，待所有的吸附剂全部转移完，用滴管吸流下的洗脱剂将粘在柱内壁的吸附剂淋洗下去。在转移吸附剂的过程中，应不断轻轻敲击色谱柱，使柱填充均匀，无空气气泡，柱填充完后，轻轻敲击柱身使柱面平整。如果吸附剂表面不平或有气泡，往往会出现“色带”不平或产生“拖尾”现象，如图 4-23 所示即在第一条“色带”尚未洗脱完毕时，另一条“色带”的前沿也开始洗脱出来，给收集每条单一的“色带”带来困难。为了防止在加入洗脱剂时造成吸附剂表面形成缺口而表面不平整，在吸附剂表面覆盖一张小圆滤纸，或慢慢加入一层约 0.5 cm 的石英砂。在整个装柱过程中，柱内吸附剂始终应有溶剂浸润，不能出现“干裂”，否则会影响分离效果。

2）干法装柱：

在色谱柱加入柱高 1/2 的洗脱剂，从柱的顶端用玻棒向柱底推入一点棉花或玻璃毛，柱上端放一个干燥的小漏斗，将干的吸附剂经漏斗缓慢加入柱内，轻轻敲击柱身，使柱填装紧密，无气泡，并使柱面平整。注意在使用硅胶和氧化铝作吸附剂时不宜使用干法装柱，因为硅胶和氧化铝的溶剂化作用，易使柱内形成缝隙。

4. 样品的加入及色谱带的展开

将固体样品用最少量的溶剂溶解后，用滴管吸取样品溶液，并伸入柱内靠滤纸面或石英砂层面，沿内壁将样品溶液慢慢加入柱内。液体样品可用滴管直接加入色谱柱。样品加完后，打开下旋塞，使样品溶液进入吸附剂内。用少量洗脱剂将内壁的样品洗下。待这部分液体进入柱里，再慢慢加入洗脱剂进行淋洗，直至第一条“色带”下移至活塞处，用干净、干燥的锥形瓶接收第一条“色带”，再换另一极性大的洗脱剂进行淋洗。色谱带的展开过程也就是样品的分离过程。在此过程中应注意：

1）在整个淋洗过程，洗脱剂连续平稳地加入，绝不能出现柱“干裂”。样品少时，可用滴管加入，样品多时，可通过滴液漏斗滴入。

2）在洗脱过程中，应先用极性最小的洗脱剂淋洗，然后逐步加大洗脱剂的极性。洗脱剂在柱内形成梯度，以形成不同的色带环。

3）在洗脱过程中，样品在柱内的下移速度不能太快，否则影响分离效果。但也不能太慢，因吸附剂表面活性较大，时间过长，会造成某些成分被破坏，使“色带”扩散，影响分离效果。若下移速度太慢，可适当加压或用水泵减压。一般洗脱剂流出速度每秒为 1 滴。

4）若色谱带出现拖尾时，可适当增加洗脱剂的极性。

5. 样品各组分的收集

若样品中各组分有颜色时，可根据不同颜色的色带用锥形瓶分别收集，然后蒸去溶剂后得到纯组分。对于无色的样品，将收集瓶编好号，根据吸附剂的使用量和样品分离情况来收集。一般用 50 g 吸附剂，每份洗脱剂的收集体积约 50 mL。在淋洗过程中可用薄层层析进行监控。

6. 加压快速柱层析

实验中为达到较好的分离效果，常使用颗粒度很小（300～400 目，甚至目数更大）的吸附剂。由于吸附剂颗粒度很小，洗脱剂流过时阻力很大，常压下很难进行，因此需加压才能使洗脱剂流出。图 4-24为常用的加压快速层析装置，玻璃仪器部分由层析柱、球形容器、三通塞三部分组成，接口处均为标准磨口。对接后用橡皮筋固定。柱层析底部为玻璃砂芯，可使液体流出而吸附剂不漏下。

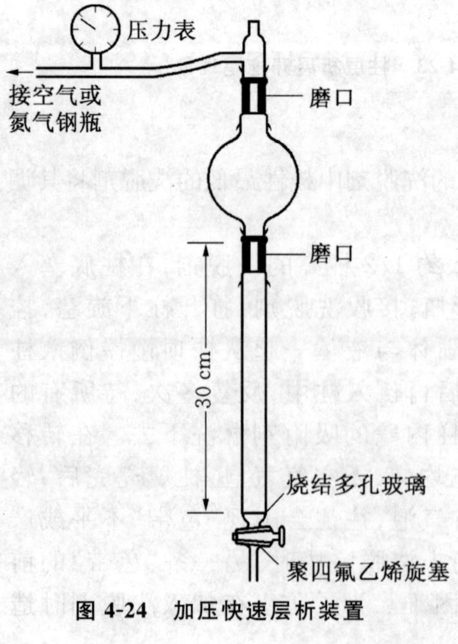

图 4-24　加压快速层析装置

层析柱下端旋塞一般用聚四氟乙烯塑料旋塞，不需涂润滑油就可顺利开关，避免样品被润滑油污染。

加压可用压缩空气钢瓶或氮气钢瓶，但须注意小心控制，气体压力不可过高，以免装置弹开或炸裂，造成危险。也常用充满空气或氮气的橡皮双联球，反复按一球向另一球及整个装置中压入空气或氮气，使体系内形成一定的压力。

加压快速柱层析操作与常压柱层析类似。装柱也有湿法装柱和干法装柱两种。在装柱及加样品时，球形容器不必装上，欲使柱中液体流出时，可直接将三通塞与层析对接加压。在加好样品后，欲用大量淋洗剂洗脱时再将球形容器装上。

（二）柱层析基本操作实验

次甲基蓝与甲基橙的分离

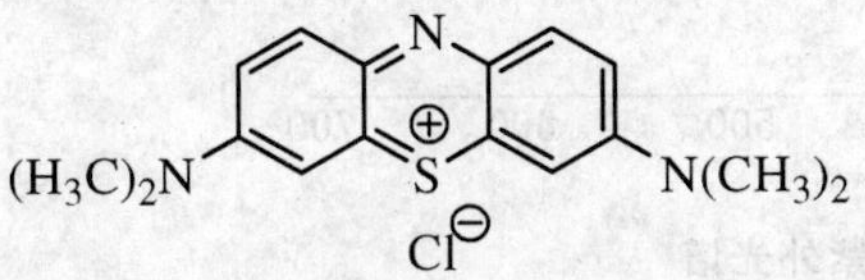

次甲基蓝
溶于水和乙醇

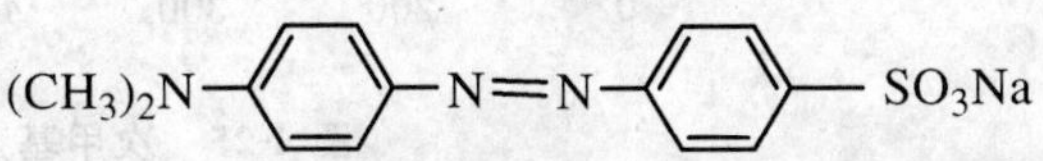

甲基橙
不溶于醇溶于水

选用直径 1.5 cm，长 15 cm 的层析柱，垂直固定在铁架台上，夹子夹在柱的顶端。向柱中加入乙醇至柱高的 1/2，从柱的顶端用玻棒将少许棉花推到柱的底部①，在棉花上可加入一薄层石英砂。

在小烧杯中称取约 10 g 的氧化铝加入 10～15 mL 乙醇调匀②。

打开柱下的活塞，控制流出速度每秒 1 滴。将烧杯中氧化铝糊状物加进柱内，氧化铝自然沉降，使装填紧密而均匀③。当加至柱高 3/4 时，用滴管吸取少量的乙醇轻轻冲洗柱壁上的氧化铝，然后用玻棒轻轻敲击柱身，使柱面平整。事先剪好一张圆形滤纸或加一薄层石英砂，覆盖在氧化铝面上。柱活塞下接一干净的锥形瓶，流下的乙醇反复套用。

当溶剂液面刚好到达滤纸表面 1 mm 时，立即用滴管加入 1 mL 次甲基蓝和甲基醇的混合液④。当混合液面降至滤纸面 1 mm 时用滴管吸取少量的乙醇，淋洗黏附在柱壁上的溶液。用滴管加入乙醇洗脱，控制流出速度。在整个洗脱过程中不要使柱“干裂”。在淋洗过程中，可观察到色带的形成和分离。当蓝色的次甲基蓝色带到达柱底时，更换干净的接收器，收集蓝色的色带。然后改用蒸馏水为洗脱剂，更换接收器。当黄色的甲基橙色带到达柱底时，再更换接收器，收集黄色的色带。可分别测定次甲基兰和甲基橙的紫外光谱。（见图.4-25，图 4-26）通过解析谱图，判断其分离的效果。

附注：

① 棉花主要是托住氧化铝，不宜塞得太紧，否则将影响流出速度。

② 氧化铝与乙醇混合均匀即可，切勿捣碎成黏糊状，这样会使流出速度减慢。

③ 层析柱填装紧密与否，对分离效果影响很大。若柱中留有气泡或各部分松紧不均匀时，会影响渗透速度和显色的均匀。

④ 此溶液由 2 g 甲基橙和 0.25 g 次甲基蓝溶于 110 mL 乙醇中配成。

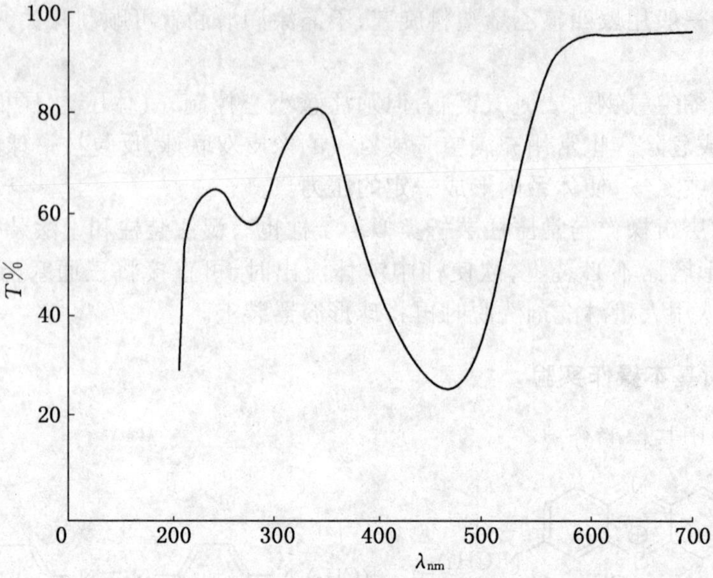

图 4-25 次甲基蓝的紫外光谱

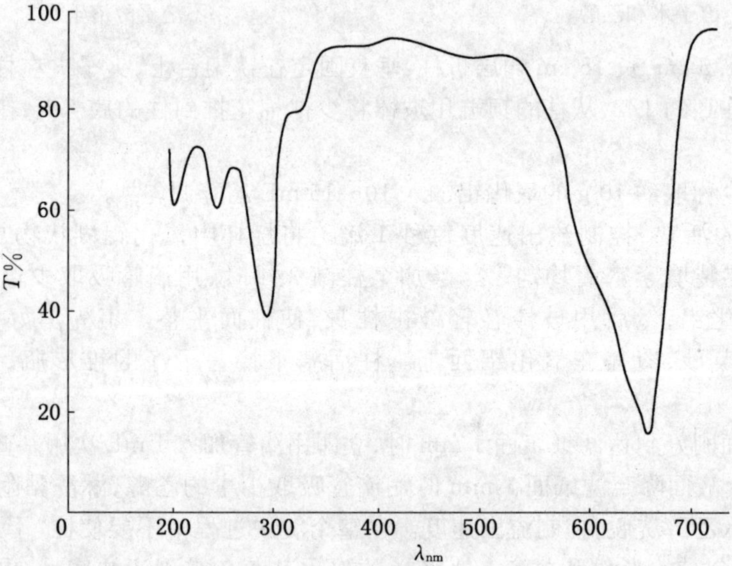

图 4-26 甲基橙的紫外光谱

十二 薄板层析

薄板层析(Thin Layer Chromaphys)简称 TLC。它是快速分离和定性分析微量物质的一种极为重要的技术。特点是设备简单、操作方便、需要样品量少、展开速度快、效率高,已成为一般实验室中最为常用的一种层析法。此法特别适用于挥发性小,或在较高温度易发生变化而不能用气相色谱分析的物质。在有机合成反应中可以利用薄层层析来跟踪有机反应或监控有机反应完成的程度。TLC 常作为柱层析的先导,来确定分离的条件和监控分离的进程。

TLC的原理和分离过程与柱色谱相似，吸附剂的性质和洗脱剂的相对洗脱能力，在柱色谱中适用的，同样适用于薄层层析。与柱层析不同的是，柱色谱中的流动相沿着吸附剂向下移动，而TLC中的流动相沿着薄板上的吸附剂向上移动。

薄层色谱是在洗涤干净、晾干的载玻片上均匀地涂一层吸附剂或支持剂，层析就在薄板上进行。把样品溶液点在离薄层板一端边缘一定距离处，样品被吸附剂吸附。点样后的薄层板放入可密闭的层析缸内，一端浸入流动相中，由于薄层板的毛细作用，展开剂沿着吸附剂薄层逐渐上升，当遇到样品时，样品溶解在展开剂中，各组分在固定相和流动相之间不断地进行吸附、解吸。再吸附、再解吸……样品中各组分与固定相的吸附不同，样品中吸附能力最弱的组分，容易溶解而不易被吸附，会随展开剂向薄层板上方移动较大的距离。相反吸附能力强的组分，在薄层上移动的距离较短，最后各组分得到分离。

（一）薄板层析操作

1. 层析板的制作

层析板制作的好坏直接影响层析的效果。层析板要求厚薄均匀，厚度约0.5～1 mm，否则展开时溶剂前沿不齐，层析结果不易重复。

(1) 吸附剂

层析板所用的吸附剂与柱色谱相似，最常用的是硅胶和氧化铝，它们的吸附能力强，可分离的样品种类多。

硅胶是无定形多孔物质，略显酸性，机械性能较差，一般需要加入黏合剂，如煅石膏($CaSO_4 \cdot H_2O$)、淀粉、羧甲基纤维素钠(CMC)等制成“硬板”。

氧化铝的极性较硅胶强，适合分离极性较小的化合物。在铺板时一般不再加黏合剂，可将氧化铝干粉直接铺层，这样得到的层析板称为“软板”。

在TLC中，所用的吸附剂颗粒比柱色谱中的要细得多，一般为260目以上。若颗粒太大，表面积小，吸附量少，样品随展开剂移动速度快，斑点扩散较大，分离效果差。若颗粒太小时，样品随展开剂移动速度慢，斑点不集中，效果也不好。

(2) 层析板的铺法

1) 干法铺板：将氧化铝干粉倒在洗净、干燥的玻璃片上，取直径均匀的一根玻璃棒，将两端用胶布缠好，在玻璃板上滚压，注意两手用力要均匀，移动速度一致，把吸附剂均匀地铺在玻璃板上，制成“硬板”。这种方法操作简单，展开快，但样品展开点易扩散，分离较差，制成的薄板不易保存。

2) 湿法铺板：在小烧杯中称取2 g硅胶G加入5～6 mL① 1%的CMC水溶液，调成均匀的糊状，不能有气泡或颗粒。将糊状物均匀地倒在玻璃片上，厚度约0.5～1 mm。厚度太薄会使样品分不开，太厚展开时会出现拖尾。将玻片放在桌边，用手轻轻抖动，使表面均匀、光滑，然后移至薄层板架上，让它慢慢自然冷却。切记不能快速干燥，否则薄层板会出现干裂。

现在在市场商店里有售各种大小、规格的层析板。

2. 层析板的活化

层析板经过自然晾干后再置于烘箱内加热活化，进一步除去水分。不同的吸附剂及配方需要不同的活化条件。常用的硅胶板一般在烘箱中逐渐升温，维持在105～110 ℃活化

30 min。氧化铝板在 150～160 ℃下活化 4 h，可得到活性为 3～4 级的薄板，在 200～220 ℃下活化 4 h，可得到活性为 2 级的薄板。在分离某些易吸附的化合物时可不用活化。

3. 点样

将样品溶于低沸点溶剂（丙酮、甲醇、乙醇等）配成 1%～5%的溶液。用点样毛细管吸取样品溶液，以薄层板的一端 1 cm 处作为起点线，在板的另一端 0.5 cm 处作为终点线，用铅笔轻轻画线作一记号，在起点线的某个位置用吸好样品溶液的毛细管触及薄层板轻轻点样，斑点的直径为 1～2 mm。待溶剂挥发后再在原点上重复多次。点样时应少量多次，以达到样点小而有足够的浓度。在薄层层析中样品的用量对物质的分离效果有很大影响，所需样品的量与显色剂的灵敏度，吸附剂的种类和薄层的厚度均有关系。样品太少时斑点不清楚，难以观察，样品量太多往往出现斑点太大或拖尾现象而不易分开。点样后，待溶剂挥发后再展开。

4. 展开

选择合适的展开剂是很重要的。一般展开剂的选择与柱色谱中洗脱剂选择类似，即极性化合物选择极性展开剂，非极性化合物选择非极性展开剂，当一种展开剂不能将样品分离时，可选用混合溶剂作展开剂，表 4-11 是常见溶剂在硅胶板上展开能力。一般展开能力大小与溶剂的极性成正比。

表 4-11　TLC 常用的展开剂

戊烷、四氯化碳、苯、氯仿、二氯甲烷、乙醚、乙酸乙酯、丙酮、乙醇、甲醇 →
极 性 及 展 开 能 力 增 加

薄板层析展开在密闭容器中进行。为使溶剂蒸气迅速达到平衡，可在展开槽内衬一滤纸。在展开缸中加入展开剂，高度约浸入薄层 0.5 cm。将点样后的层析板倾斜放入展开缸中，盖好盖。在展开过程中，样品斑点随着展开剂向上移动，当展开剂前沿到达终点线时，立即取出层析板。待层析板上的展开剂挥发后，用铅笔圈好薄层板上分开的样品点。

5. 显色

若待分离的化合物是有色的，就可以清晰地观察到分离的过程和斑点的位置。但大多数的化合物是无色的，在展开过程中观察不到分离过程和斑点的位置，必须先经过显色，才能观察到斑点的位置，判断分离情况。常用的显色方法有如下几种。

(1) 碘蒸气显色

由于碘能与许多化合物作用形成棕黄色的络合物后显色。在密闭的容器中放入几粒碘，待碘蒸气充满容器时，将展开后干燥的层析板放入。展开后的样品点与碘蒸气结合，在几秒或几分钟内形成黄棕色的斑点，由于薄板在空气中碘挥发后，棕色斑点在短时间内会消失，取出后应立即用铅笔标出化合物的斑点位置。不饱和烃、酚类等化合物易与碘起反应，不能用碘蒸气显色。必须注意，展开后的层析板需待溶剂挥发干燥后才能去进行显色，因为碘蒸气也能与溶剂结合，使层析板显淡棕色，有碍观察。

(2) 试剂显色

浓硫酸：用浓硫酸在层析板上喷雾后，放在烘箱内在 110 ℃下加热，大多数有机物焦化显示出斑点。以 CMC 制成的硬板不宜用硫酸喷雾，因硫酸会使 CMC 碳化，板变黑色而显不出斑点。

磷钨酸钾试剂：用 20%的磷钨酸钾试剂在层析板上喷雾后放入烘箱内在 120 ℃下烘，

可使还原性物质显蓝色。

三氯化铁溶液:用2%三氯化铁溶液来显色,可检出带有酚羟基的化合物。

高锰酸钾溶液:用高锰酸钾水溶液喷雾后加热,可使含碳—碳双键的有机物显色。

茚三酮:用0.3 g茚三酮溶于100 mL乙醇配成的溶液喷雾可检出胺、氨基酸。

(3) 紫外光显色法

在制板时,将荧光剂(硫化锌镉、硅酸锌、荧光黄)加入吸附剂中调匀后涂于层析板上(或用GF_{254}薄层板)。展开后的斑点在波长为254 nm的紫外灯下可观察到在亮的荧光背景上有暗色的斑点,即为分离后化合物的位置。

6. 比移值 R_f 的计算

化合物在薄层板上上升的高度与展开剂上升高度的比值称为该化合物的比移值,常用 R_f 来表示。层析板展开和显色后得到如图4-27所示的斑点,按下式计算化合物的比移值 R_f。

$$R_f = \frac{\text{溶质最高浓度中心至原点中心的距离}}{\text{溶剂展开前沿至原点中心的距离}}$$

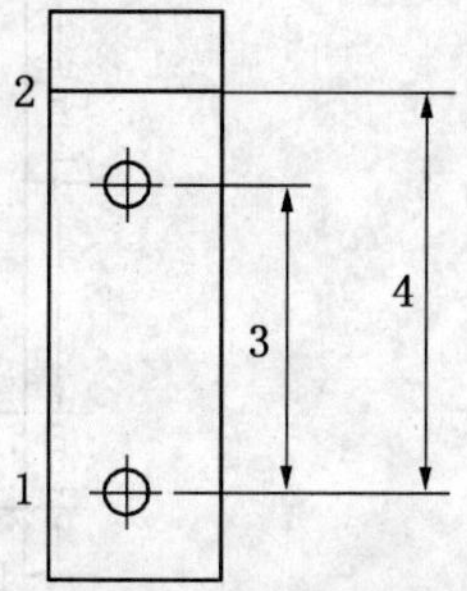

图4-27　薄层层析展开

1. 起点线　2. 溶剂前沿

3. 溶质到达距离　4. 溶剂到达距离

对于一种化合物,当展开条件相同时,R_f 值是一个常数,影响 R_f 值的因素较多,如展开剂、吸附剂、薄层板的厚度、温度等,实验数据往往与文献记载不完全相同,因此在鉴定时常常需用标准样品作对照,即在一块板上同时点一个已知物和一个未知物,进行展开,通过计算 R_f 值来确定是否为同一化合物。

十三　纸层析

纸层析属于分配层析的一种。它的分离原理与吸附层析不同,是根据混合物的各组分在两种互不相溶的液相间分配系数的不同而达到分离的目的。因水与滤纸中的纤维素的亲和力较大,且结合紧密,通常用定性滤纸作为惰性载体,以吸附在滤纸上的水或有机溶剂作为固定相,流动相则是含有一定比例水的有机溶剂,称为展开剂。分配层析法在原则上与液-液连续萃取方法相同,流动相亲脂性较强的溶剂在含水的滤纸上移动时,溶解于流动相中的各组分在滤纸上受到两相溶剂的影响,产生了分配现象。亲脂性稍强的组分在流动相中分配较多,移动速度较快,有较大的 R_f 值,反之亲水性的组分在固定相中分配较多,移动速度较慢,从而得到分离。

流动相即展开剂与固定相的选择,根据被分离物质的性质而定。一般对于易溶于水的化合物,可直接以吸附在滤纸上的水作为固定相,以能与水互溶的有机溶剂如低级醇作流动相;对于难溶于水的极性化合物,应选择非水性极性溶剂如N, N-二甲基甲酰胺等作为固定相,以不与固定相相混合的非极性化合物如环已烷、氯仿等作为流动相;对于不溶于水的非极性化合物,应以非极性溶剂如液体石蜡等作为固定相,以极性溶剂如水、含水的醇或乙酸等作为流动相。

当一种溶剂不能将样品全部展开时,可选择混合溶剂。

纸层析和薄层层析一样,主要用于分离和鉴定有机化合物。纸层析多用于多官能团或高极性化合物如糖、氨基酸等的分离。它的优点是操作简单、价格便宜、所得到的色谱图可以长期保存。缺点是在展开过程中，溶剂的上升速度随着高度的增加而减慢，因此展开时间较长。

(1) 纸层析的装置

如图 4-28 所示，长形的展开缸或大的试管，顶上配有带钩子的塞子。

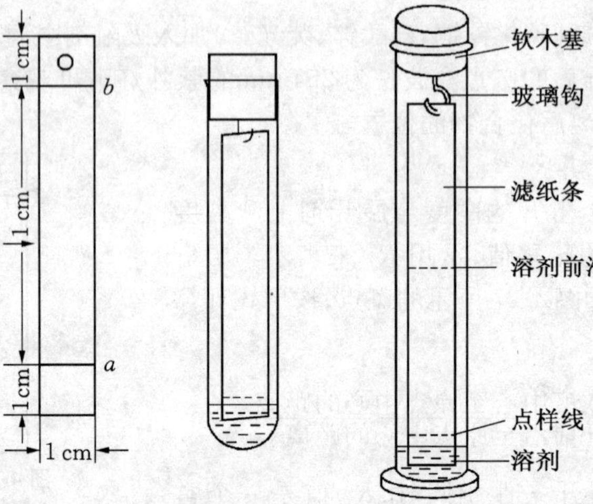

图 4-28　纸层析装置

(2) 操作

先将长短合适的层析滤纸在展开溶剂的蒸气中放置过夜。在滤纸的一端 1 cm *a* 处作为起点线，在滤纸另一端 1 cm *b* 处作为溶剂展开前沿，分别用铅笔作一记号。用毛细管吸取待分离的样品溶液，点在起点线上，在原点上反复多次，使点小而浓度高。待溶剂挥发后，将滤纸的另一端挂在塞子的钩子上。

展开缸内放入少许展开剂，把点样后的滤纸条慢慢放入展开缸中，使滤纸下端浸入展开剂中，但液面高度不要超过点样线。由于滤纸条的毛细作用，展开剂沿着滤纸条不断上升，当展开剂与滤纸上的试样接触时试样中的各组分会不断地在固定相和流动相间进行分配，鉴于各组分分配系数不同而得以分离。当溶剂前沿上升到接近滤纸条上端 b 处时，将滤纸条取出，晾干。若被分离物中各组分是有色的，滤纸条上就有各种颜色的斑点显出。计算各化合物的比移值 R_f。比移值的计算以及比移值的因素与薄层层析相同。

对于无色混合物的分离，通常将展开后的滤纸晾干，置于紫外灯下观察是否有荧光，或者根据化合物的性质喷上显色剂，观察斑点的位置。

十四　红外光谱

红外光谱是一种吸收光谱，它的波长比可见光长比微波短，波长在 2～25 μm 是常用的红外光谱，大多数有机化合物在此区域有特征吸收，对有机化合物的鉴定和结构分析有鲜明的特征性。任何两个不同的有机化合物(除光学异构体外)一般没有相同的红外光谱，因此运用红外光谱可以确定两个化合物是否相同。此外，一些官能团，尽管在分子中的地位不同，但也可以在一定的波长范围内发生吸收。根据化合物的红外光谱可以找出分子中含有哪些官能团。作红外光谱的特点是所需样品量少、速度快，因而是一种有效和常用的分析方法。

红外光是一种电磁辐射，当红外光通过有机分子试样时，由于红外光能量较低，不能激发电子跃迁，若连续地由高到低或由低到高改变红外光的频率(或波长)，当红外光的频率与化合物中的某化学键的振动频率相同，则光能被该化学键吸收，透过样品的光减弱；而改变到另一频率时，红外光的频率与样品中任何化学键的任何形式振动频率都不相同，则光能将不能被吸收，透过样品的光将不减弱或基本不减弱。

红外吸收所产生的跃迁与分子内部的振动变化有关。有机分子中不同的基团在不同波长范围内有特征的吸收峰。同一基团，在不同化合物中，其吸收峰的位置大致相同，所以通过红外光谱的测定可以知道一个化合物中存在哪些官能团。同时由于每一个化合物都有其独特的红外谱图，如果两个样品的红外谱图完全相同，则这两个样品必定是同一个化合物，所以可以像鉴定指纹和照片那样，通过红外谱图来鉴别化合物。

图 4-29　—CH_2—的某些振动形式

可以粗略地将以共价键相连的原子比作用弹簧连接的球，它们在不停地如图 4-29 中箭头所示的方向伸缩或弯曲振动着，它们振动的频率取决于原子的质量以及赖以结合的共价键的强度。大多数碳—氢键、碳—碳键、碳—氧键、碳—氮键等的振动频率都在红外区。简单地说，当照射光的频率与基团振动的频率一致时，则光便被分子吸收而引起振动能级的跃迁，使振动的振幅加大，通过红外光谱仪，便可记录下吸收峰的位置与强度。

(一) 红外光谱仪的原理

为了检测分子中所有振动形式的吸收频率，必须运用红外光谱仪，图 4-30 是红外光谱仪(或称红外分光光度计)的原理图：

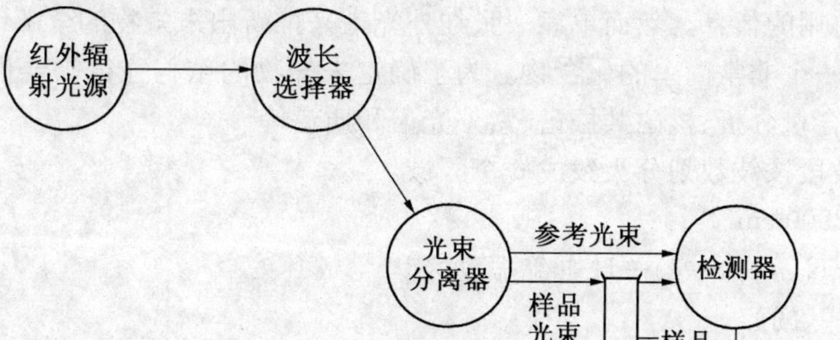

图 4-30　红外光谱仪示意图

红外辐射光源是能斯特灯，首先将它预热至 700 ℃以上使其成为导电体，再用电流温和加热，直至放出波长在 2～15 μm 范围内的连续的红外光。这束光通过减光器将足够量的光束输入棱镜或光栅，使其成为波长可选择的红外光。所选择的特定波长的红外光通过光束分离器裂分成两个强度相同的光束，一束光为参考光束，一束光通过样品为样品光束。两者通过检测器，检测两束光的差异，记录成图，即该化合物的红外光谱。以红外光的频率(或波长)为横坐标，以样品对红外光的吸收百分率或红外光透过样品的百分率为纵坐标作图，则得到样品的红外光谱图。

在红外光谱图中，纵坐标表示谱带的强度，常用透光率(T, Transmittance)或吸光度(A, Absorbance)表示，透光率 T 的定义是辐射光透过物质的百分率：$T=\dfrac{I}{I_0}$

I_0——辐射的入射强度；I——辐射的透射强度。

吸光度
$$A=\lg\frac{1}{T}$$

横坐标表示谱带的位置，常用波长(Wavelength，单位为 μm)或波数(Frequency，单位为 cm^{-1}，$cm^{-1}=\dfrac{1}{\mu m}\times 10^4$)表示。波数通常也称为“频率”，但必须注意它与严格意义上的“频率”是有差别的。在红外光谱纸上，高波数在左面，低波数在右面。

(二) 红外光谱的解析

利用红外光谱鉴定有机化合物实际上就是确定基团和频率的相互关系。一般把红外谱图分为两个区，即官能团区和指纹区。官能团区是指 4000～1400 cm^{-1} 的区域，称为红外光谱的特征区，分子中的官能团在这个区域内都有特定的吸收峰，该区域在分析中有很大价值。在低于 1330 cm^{-1} 的区域(1330～400 cm^{-1})为指纹区，吸收谱带较多，相互重叠，不易归属于某一基团，吸收带的位置可随分子结构的微小变化产生很大的差异。因而该区域的光谱图形千变万化，但对每种分子都是特征的，故将该区域称为指纹区。在指纹区内，每种化合物都有自己的特征图形，这对于结构相似的化合物，如同系物的鉴定是极为有用的。

从红外光谱中各吸收峰的频率可以判断出分子中存在哪些官能团。为确定有机化合物的结构提供了有用的信息。然而单靠一张红外光谱来推断出未知物的全部结构常常是很困难的，除非这是一个非常简单的化合物。为了确定未知物的结构往往需要借助其他的分析数据，例如碳氢含量分析、核磁共振谱、紫外光谱和质谱等。

红外吸收波段按波数划分大致成 6 个区域。

1. 4000～2500 cm^{-1}

这是 X(C、N、O、S 等)—H 伸缩振动区。

(1) 羟基(醇、酚)

—OH 的吸收在 3200～3600 cm^{-1}。—OH 形成分子间或分子内的氢键所引起的缔合对红外吸收峰的位置、形状、强度都有重要影响。当羟基在分子间形成以氢键相连的多聚体时，红外吸收位置移向较低波数 3300 cm^{-1} 附近，峰形宽而钝。羟基在分子内形成氢键时，也会使羟基的红外吸收移向低波数方向。羧酸内由于羰基和羟基的强烈缔合，吸收峰的底部可延伸到－2500 cm^{-1}，形成一个很宽的吸收带。

(2) 胺基

游离胺基的红外吸收在 3300～3500 cm^{-1}，缔合后吸收约降低 100 cm^{-1}。

伯胺 NH_2 有两个 N—H 键，有对称和不对称两种伸缩振动，使得它与羟基形成明显的区别，有两个吸收峰，其吸收强度比羟基弱，脂肪胺更弱。

仲胺只有一种伸缩振动，只有一个吸收峰，其吸收峰比羟基要尖。

叔胺因氮上无氢，在此区域没有吸收。

(3) 烃基

C—H 键振动的分界线在 3000 cm^{-1}。不饱和碳(双键及苯环)的 C—H 伸缩振动频率大于 3000 cm^{-1}，以吸收峰的小肩峰形式存在；饱和碳(除三元环外)的 C—H 伸缩振动频率低于 3000 cm^{-1}，这对分析谱图很重要。

C≡C—H 的吸收峰在～3300 cm^{-1}，它的峰很尖锐。

饱和碳的 C—H 伸缩振动可见 4 个吸收峰，其中两个属 CH_3：～2960(v_{as})、～2870(v_s)；另两个属 CH_2：～2925(v_{as})、～2850(v_s)。由这两组峰的强度可大致判断 CH_2 和 CH_3 的比例。

CH_2 或 CH_3 与氧原子相连时，其吸收峰移向较低波数。

醛类化合物在～2820 cm^{-1}及～2720 cm^{-1}处有两个吸收峰。

当进行未知物鉴定时，在 3000 cm^{-1}附近是否有吸收峰，可区分有机物和无机物，因无机物在此处无吸收。

2. 2500～2000 cm^{-1}

这是叁键和累积双键的伸缩振动区。在此区域内任何小的吸收峰都应引起注意，它们都能提供结构信息。

3. 2000～1500 cm^{-1}

这是双键的伸缩振动区，是红外谱图中很重要的区域。

羰基的吸收在 1650～1900 cm^{-1}，羰基峰都很尖锐或稍宽，其强度都很强。

碳—碳双键的吸收在 1600～1670 cm^{-1}，强度中等或较低。

烯基碳氢面外弯曲振动的倍频可能出现在此区域。

苯环的骨架振动在～1450、～1500、～1580、～1600 cm^{-1}。～1450 cm^{-1}的吸收与 CH_2、CH_3 的吸收很靠近，因此特征不明显。后三处的吸收表明苯环的存在，但不一定同时存在，只要在 1500 cm^{-1}或 1600 cm^{-1}附近有一处吸收，原则上即可知有苯环或杂芳环的存在。

4. 1500～1300 cm^{-1}

苯环和芳杂环的红外吸收可进入此区域，硝基的 v_s 等的吸收可能进入此区域。甲基在～1380、～1460 cm^{-1}同时有吸收，当前一吸收峰发生分叉时表示二甲基连在同一碳原子上。CH_2 仅在～1470 cm^{-1}处有吸收。

5. 1300～910 cm^{-1}

所有单键的伸缩振动频率、分子骨架振动频率，部分含氢基团的一些弯曲振动和一些含重原子的双键(P═O、P═S等)的伸缩振动频率都在此区域。

6. 910 cm^{-1}

苯环因取代而产生的吸收在此区域，这是判断苯环取代位置的主要依据。表 4-12 总结了各种常见有机基团的红外特征吸收。

表 4-12　常见有机基团的 IR 特征吸收频率

键　型	化合物类型	波数范围/cm^{-1}	波长/cm^{-1}	峰强度
C—H	烷烃			
	CH_3(两个峰)	2960 和 2870	3.38 和 3.48	s(强)
	CH_2(两个峰)	2925 和 2855	3.42 和 3.50	s
	—CH—	2900～2880	3.45～3.47	m(中强)
	环	3100～2900	3.23～3.34	
	烯	＞3000	3.33	m-w(弱)
	炔	3333～3267	3.00～3.06	m
	芳环	3100～3000	3.23～3.33	
	醛(两个峰)	2900～2800	3.45～3.57	m-w
		2800～2700	3.57～3.70	
C═C	烯	1670～1640	5.49～6.10	m-w
	对称共轭二烯	1600	6.25	
	不对称共轭二烯	1650 和 1600	6.06 和 6.25	
	芳环	1600～1500	6.25～6.67	m-w
C—C	链烃	1200～700	8.33～14.3	
	脂环	1500～1400 (一或两个峰)	6.67～7.14	s-m
	环丙烷	1020～1000	9.8～10.0	m
C═O	羧酸	1720～1665	5.81～6.00	s
	酯	1750～1715	5.71～5.83	s
	酰胺	1700～1640	5.88～6.10	s
	酮	1725～1705	5.80～5.87	s
	α，β-不饱和酮	1710～1665	5.85～6.00	s
	醛	1740～1720	5.75～5.81	s
C—O	醇	1260～1000	7.94～10.0	s-m
	酸	1315～1280	7.60～7.18	s-m
	酯	1300～1000	7.69～10.0	s-m
	酚	1230～1140	8.13～8.77	s
	脂肪醚	1500～1080	8.70～9.22	s-m
	烷基芳基醚	1275～1200	7.84～8.33	s-m
O—H	醇、酚	3649～3584	2.74～2.79	m
	(氢键)	3550～3200	2.82～3.13	s
	羧酸	3300～2500 (中心在 3000)	3.03～4.00	s
N—H	胺、伯胺	3500～3400	2.86 和 2.94	m
	仲胺	3300～3060	2.99～3.02	
	酰胺	3520～3060	2.84～3.27	s-m

(续表)

键 型	化合物类型	波数范围/cm^{-1}	波长/cm^{-1}	峰强度
C—N	胺 酰胺	1345～1020 ≈1400	7.43～9.80 ≈7.14	m s
C≡N N≡C N═O	腈 异腈 硝基(两个峰)	2260～2220 2185～2120 1600～1500 1400～1300	4.42～4.50 4.58～4.72 6.25～6.27 7.14～7.69	s s s s
C—X (卤代物)	X＝F Cl Br I	1400～1000 800～700 700～650 600～500	7.14～10.0 12.5～14.3 14.3～15.4 16.67～20.0	s s s s

注:表中 s ＝ 强,m ＝ 中等,w ＝ 弱。

在解析红外谱时要注意红外吸收谱的三要素,即位置、强度、峰形。吸收峰的位置即吸收峰的波数是红外吸收最重要的特点。

每种有机化合物均显示若干红外吸收峰,需对各吸收峰强度进行比较,从大量的红外谱图可归纳出各种官能团红外吸收的强度变化范围。只有当吸收峰的位置及强度都处于一定范围时,才能准确地推断出某官能团的存在。以羰基为例,在 1680～1780 cm^{-1} 处是典型的羰基吸收区,羰基化合物的吸收很强,若在此区域有吸收,但强度低,这不表明所研究的化合物存在羰基,而说明该化合物中存在含羰基化合物的杂质。

吸收峰的形状也决定于官能团的种类,从峰形可辅助判断官能团。以缔合羟基、缔合伯胺基和炔氢为例,它们的吸收峰位置只略有差别,但吸收峰形有差别,缔合羟基峰圆滑而钝,缔合伯胺基吸收峰有一个小或大的分岔,炔氢峰形尖锐。

总之,只有同时注意吸收峰的位置、强度、峰形,综合地与标准谱图进行比较,才能得出较为可靠的结论。

在解析红外谱图时要注意同一基团同时存在几种振动的相关峰。对于任意一个官能团来讲,由于存在伸缩振动(对称和反对称伸缩振动)和多种弯曲振动,因此任何一种官能团会在红外谱图的不同区域显示出相关的吸收峰。所以只有当几处应该出现吸收峰的地方都显示吸收峰时,才能得出该官能团存在的结论。如甲基,应在 2960、2870、1460、1380 cm^{-1} 处都应有 C—H 的吸收峰出现。

十五 核磁共振

核磁共振(nuclear magnetic resonance spectroscopy)也是一种吸收光谱,常用 NMR 表示,它是液体有机化合物或者固体有机化合物的溶液在核磁共振仪中因吸收在无线电波范围内的电磁辐射而产生的谱图。所吸收的电磁辐射频率,是由有机化合物分子中特定元素的原子核的磁性质所决定的。最常用的是氢的核磁共振谱。从一张氢的核磁共振谱图上可以确定分子中存在几种不同类型的氢(或称质子)、各种类型氢的数目以及它们所处的化学环境。

(1) 核磁共振现象

原子核由质子和中子组成,因此原子核可以看成是带电荷的微粒。某些原子核的电荷能绕核轴自旋而具有角动量，角动量与自旋量子数 I 有关，$I=\frac{1}{2}n\ (n=0,1,2,3,\cdots)$。$I=0$ 的核，例如 ^{12}C 和 ^{16}O，不具有自旋角动量，不能观察到核磁共振现象，$I=\frac{1}{2}$ 的核，例如 ^{1}H，^{13}C，^{19}F，^{31}P，它们的原子核可以简单地看作是电荷均匀分布于表面的球体，最适合于作核磁共振谱。

当 $I=\frac{1}{2}$ 的原子核置于一均匀的外磁场(H_0)中，核的自旋具有不同的取向。根据量子力学规则应有 $2I+1$ 个取向，即两种取向，一种是核自旋轴与外磁场同向，另一种是核自旋轴与外磁场反向。但是当自旋核置于外磁场中时，自旋轴与外磁场方向成一定的角度(见图 4-31)。自旋核绕着外磁场作旋进运动，旋进轴与外磁场方向一致时为低能阶，旋进轴与外磁场方向相反时为高能阶，其能量差为

$$\Delta E=\frac{\mu H_0}{I} \tag{4-1}$$

式中 μ 为磁矩。

如果在它的直角方向放置另一个磁场 H_1，迫使核由低能阶跃迁至高能阶(见图 4-31)，这时所吸收的能量为

$$\Delta E=h\nu \tag{4-2}$$

式中 $\nu=$ 频率，h 为 Planck 常数 $=6.63\times10^{-34}$ J·s，由(4-1)、(4-2)两式可知：

$$\nu=\frac{\mu H_0}{hI}$$

已知 $\mu=\frac{hIr}{2\pi}$

式中 r 为旋磁比，故

$$\nu=\frac{rH_0}{2\pi} \tag{4-3}$$

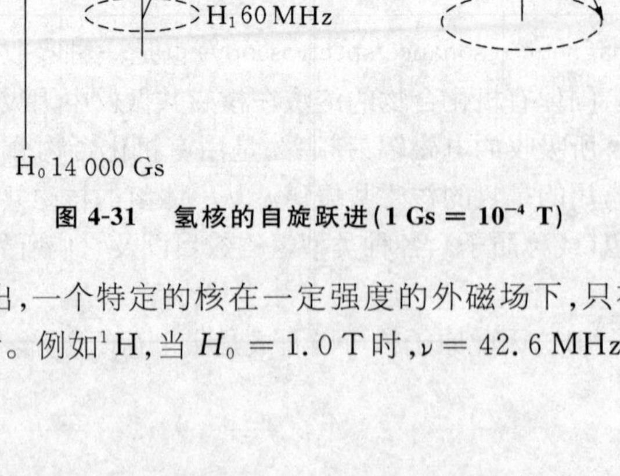

图 4-31　氢核的自旋跃进($1\ \text{Gs}=10^{-4}\ \text{T}$)

从(4-3)式可以看出，一个特定的核在一定强度的外磁场下，只有一种共振频率能使核由低能阶跃迁至高能阶。例如 ^{1}H，当 $H_0=1.0$ T 时，$\nu=42.6$ MHz；当 $H_0=1.4$ T 时，$\nu=$

60 MHz；而当 $H_0 = 2.3$ T 时，$\nu = 100$ MHz。当外磁场的 H_0 相同时，不同的核具有不同的旋磁比，因而它们具有不同的共振频率（见表 4-13）。

表 4-13 一些原子核的核磁共振性质

核	自然丰度/%	共振频率*/MHz	相对灵敏度**	磁矩 μ	自旋量子数 I	旋磁比 r/rad·s^{-1}·T^{-1}
^{1}H	99.9844	42.576	1.000	2.79268	1/2	26753×10^4
^{2}H	1.56×10^{-2}	6.5357	9.64×10^{-2}	0.85739	1	4107×10^4
^{13}C	1.108	10.705	1.59×10^{-2}	0.70220	1/2	6278×10^4
^{15}N	0.365	4.315	1.04×10^{-3}	−0.28304	1/2	-2712×10^4
^{19}F	100	40.055	0.834	2.6273	1/2	25179×10^4
^{31}P	100	17.236	6.64×10^{-2}	1.1305	1/2	10840×10^4

* 在 1.0 T 下的共振频率。

** 系指在固定场强下的相对灵敏度。

目前核磁共振中研究和应用最多的是氢质子^{1}H 和^{13}C 的核磁共振谱。在此我们仅简单介绍^{1}H 核磁共振谱。

(2) 化学位移

同一种核由于在分子中的环境不同，核磁共振吸收峰的位置有所变化，这就叫化学位移（见表 4-14）。它起源于核周围的电子对外加磁场的屏蔽作用。

$$H_{有效} = H_0 - \sigma H_0 = (1-\sigma)H_0$$

其中 $H_{有效}$ 是作用于核的有效磁场，H_0 是外加磁场，σ 称为屏蔽系数。同一种核在分子中不同环境下有不同的 σ，感受到的 $H_{有效}$ 不同，因而产生核磁共振吸收峰位置不同，也就是化学位移，由它可以了解分子的结构。

化学位移一般只能相对比较，通常选择适当物质作标准，其他质子的吸收峰与标准物质的吸收峰的位置之间的差距作为化学位移值。

$$\nu_{样} - \nu_{标} = \frac{2\mu}{h}(\sigma_{标} - \sigma_{样})H_0$$

为了表示出化学环境对核屏蔽的影响，通常定义一个无量纲的量 δ（过去写成 ppm，即百万分之一）来表示

$$\delta = \frac{H_{样} - H_{标}}{H_{标}} \times 10^6 = \frac{\nu_{样} - \nu_{标}}{\nu_{标}} \times 10^6 = \frac{\sigma_{标} - \sigma_{样}}{1 - \sigma_{标}} \times 10^6 \approx (\sigma_{标} - \sigma_{样}) \times 10^6$$

经常使用的标准物是四甲基硅烷 $(CH_3)_4Si$，简记为 TMS，并人为规定 TMS 的 $\delta = 0$。早期的文献中也用 τ 来表示化学位移，规定 TMS 的 $\tau = 10.00$，τ 和 δ 的关系为

$$\tau = 10.00 - \delta$$

有机化合物各种氢的化学位移值取决于它们的电子环境。如果外磁场对质子的作用受到周围电子云的屏蔽，质子的共振信号就出现在高场（谱图的右面，δ 值较小）。如果与质子相邻的是一个吸电子的基团。这时质子受到去屏蔽作用，它的信号就出现在低场（谱图的左面，δ 值较大）。

表 4-14 常见各种类型氢核的化学位移值

氢的类型	化学位移 δ	氢的类型	化学位移 δ
环丙烷	0.0~0.4	OCH(醚、醇)	3.3~4
RCH_3	0.9	O(—O)CH	5.3
R_2CH_2	1.3	OCH(酯)	3.7~4.1
R_3CH	1.5	RO_2CCH	2~2.6
C=CH	4.6~5.9	RC(=O)CH	2~2.7
C≡CH	2~3	RC(=O)H	9~10
ArH	6~8.5	ROH	1~5.5
ArCH	2.2~3	ArOH	4~12
$C{=}CCH_3$	1.7	RCOOH	10.5~12
$C{\equiv}CCH_3$	1.8	RNH_2	1~5
FCH	4~4.5		
ClCH	3~4		
Cl_2CH	5.8		
BrCH	2.5~4		
O_2NCH	4.2~4.6		
ICH	2~4		

(3) 峰面积

在核磁共振测量时，一组信号的强度是与其所对应的氢核的数目成正比的，即谱图中峰面积与氢原子的数目成正比。因此，测量峰面积就可以推算出各类氢原子的数目。在作核磁共振谱时，峰面积的测量是由电子积分仪来完成的。

(4) 自旋耦合

在高分辨率核磁共振谱中，一定化学位移的质子峰往往分裂为不止一个的小峰。这种谱线"分裂"称为自旋-自旋分裂。它来源于核自旋之间的相互作用，称为自旋耦合。谱线分裂的间隔大小反映两种核自旋之间相互作用的大小，称为耦合常数 J。 J 的数值不随外磁场 H_0 变化而改变。质子间的耦合只发生在邻近质子之间，相隔 3 个键以上的质子间相互耦合可以忽略。

当 $J \ll \delta v$ 时，自旋分裂图谱有如下简单规律：①一组等同的核内部相互作用不引起峰的分裂；②核受相邻一组 n 个核的作用时，该核的吸收峰分裂成 $(n+1)$ 个间隔相等的一组峰，间隔就是耦合常数 J；③分裂峰的面积之比，为二项式 $(x+1)^n$ 展开式中各项系数之比；④一种核同时受相邻的 n 个和 n' 个两组核的作用时，此核的峰分裂成 $(n+1)(n'+1)$ 个峰，但有些峰可重叠而分辨不出来。

(5) 核磁共振图谱的解析

核磁共振谱的解析可以提供有关分子结构的丰富资料。测定每一组峰的化学位移可以推测与产生吸收峰的氢核相连的官能团的类型；由峰面积可计算出分子中存在的每种氢的相对数目；自旋裂分的形状提供了邻近的氢的数目。

解析未知化合物的核磁共振谱时，一般步骤如下：

1) 首先区别有几组峰,从而确定未知物中有几种不等性质子(即电子环境不同,在图谱上化学位移不同的质子)。

2) 根据峰面积比,计算各种不等性质子的相对数目。

3) 确定各组峰的化学位移值,查阅有关数据表,确定分子中可能存在的官能团。

4) 识别各组峰自旋裂分情况和耦合常数值,从而确定各不等性质子的周围情况。

5) 总结以上几方面的信息,提出未知物的一个或几个与图谱相符的结构或部分结构。

6) 参照未知物的其他信息,如合成方法、元素分析、红外光谱、质谱、熔点、沸点等,确定未知物的结构。

十六　气相色谱

气相色谱(gas chromatography,简称 GC)法是一种广泛应用的分离方法。它具有分离效率高、灵敏度高、选择性好、速度快的优点,目前已成为现代分析的极为重要的工具,广泛用于有机合成、石油工业、生物化学和环境检测中。它也是有机化学实验室中最常用的一种色谱法。尽管色谱法不能对有机化合物提供直接的结构信息,但由于波谱技术的迅速发展,色谱-质谱和色谱-红外等联用仪不仅能对多组分混合物进行逐一分离,而且还能为确定每个分出的化合物的结构提供有价值的信息。

气相色谱常分为气-液色谱(GLC)和气-固色谱(GSC),前者属于分配色谱,后者属于吸附色谱。本章主要介绍气-液色谱法。

(一) 原理

气-液色谱的固定相是吸附在惰性固体上的高沸点液体,通常称这种高沸点液体为固定液。气-液色谱分离原理是依据被分离组分在固定液中溶解度的差别,当样品随载气流入色谱柱时,样品中各组分在固定液和流动的气相中反复多次平衡,使各组分以不同的速率流经色谱柱,从而得以分离(见图 4-32),固定液的种类繁多,可以根据被分离混合物的特性选择适宜的固定液。

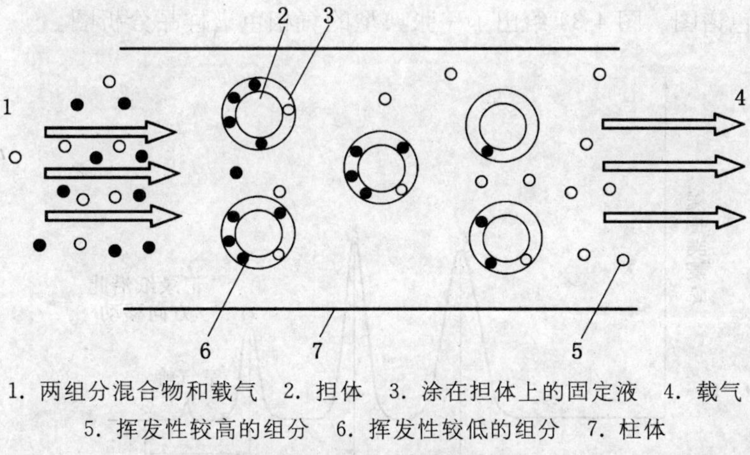

1. 两组分混合物和载气　2. 担体　3. 涂在担体上的固定液　4. 载气
5. 挥发性较高的组分　6. 挥发性较低的组分　7. 柱体

图 4-32　色谱柱中分离过程

色谱柱是进行分离的主要部件。通常是将一根内径 3～6 mm,长 1～3 m 的金属管(不锈钢、紫铜、铝等)弯成螺旋形而制成,柱中填充表面涂有固定液的担体。另一种是毛细管色谱柱,它是一根内径 0.2～0.8 mm,长可达几十米的玻璃毛细管,内壁涂有固定液,其优点是分离效率高,故可用于复杂样品的快速分析。

(二) 仪器

目前气相色谱仪的种类很多,然而这些仪器基本构造大致相同,主要由进样器、色谱柱、检测器、气流控制系统、温度控制系统、信号记录系统和数据处理系统等设备组成。气相色谱的一般流程如图 4-33 所示。如果将色谱仪的出口处连接被冷却剂冷却的收集管,根据化合物的出峰信号,就可收集足够量的纯样品供波谱分析用。

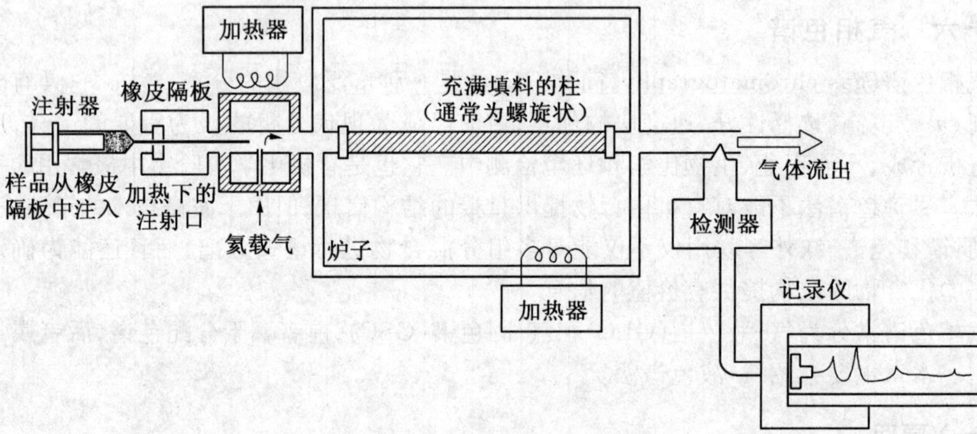

图 4-33　气相色谱仪示意图

通常使用的检测器有热导检测器和氢火焰、离子化检测器。热导检测器是将两根材料相同、长度一样且电阻值相等的热敏电阻丝作为一惠斯通电桥的两臂,利用含有样品气的载气与纯载气热导率的不同,引起热敏丝的电阻值发生变化,使电桥电路不平衡,产生信号。将此信号放大并记录下来就得到一条检测器电流对时间的变化曲线,通过记录仪画在纸上便得到了一张色谱图。图 4-34 给出了一张典型的气相色谱样品分析图。

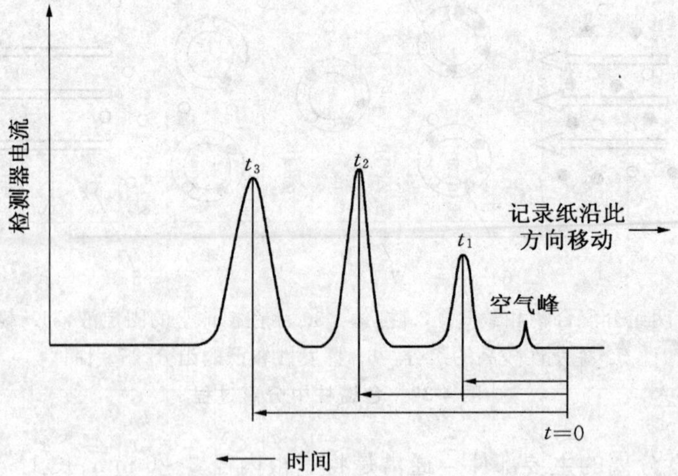

图 4-34　气相色谱样品分析图

(三) 定性与定量分析

图 4-34 中除空气峰以外,其余 3 个峰代表样品中的 3 个组分。t_1, t_2, t_3 分别是 3 个组分的保留时间。所谓保留时间,就是一个化合物从注入时刻起到流出色谱柱所需的时间。当分离条件给定时,就像薄层色谱中的 R_f 一样,每一种化合物都具有恒定的保留时间。利用这一性质,可对化合物进行定性鉴定。

气相色谱定量分析的依据是在给定条件下分析组分的重量与检测器的响应信号成正比。由于同一物质在不同类型检测器上有不同的响应信号,不同物质在同一检测器上的响应值也各不相同,因而,为使响应值能定量地代表物质的含量,引进了校正因子 f 的概念。为了克服实验条件的影响,通常采用相对校正因子,将一个标准物的校正因子定为 1,测得某物质与标准物校正因子之比值即为该物质的相对校正因子。下面介绍两种最常用的定量分析方法。

(1) 归一化法

当样品中各组分都能全部出峰时,常采用此法定量。各组分的百分含量按下式计算。

$$W_i\% = \frac{f_iA_i}{f_1A_1 + f_2A_2 + \cdots + f_nA_n} \times 100\%$$

式中 A 和 f 分别为各组分的峰面积和相对重量校正因子。如果样品中的主要组分是同分异构体,或校正因子数值接近,则可用下式进行近似计算。

$$W_i\% = \frac{A_i}{A_1 + A_2 + \cdots + A_n} \times 100\%$$

(2) 内标法

此法的优点在于不需要所有组分都在色谱图上出信号,也不必求出所有组分的重量校正因子。但须选择一内标物,使内标物的色谱峰尽可能接近待测化合物的峰,但又不能与其他色谱峰重叠。首先需进行校正因子的测定,称取一定重量的内标物(m_s)和重量为 m_i 的待测化合物的纯样品充分混合,进行色谱分析,分别得到峰面积为 A_s 和 A_i,按下式计算待测化合物相对于内标物的校正因子。

$$f_i = \frac{m_iA_s}{m_sA_i}$$

进行样品测定时,称取一定量的内标物加入到已知重量的样品(m)中,进行色谱分析后得到待测化合物和内标物的峰面积为 A_i 和 A_s,用下式求得该组分的百分含量。

$$W_i\% = f_i \times \frac{A_i}{A_s} \times \frac{m_s}{m} \times 100\%$$

第五章 Part 5

附 录

一 常用元素相对原子质量表

元素名称		相对原子质量	元素名称		相对原子质量
银	Ag	107.87	锂	Li	6.941
铝	Al	26.98	镁	Mg	24.31
硼	B	10.81	锰	Mn	54.936
钡	Ba	137.34	钼	Mo	95.94
溴	Br	79.904	氮	N	14.007
碳	C	12.00	钠	Na	22.99
钙	Ca	40.08	镍	Ni	58.71
氯	Cl	35.45	氧	O	15.999
铬	Cr	51.998	磷	P	30.97
铜	Cu	63.54	铅	Pb	207.19
氟	F	18.998	钯	Pd	106.4
铁	Fe	55.847	铂	Pt	195.09
氢	H	1.008	硫	S	32.064
汞	Hg	200.59	硅	Si	28.086
碘	I	126.904	锡	Sn	118.69
钾	K	39.10	锌	Zn	65.37

二 常用酸碱的相对分子质量及浓度

化合物	相对分子质量	密度(d_4^{20})	重量百分浓度/%	摩尔浓度/mol·L^{-1}
HCl	36.5	1.18	37	12
HNO_3	63.0	1.41	70	16
H_2SO_4	98.1	1.84	98	18
H_3PO_4	98.0	1.69	85	14.7
HCOOH	46.0	1.20	90	23.7
CH_3COOH	60.0	1.05	99.7	17.5
NH_3 水	17	0.90	29	7.4

三　常用酸碱溶液百分浓度与摩尔浓度对照表

酸碱名称	相对分子质量	溶液名称	质量百分浓度	摩尔浓度/mol·L^{-1}	密度/g·mL^{-1}
硫　酸	98.1	浓硫酸	95%～98%	18	1.84
		稀硫酸	25%	3	1.18
		稀硫酸	9%	1	1.06
盐　酸	36.5	浓盐酸	38%	12	1.19
		稀盐酸	20%	6	1.10
		稀盐酸	7%	2	1.03
硝　酸	63	浓硝酸	65%	14	1.40
		稀硝酸	32%	6	1.20
		稀硝酸	12%	2	1.07
磷　酸	98	浓磷酸	85%	14.7	1.7
		稀磷酸	9%	1	1.05
甲　酸	46	甲酸	90%	23.7	1.20
高氯酸	100.5	稀高氯酸	19%	2	1.12
氢氟酸	18.91	浓氢氟酸	40%	23	1.13
氢溴酸	80.9	氢溴酸	40%	7	1.38
氢碘酸	127.9	氢碘酸	57%	7.5	1.70
醋　酸	60	冰醋酸	99%～100%	17.5	1.05
		稀醋酸	35%	6	1.04
		稀醋酸	12%	2	1.02
氢氧化钠	40	浓氢氧化钠	33%	11	1.36
		稀氢氧化钠	8%	2	1.09
氨　水	17	浓氨水	35%	18	0.88
		浓氨水	25%	13.5	0.91
		稀氨水	11%	6	0.96
		稀氨水	3.5%	2	0.99

四　酸碱溶液密度及百分组成

盐　酸

HCl 质量百分数	密度(d_4^{20})	100 mL 水溶液中含 HCl 克数	HCl 质量百分数	密度(d_4^{20})	100 mL 水溶液中含 HCl 克数
1	1.0032	1.003	22	1.1083	24.38
2	1.0082	2.006	24	1.1187	26.85
4	1.0181	4.007	26	1.1290	29.35
6	1.0279	6.167	28	1.1392	31.90
8	1.0376	8.301	30	1.1492	34.48
10	1.0474	10.47	32	1.1593	37.10
12	1.0574	12.69	34	1.1691	39.75
14	1.0675	14.95	36	1.1789	42.44
16	1.0776	17.24	38	1.1885	45.16
18	1.0878	19.58	40	1.1980	47.92
20	1.0980	21.96			

硝　酸

HNO_3 质量百分数	密度(d_4^{20})	100 mL 水溶液中含 HNO_3 克数	HNO_3 质量百分数	密度(d_4^{20})	100 mL 水溶液中含 HNO_3 克数
1	1.0036	1.004	65	1.3913	90.43
2	1.0091	2.018	70	1.4134	98.94
3	1.0146	3.044	75	1.4337	107.5
4	1.0201	4.080	80	1.4521	116.2
5	1.0256	5.128	85	1.4686	124.8
10	1.0543	10.54	90	1.4826	133.4
15	1.0842	16.26	91	1.4850	135.1
20	1.1150	22.30	92	1.4873	136.8
25	1.1469	28.67	93	1.4892	138.5
30	1.1800	35.40	94	1.4912	140.2
35	1.2140	42.49	95	1.4932	141.9
40	1.2463	49.85	96	1.4952	143.5
45	1.2783	57.52	97	1.4974	145.2
50	1.3100	65.50	98	1.5008	147.1
55	1.3393	73.66	99	1.5056	149.1
60	1.3667	82.00	100	1.5129	151.3

硫 酸

H_2SO_4 质量百分数	密度(d_4^{20})	100 mL 水溶液中含 H_2SO_4 克数	H_2SO_4 质量百分数	密度(d_4^{20})	100 mL 水溶液中含 H_2SO_4 克数
1	1.0051	1.005	65	1.5533	101.0
2	1.0118	2.024	70	1.6105	112.7
3	1.0184	3.055	75	1.6692	125.2
4	1.0250	4.100	80	1.7272	138.2
5	1.0317	5.159	85	1.7786	151.2
10	1.0661	10.66	90	1.8144	163.3
15	1.1020	16.53	91	1.8195	165.6
20	1.1394	22.79	92	1.8240	167.8
25	1.1783	29.46	93	1.8279	170.2
30	1.2185	36.56	94	1.8312	172.1
35	1.2599	44.11	95	1.8337	174.2
40	1.3028	52.11	96	1.8355	176.2
45	1.3476	60.64	97	1.8364	178.1
50	1.3951	69.76	98	1.8361	179.9
55	1.4453	79.49	99	1.8342	181.6
60	1.4983	89.90	100	1.8305	183.1

发 烟 硫 酸

游离 SO_3 质量百分数	密度(d_4^{20})	100 mL 中游离 SO_3 克数	游离 SO_3 质量百分数	密度(d_4^{20})	100 mL 中游离 SO_3 克数
1.54	1.860	2.8	10.07	1.900	19.1
2.66	1.865	5.0	10.56	1.905	20.1
4.28	1.870	8.0	11.43	1.910	21.8
5.44	1.875	10.2	13.33	1.915	25.5
6.42	1.880	12.1	15.95	1.920	30.6
7.29	1.885	13.7	18.67	1.925	35.9
8.16	1.890	15.4	21.34	1.930	41.2
9.43	1.895	17.7	25.65	1.935	49.6

醋 酸

CH_3COOH 质量百分数	密度(d_4^{20})	100 mL 水溶液中含 CH_3COOH 克数	CH_3COOH 质量百分数	密度(d_4^{20})	100 mL 水溶液中含 CH_3COOH 克数
1	0.9996	0.9996	10	1.0125	10.13
2	1.0012	2.002	15	1.0195	15.29
3	1.0025	3.008	20	1.0263	20.53
4	1.0040	4.016	25	1.0326	25.82
5	1.0055	5.028	30	1.0384	31.15

（续表）

CH_3COOH 质量百分数	密度(d_4^{20})	100 mL 水溶液中含 CH_3COOH 克数	CH_3COOH 质量百分数	密度(d_4^{20})	100 mL 水溶液中含 CH_3COOH 克数
35	1.0438	36.53	90	1.0661	95.95
40	1.0488	41.95	91	1.0652	96.93
45	1.0534	47.40	92	1.0643	97.92
50	1.0575	52.88	93	1.0632	98.88
55	1.0611	58.36	94	1.0619	99.82
60	1.0642	63.85	95	1.0605	100.7
65	1.0666	69.33	96	1.0588	101.6
70	1.0685	74.80	97	1.0570	102.5
75	1.0696	80.22	98	1.0549	103.4
80	1.0700	85.60	99	1.0524	104.2
85	1.0689	90.86	100	1.0498	105.0

氢 氧 化 钠

NaOH 质量百分数	密度(d_4^{20})	100 mL 水溶液中含 NaOH 克数	NaOH 质量百分数	密度(d_4^{20})	100 mL 水溶液中含 NaOH 克数
1	1.0095	1.010	26	1.2848	33.40
2	1.0207	2.041	28	1.3064	36.58
4	1.0428	4.171	30	1.3279	39.84
6	1.0648	6.389	32	1.3490	43.17
8	1.0869	8.695	34	1.3696	46.57
10	1.1089	11.09	36	1.3900	50.04
12	1.1309	13.57	38	1.4101	53.58
14	1.1530	16.14	40	1.4300	57.20
16	1.1751	18.80	42	1.4494	60.87
18	1.1972	21.55	44	1.4685	64.61
20	1.2191	24.38	46	1.4873	68.42
22	1.2411	27.30	48	1.5065	72.31
24	1.2629	30.31	50	1.5253	76.27

氢 氧 化 钾

KOH 质量百分数	密度(d_4^{20})	100 mL 水溶液中含 KOH 克数	KOH 质量百分数	密度(d_4^{20})	100 mL 水溶液中含 KOH 克数
1	1.0083	1.008	16	1.1493	19.70
2	1.0175	2.035	18	1.1688	21.04
4	1.0359	4.144	20	1.1884	23.77
6	1.0544	6.326	22	1.2083	26.58
8	1.0730	8.584	24	1.2285	29.48
10	1.0918	10.92	26	1.2489	32.47
12	1.1108	13.33	28	1.2695	35.55
14	1.1299	15.82	30	1.2905	38.72

（续表）

KOH 质量百分数	密度(d_4^{20})	100 mL 水溶液中含 KOH 克数	KOH 质量百分数	密度(d_4^{20})	100 mL 水溶液 中含 KOH 克数
32	1.3117	41.97	44	1.4443	63.55
34	1.3331	45.33	46	1.4673	67.50
36	1.3549	48.78	48	1.4907	71.55
38	1.3765	52.32	50	1.5143	75.72
40	1.3991	55.96	52	1.5382	79.99
42	1.4215	59.70			

碳　酸　钠

Na_2CO_3 质量百分数	密度(d_4^{20})	100 mL 水溶液中含 Na_2CO_3 克数	Na_2CO_3 质量百分数	密度(d_4^{20})	100 mL 水溶液中 含 Na_2CO_3 克数
1	1.0086	1.009	12	1.1244	13.49
2	1.0190	2.038	14	1.1463	16.05
4	1.0398	4.159	16	1.1682	18.50
6	1.0606	6.364	18	1.1905	21.33
8	1.0816	8.653	20	1.2132	24.26
10	1.1029	11.03			

氨　水

NH_3 质量百分数	密度(d_4^{20})	100 mL 水溶液中含 NH_3 克数	NH_3 质量百分数	密度(d_4^{20})	100 mL 水溶液 中含 NH_3 克数
1	0.9939	9.94	16	0.9362	149.8
2	0.9895	19.79	18	0.9295	167.3
4	0.9811	39.24	20	0.9229	184.6
6	0.9730	58.38	22	0.9164	201.6
8	0.9651	77.21	24	0.9101	218.4
10	0.9575	95.75	26	0.9040	235.0
12	0.9501	114.0	28	0.8980	251.4
14	0.9430	132.0	30	0.8920	267.6

五　水的蒸气压表(0～100 ℃)

温度/℃	蒸气压力/ kPa	温度/℃	蒸气压力/ kPa	温度/℃	蒸气压力/ kPa	温度/℃	蒸气压力/ kPa
0	0.61	3	0.76	6	0.93	9	1.16
1	0.65	4	0.81	7	1.00	10	1.22
2	0.70	5	0.87	8	1.07	11	1.31

（续表）

温度/℃	蒸气压力/kPa	温度/℃	蒸气压力/kPa	温度/℃	蒸气压力/kPa	温度/℃	蒸气压力/kPa
12	1.40	24	2.98	40	7.36	92	75.41
13	1.49	25	3.16	45	9.56	93	78.29
14	1.59	26	3.35	50	12.70	94	81.25
15	1.70	27	3.56	55	15.70	95	84.31
16	1.81	28	3.77	60	19.87	96	87.46
17	1.93	29	4.00	65	24.94	97	90.72
18	2.06	30	4.23	70	31.08	98	94.07
19	2.19	31	4.48	75	38.45	99	97.52
20	2.33	32	4.74	80	47.23	100	101.08
21	2.48	33	5.02	85	57.67		
22	2.64	34	5.31	90	69.93		
23	2.80	35	5.61	91	72.62		

六　常用有机溶剂在水中的溶解度

溶剂名称	温度/℃	在水中溶解度/%	溶剂名称	温度/℃	在水中溶解度/%
正庚烷	15	0.005	硝基苯	15	0.18
二甲苯	20	0.011	氯　仿	20	0.81
正己烷	15	0.014	二氯乙烷	15	0.86
甲　苯	10	0.048	正戊醇	20	2.6
氯　苯	30	0.049	异戊醇	18	2.75
四氯化碳	15	0.077	正丁醇	20	7.81
二硫化碳	15	0.12	乙　醚	15	7.83
乙酸戊酯	20	0.17	乙酸乙酯	15	8.30
乙酸异戊酯	20	0.17	异丁醇	20	8.50
苯	20	0.175			

七　常见二元共沸混合物

组分		共沸点/℃	共沸物质量组成/%	
A 沸点/℃	B 沸点/℃		A	B
水　100	苯　80.6	69.3	9	91
	甲苯　110.6	84.1	19.6	80.4
	氯仿　61	56.1	2.8	97.2
	乙醇　78.3	78.2	4.5	95.5
	丁醇　117.8	92.4	38	62
	异丁醇　108	90.0	33.2	66.8
	仲丁醇　99.5	88.5	32.1	67.9
	叔丁醇　82.8	79.9	11.7	88.3

（续表）

组分		共沸点/℃	共沸物质量组成/%	
A 沸点/℃	B 沸点/℃		A	B
水 100	烯丙醇 97.0	88.2	27.1	72.9
	苄醇 205.2	99.9	91	9
	乙醚 34.6	110	79.76	20.24
	二氧六环 101.3	87	20	80
	四氯化碳 76.8	66	4.1	95.9
	丁醛 75.7	68	9	94
	三聚乙醛 115	91.4	30	70
	甲酸 100.8	107.3	22.5	77.5
	乙酸乙酯 77.1	70.4	8.2	91.8
	苯甲酸乙酯 212	99.4	84	16
乙醇 78.3	苯 80.6	68.2	32	68
	氯仿 61	59.4	7	93
	四氯化碳 76.8	64.9	16	84
	乙酸乙酯 77.1	72	30	70
甲醇 64.7	四氯化碳 76.8	55.7	21	79
	苯 80.6	58.3	39	61
乙酸乙酯 77.1	四氯化碳 76.8	74.8	43	57
	二硫化碳 46.3	46.1	7.3	92.7
丙酮 56.5	二硫化碳 46.3	39.2	34	66
	氯仿 61	65.5	20	80
	异丙醚 69	54.2	61	39
已烷 69	苯 80.6	68.8	95	5
	氯仿 61	60.0	28	72
环已烷 80.8	苯 80.6	77.8	45	55

八 常见三元共沸混合物

组分			共沸物质量组成/%			共沸点/℃
A 沸点/℃	B 沸点/℃	C 沸点/℃	A	B	C	
水 100	乙醇 78.3	乙酸乙酯 77.1	7.8	9.0	83.2	70.3
		四氯化碳 76.8	4.3	9.7	86.0	61.8
		苯 80.6	7.4	18.5	74.1	64.9
		环已烷 80.8	7.0	17.0	76.0	62.1
		氯仿 61	3.5	4.0	92.5	55.6
	正丁醇 117.8	乙酸乙酯 77.1	29.0	8.0	63.0	90.7
	异丙醇 82.4	苯 80.6	7.5	18.7	73.8	66.5
	二硫化碳 46.3	丙酮 56.4	0.8	75.2	24.0	38.0

九 部分有机化合物的酸离解常数

名 称	pK_{a_1}	pK_{a_2}	名 称	pK_{a_1}	pK_{a_2}
2,4,6-三硝基苯酚	−0.20		间氨基苯甲酸	3.07	4.74
三氟乙酸	0.25		α-呋喃甲酸	3.16	
间氨基苯磺酸	0.39	3.72	碘乙酸	3.18	
对氨基苯磺酸	0.58	3.23	对硝基苯甲酸	3.44	
三氯乙酸	0.64		间硝基苯甲酸	3.49	
二氯乙酸	1.26		对苯二酚	9.91	12.04
草酸(乙二酸)	1.27	4.27	3-丁酮酸	3.58	
2,4-二硝基苯甲酸	1.43		间苯二甲酸	3.62	4.60
顺丁烯二酸	1.94	6.22	甲酸	3.75	
邻氨基苯甲酸	2.05	4.95	间氯苯甲酸	3.82	
邻硝基苯甲酸	2.17		对氯苯甲酸	3.99	
对氨基苯甲酸	2.38	4.89	肉桂酸(顺)	3.88	
氟乙酸	2.59		肉桂酸(反)	4.44	
3,5-二硝基苯甲酸	2.82		间羟基苯甲酸	4.08	9.93
氯乙酸	2.86		对羟基苯甲酸	4.58	9.23
溴乙酸	2.90		2,4-二硝基苯酚	4.09	
邻氯苯甲酸	2.94		苯甲酸	4.21	
邻苯二甲酸	2.95	5.41	丁二酸	4.21	5.64
水杨酸	3.00	13.4	丙烯酸	4.26	
反丁烯二酸	3.02	4.38	苯乙酸	4.31	
酒石酸(*d*)	3.04	4.37	己二酸	4.43	5.41
乙酰丙酮	8.2		乙酰乙酸乙酯	10.68	
苯甲酰丙酮	8.23		丙二酸二乙酯	13	
苯酚	9.99		乙二醇	14.22	
对甲苯酚	9.91		乙酸	4.76	
间甲苯酚	10.09		异戊酸	4.78	
邻甲苯酚	10.26		正戊酸	4.84	
对苯二酚	9.91	12.04	丙酸	4.87	
乙酰乙酸乙酯	10.68		水	15.74	
丙二酸二乙酯	13		乙醇	18	
酒石酸(内消旋)	3.22		丙酮	20	
2,4,6-三氯苯酚	6.0		苯胺	25	
水杨醛	8.34				

十 常见有机化合物的物理常数

分子式	中文名称	英文名称	分子量	性状	密度 d_4^{20}	熔点/℃	沸点/℃	折光率 n_D^{20}	溶解度(g/100 g 溶剂)		
									水	乙醇	乙醚
$CHCl_3$	氯仿	Chloroform	119.38	无色液体	1.4832	−63.5	61.7	1.4459	0.82^{20}	∞	∞
CH_2O	甲醛	Formaldehyde	30.03	气体	0.815^{-20}	−92	−21	/	可溶	可溶	∞
CH_4O	甲醇	Methyl alcohol	32.04	无色液体	0.7914	−93.9	64.96	1.3288	∞	∞	∞
CH_4ON_2	尿素	Urea	60.06	白色棱柱体	1.3230	135	分解	1.484	100^{17}	20^{20}	略溶
CCl_4	四氯化碳	Carbon tetrachloride	153.32	无色液体	1.5940	−22.99	76.54	1.4601	0.08^{20}	可溶	∞
C_2H_3OCl	乙酰氯	Acetyl chloride	78.50	无色液体	1.1051	−112.0	50.9	1.3898	分解	分解	∞
$C_2H_3O_2Cl$	氯乙酸	Chloroacetic acid	94.5	无色晶体	1.4043	63(α)	187.85	1.4351^{55}	易溶	可溶	可溶
$C_2H_3O_2K$	醋酸钾	Acetic acid, K salt	98.15	白色粉末	1.57^{25}	292	/	/	253^{20}	33	不溶
$C_2H_4O_2$	乙酸	Acetic acid	60.05	无色液体	1.0492	16.6	117.9	1.3716	∞	∞	∞
$C_2H_5O_2N$	甘氨酸	Glycine	75.07	单斜晶体	1.575^{50}	232	/	/	易溶	不溶	不溶
C_2H_5Br	溴乙烷	Ethyl bromid	108.97	无色液体	1.4604	−118.6	38.4	1.4239	0.9^{30}	∞	∞
C_2H_5I	碘乙烷	Ethyl iodide	155.97	无色液体	1.9358	−108	72.03	1.5133	0.4^{20}	∞	可溶
C_2H_6O	乙醇	Ethyl alcohol	46.07	无色液体	0.7893	−117.3	78.5	1.3611	∞	∞	∞
C_2H_6OS	二甲基亚砜	Dimethyl sulfoxide	78.13	油状物	1.1014	18.45	189	1.4770	可溶	可溶	可溶
C_3H_6O	丙酮	Acetone	58.08	无色液体	0.7899	−95.35	56.2	1.3588	∞	∞	∞
C_3H_7ON	N,N-二甲基甲酰胺	N,N-Dimethylformamide	73.09	/	0.9487	−60.48	149～156	1.4305	∞	∞	∞
C_3H_8O	正丙醇	*n*-Propyl alcohol	60.11	无色液体	0.8035	−126.5	97.4	1.3850	∞	∞	∞

（续表）

分子式	中文名称	英文名称	分子量	性　状	密度 d_4^{20}	熔点/℃	沸点/℃	折光率 n_D^{20}	溶解度(g/100 g 溶剂)		
									水	乙醇	乙醚
C_3H_8O	异丙醇	Iso-Propyl alcohol	60.11	无色液体	0.7855	−89.5	82.4	1.3776	∞	∞	∞
$C_3H_8O_3$	甘油	Glycerol	92.11	浆状物	1.2613	20	$182^{20\ mmHg}$	1.4746	∞	∞	∞
C_4H_4O	呋喃	Furan	68.08	无色液体	0.9514	−85.65	31.36	1.4214	16.3^{30}	可溶	可溶
$C_4H_4O_3$	丁二酸酐	Succinic anhydride	100.8	针状物	1.2340	119.6	261	/	不溶	易溶	易溶
$C_4H_4O_4$	顺丁烯二酸	Maleic acid	116.07	单斜晶体	1.590	139～140	/	/	不溶	可溶	略溶
$C_4H_6O_3$	乙酐	Acetic anydride	102.09	无色液体	1.0820	−73.1	140.0	1.3900	冷易溶	可溶	∞
C_4H_8	1-丁烯	1-Butene	56.12	无色气体	0.5951	−185.4	−6.3	1.3962	不溶	易溶	易溶
C_4H_8O	四氢呋喃	Tetrahydrofuran	72.12	无色液体	0.8892	−108.56	67	1.4050	可溶	易溶	易溶
$C_4H_8O_2$	乙酸乙酯	Ethyl acetate	88.12	无色液体	0.9003	−83.58	77.06	1.3723	8.5^{15}	∞	∞
C_4H_9Cl	正丁基氯	*n*-Butyl chloride	92.57	无色液体	0.8862	−123.1	78.44	1.4021	$0.07^{12.5}$	∞	∞
C_4H_9Cl	叔丁基氯	*tert*-Buty chloride	92.57	/	0.8420	−25.4	52	1.3857	略溶	∞	∞
C_4H_9Br	正丁基溴	*n*-Butyl bromide	137.03	液体	1.2758	−112.4	101.6	1.4401	0.06^{18}	∞	∞
C_4H_9Br	仲丁基溴	*sec*-Butyl bromide	137.03	液体	1.2585	−111.9	91.2	1.4366	不溶	∞	∞
C_4H_9Br	异丁基溴	*iso*-Butyl bromide	137.03	液体	1.264	−117.4	91.4	1.4360	0.06^{18}	∞	∞
C_4H_9Br	叔丁基溴	*tert*-Butyl bromide	137.03	液体	1.2209	−16.2	73.25	1.4278	0.06^{18}	∞	∞
$C_4H_{10}O$	正丁醇	*n*-Butyl alcohol	74.12	无色液体	0.8098	−89.53	117.25	1.3993	9^{15}	∞	∞
$C_4H_{10}O$	仲丁醇	*sec*-Butyl alcohol	74.12	无色液体	0.8063	−114.7	99.5	1.3978	12.5^{20}	∞	∞
$C_4H_{10}O$	异丁醇	*iso*-Butyl alcohol	74.12	无色液体	0.802	−108	108.1	$1.3968^{17.5}$	10^{15}	∞	∞
$C_4H_{10}O$	叔丁醇	*tert*-Butyl alcohol	74.12	液体	0.7887	25.5	82.2～82.3	1.3878	∞	∞	∞

(续表)

分子式	中文名称	英文名称	分子量	性 状	密度 d_4^{20}	熔点/℃	沸点/℃	折光率 n_D^{20}	溶解度(g/100 g 溶剂)		
									水	乙醇	乙醚
$C_4H_{10}O$	乙醚	Ethyl ether	74.12	无色液体	0.7138	−116.2	34.51	1.3526	7.5^{20}	∞	∞
$C_5H_4O_2$	呋喃甲醛	Furfural	96.09	无色液体	1.1594	−38.7	161.7	1.5261	9.1^{13}		∞
$C_5H_4O_3$	呋喃甲酸	*α*-Furoic acid	112.09	无色液体	/	133～134	230～232	/	可溶	可溶	易溶
C_5H_5N	吡啶	Pyridine	79.1	无色液体	0.9819	−42	115.5	1.5095	∞	∞	∞
$C_5H_6O_2$	呋喃甲醇	Furfuryl alcohol	98.10	无色液体	1.1296	/	$171^{750\ mmHg}$	1.4868	∞	易溶	易溶
$C_5H_{12}O$	甲基叔丁基醚	Methyl *tert*-butylether	88.15	无色液体	0.7405	−109	55.2	1.3690	4.8^{20}	易溶	易溶
$C_6H_3O_7N_3$	苦味酸	Picric acid	229.11	黄色斜方晶体	1.763	122～123	升华	/	1.23^{20}	6.23^{20}	1.08^{13}
$C_6H_5N_2Cl$	氯化重氮苯	Benzenediazonium chloride	140.57	针状物	/	易爆炸	/	/	可溶	可溶	略溶
C_6H_6	苯	Benzene	78.12	无色液体	0.8787	5.5	80.1	1.5011	0.07^{22}	∞	∞
C_6H_6O	苯酚	Phenol	94.11	白色针状物	1.0576	43	181.75	1.5509^{21}	8.2^{15}	可溶	易溶
$C_6H_6O_2$	间苯二酚	Resorcinol	110.1	无色粉末	1.2717	110	276.5	/	147.3^{12}	易溶	易溶
$C_6H_6O_3S$	苯磺酸	Benzenesulfonic acid	158.18	针状物	/	65	/	/	易溶	易溶	不溶
$C_6H_7O_3NS$	对氨基苯磺酸	Sulfanilic acid	173.19	无色晶体	1.485	288	/	/	0.8^{10}	略溶	略溶
C_6H_7N	苯胺	Aniline	93.13	无色油状物	1.0217	−6.3	184.13	1.5863	3.6^{18}	∞	∞
C_6H_{10}	环已烯	Cyclohexanene	82.15	液体	0.8102	−103.5	82.98	1.4465	不溶	∞	∞
$C_6H_{10}O_3$	乙酰乙酸乙酯	Ethyl acetoacetate	130.15	无色液体	1.0282	<−80	180.4	1.4194	13^{17}	∞	∞
C_6H_{12}	环已烷	Cyclohexane	84.16	无色液体	0.7786	6.55	80.74	1.4466	不溶	∞	∞
$C_6H_{12}O_2$	乙酸丁酯	*n*-Butyl acetate	116.16	无色液体	0.8825	−77.9	126.5	1.3941	0.7^{20}	∞	∞
$C_6H_{12}O_2$	乙酸仲丁酯	*sec*-Butyl acetate	116.16	无色液体	0.8758	/	112	1.3877	不溶	可溶	可溶

（续表）

分子式	中文名称	英文名称	分子量	性　状	密度 d_4^{20}	熔点/℃	沸点/℃	折光率 n_D^{20}	溶解度(g/100 g 溶剂)		
									水	乙醇	乙醚
C_7H_6O	苯甲醛	Benzaldehyde	106.13	无色液体	1.0415^{15}	−26	178.1	1.5463	0.3	∞	∞
$C_7H_6O_2$	苯甲酸	Benzoic acid	122.12	单斜棱柱体	1.2659^{15}	122.4	249	1.504^{132}	0.21^{17}	46.6^{15}	66^{15}
$C_7H_6O_2$	水杨醛	Salicylaldehyde	122.12	/	1.1674	−7	197	1.5740	略溶	∞	∞
$C_7H_6O_3$	水杨酸	Salicylic acid	138.1	单斜晶体	1.443	159	$211^{20\ mmHg}$	1.565	0.16^{4}	49.6^{15}	50.5^{15}
$C_7H_7O_2N$	邻氨基苯甲酸	*o*-Aminobenzoic acid	137.14	白色晶体	1.412	146～147	升华	/	0.35^{14}	10.710	167
HC_7H_8	甲苯	Toluene	92.15	无色液体	0.8669	−95	110.6	1.4961	不溶	∞	∞
C_7H_8O	苯甲醇	Benzyl alcohol	108.15	无色液体	1.0419	−15.3	205.35	1.5396	4^{17}	可溶	可溶
$C_7H_8O_2$	邻甲氧基苯酚	2-Methoxyphenol	124.15	立方晶体	1.1287^{21}	32	205	1.5429	1.7^{15}	可溶	可溶
$C_7H_8O_2$	水杨醇	Salicyl alcohol	124.15	斜方晶体	1.1613	87	升华	/	6.6^{15}	易溶	可溶
$C_7H_{16}O$	2-甲基-2-己醇	2-Methyl-2-hexanol	116.2	无色液体	0.812	/	141～142	1.4170	微溶	溶	溶
$C_8H_5O_2N$	邻苯二甲酰亚胺	Phthalimide	147.14	针状物	/	238	升华	/	0.04^{25}	可溶	可溶
C_8H_8O	苯乙酮	Acetophenone	120.16	晶体	1.0281	20.5	202	1.5372	不溶	可溶	可溶
$C_8H_8O_3$	香草醛(4-羟甲基苯甲醛)	Vanillin	152.16	针状物	1.056	77～79	285	/	略溶	易溶	易溶
$C_8H_7O_3Cl$	对氯苯氧乙酸	4-Chlorophenoxyacetic acid	186	无色晶体	/	156.5	/	/	不溶	可溶	可溶
$C_8H_8O_3$	苯氧乙酸	Phenoxylacetic acid	152	无色针状物	/	98.5	285	/	不溶	可溶	可溶
C_8H_9ON	乙酰苯胺	Acetanilide	135.17	白色斜方晶体	1.219^{15}	114.3	304	/	0.53^{6}	21^{20}	7^{25}
C_8H_{10}	邻二甲苯	*o*-Xylene	106.17	无色液体	0.8802	−25.18	144.4	1.5055	不溶	∞	∞

（续表）

分子式	中文名称	英文名称	分子量	性 状	密度 d_4^{20}	熔点/℃	沸点/℃	折光率 n_D^{20}	溶解度(g/100 g 溶剂)		
									水	乙醇	乙醚
C_8H_{10}	间二甲苯	*m*-Xylene	106.17	无色液体	0.8642	−47.87	139.1	1.4972	不溶	∞	∞
C_8H_{10}	对二甲苯	*p*-Xylene	106.17	无色液体	0.8611	13.26	138.35	1.4958	略溶	可溶	易溶
$C_8H_{10}N_4O_2$	咖啡因	Caffeine	194.19	无色针状晶体	$d_4^{19}=1.23$	238	/	/	可溶	易溶	易溶
$C_8H_{11}N$	N,N-二甲基苯胺	N,N-Dimethyl aniline	121.18	淡紫色油状液体	0.9557	2.45	194.15	1.5582	微溶	可溶	可溶
C_8H_{18}	辛烷	Octane	114.23	/	0.7025	−56.8	125.66	1.3974	不溶	可溶	可溶
$C_8H_{18}O$	正丁醚	*n*-Dibutyl ether	130.23	无色液体	0.7689	−95.3	142	1.3992	不溶	∞	∞
$C_{18}H_{18}O$	1-辛醇	1-Octanol	130.23	无色液体	0.8270	−16.7	194.45	1.4295	0.054^{20}	∞	∞
$C_9H_8O_2$	肉桂酸(反)	Cinnamic acid(trans)	148.17	单斜晶体	1.248	135～136	300	/	0.04^{18}	24^{20}	易溶
$C_9H_8O_4$	乙酰水杨酸	Acetysalicylic acid	180.16	针状晶体	/	135	/	/	1^{37}	易溶	5^{20}
$C_9H_{10}O_2$	苯甲酸乙酯	Ethyl benzoate	150.17	无色液体	1.0468	−34.6	213	1.5007	不溶	可溶	∞
$C_{10}H_8O$	β-萘酚	β-Naphthol	144.19	单斜晶	1.28	123～124	295	/	微溶	易溶	易溶
$C_{10}H_{16}$	α-蒎烯	α-Pinene	136.24	油状	0.8582	−55	156.2	1.4658	不溶	∞	∞
$C_{10}H_{16}$	β-蒎烯	β-Pinene	136.24	/	0.8654	/	164～166	1.4789	不溶	可溶	可溶
$C_{10}H_{10}O_2$	肉桂酸甲酯(反)	Methyl cinnamate(trans)	162.19	无色晶体	/	36～38	260～262	/	不溶	可溶	可溶
$C_{10}H_{13}O_2N$	对乙氧基乙酰苯胺	4-Ethoxy acetanilide	179.22	白色晶体	/	134～136	/	/	不溶	可溶	可溶
$C_{11}H_{12}O_2$	肉桂酸乙酯(反)	Ethyl cinnamate(trans)	176.22	无色晶体	1.0491	12	271.5	1.5598	不溶	可溶	可溶
$C_{12}H_{26}O$	正十二醇	*n*-Dodecyl alcohol	186.32	/	0.8309	26	255～259	/	不溶	可溶	可溶

（续表）

分子式	中文名称	英文名称	分子量	性 状	密度 d_4^{20}	熔点/℃	沸点/℃	折光率 n_D^{20}	溶解度(g/100 g 溶剂)		
									水	乙醇	乙醚
$C_{13}H_{10}O$	二苯甲酮	Diphenyl ketone	182.21	无色晶体	(α) 1.0869 (β) 1.1076	(α) 48.1 (β) 26	305	(α) 1.6077^{19} (β) 1.6059^{23}	不溶	6.5^{15}	15^{13}
$C_{14}H_{10}O_2$	二苯基乙二酮	Benzil	210.23	黄色晶体粉末	1.084	95～96	346～348	/	不溶	易溶	易溶
$C_{14}H_{12}O_2$	安息香	Benzoin	212.25	白色或淡黄色粉末	1.310	137	344	/	微溶	可溶	微溶
$C_{14}H_{12}O_3$	二苯基羟基乙酸	Benzilic acid	228.24	单晶，针状物	/	149～150	180	/	可溶(热)	易溶	易溶
$C_{14}H_{14}O_2$	1,2-二苯基-1,2-乙二醇	1,2-Diphenyl-1,2-ethanediol	214.26	白色晶体	/	138	>300	/	/	/	/
$C_{14}H_{14}O_3N_3SNa$	甲基橙(Ⅱ)	Methyl orange	327.34	橙色晶体	/	149～150	/	/	不溶	略溶	不溶
$C_{13}H_{12}O$	苯亚甲基苯乙酮	1,3-Diphenylpropenone	208.26	淡黄色晶体	1.071^{26}	59	$208^{25\ mmHg}$	/	难溶	不溶	可溶
$C_{16}H_{18}N_3SCl$	亚甲基蓝	Methylene blue	319.86	暗绿色晶体	/	/	/	/	可溶	可溶	不溶
$C_{20}H_{12}O_5$	荧光黄	Fluorescein	332.32	黄色粉末	/	/	/	/	微溶	微溶	微溶
$C_{26}H_{20}O$	苯吡呐酮	Benzen pinaxolone	348.2	白色晶体	/	/	/	/	不溶	不溶	不溶
$C_{26}H_{22}O_2$	苯吡呐醇	Benzen pinacol	366.24	白色晶体	/	/	/	/	溶	溶	溶

图书在版编目(CIP)数据

大学有机化学实验/李妙葵等编著. —上海：复旦大学出版社，2006.9(2024.8 重印)
ISBN 978-7-309-05131-5

Ⅰ.大… Ⅱ.李… Ⅲ.有机化学-化学实验-高等学校-教学参考资料
Ⅳ.062-33

中国版本图书馆 CIP 数据核字(2006)第 093940 号

大学有机化学实验
李妙葵 贾 瑜 高 翔 李志铭 编著
责任编辑/秦金妹

复旦大学出版社有限公司出版发行
上海市国权路 579 号 邮编：200433
网址：fupnet@fudanpress.com http://www.fudanpress.com
门市零售：86-21-65102580 团体订购：86-21-65104505
出版部电话：86-21-65642845
常熟市华顺印刷有限公司

开本 787 毫米×1092 毫米 1/16 印张 13.75 字数 334 千字
2024 年 8 月第 1 版第 6 次印刷
印数 9 911—10 920

ISBN 978-7-309-05131-5/O·371
定价：46.00 元
